市政工程监理实务和资料编制范例

王云江 罗 松 主编

中国建筑工业出版社

图书在版编目（CIP）数据

市政工程监理实务和资料编制范例/王云江，罗松主编. —北京：中国建筑工业出版社，2010
ISBN 978-7-112-11799-4

Ⅰ.市… Ⅱ.①王…②罗… Ⅲ.①市政工程-工程施工-监督管理②市政工程-工程施工-监督管理-文件-编制-中国 Ⅳ.TU712

中国版本图书馆 CIP 数据核字（2010）第 023758 号

  本书分为两部分，第一部分为市政工程监理实务，首先介绍了监理工作的基本概念以及内容，然后从质量控制、安全控制、工程投资控制、进度控制等方面，详细介绍了市政工程监理各工作程序的主要内容、方法以及需要的主要技术资料。第二部分为市政工程资料编制范例，根据市政工程监理工作的特点，给出了市政工程中的主要用表，阐述了监理竣工档案的编制方法，主要包括监理规划、监理实施细则、监理月报、监理会议纪要、监理工作总结等的编制方法，最后介绍了道路工程和排水工程施工的技术资料。

  本书可以作为市政工程专业监理人员、施工人员的参考书，还可以作为监理工程考试培训教材以及高等学校市政工程专业教材。

责任编辑：田启铭 张文胜
责任设计：崔兰萍
责任校对：王雪竹 陈晶晶

市政工程监理实务和资料编制范例
王云江 罗 松 主编
*
中国建筑工业出版社出版、发行（北京西郊百万庄）
各地新华书店、建筑书店经销
北京红光制版公司制版
北京建筑工业印刷厂印刷
*
开本：850×1168毫米 1/16 印张：20½ 字数：589千字
2010年4月第一版 2013年1月第三次印刷
定价：**49.00**元
ISBN 978-7-112-11799-4
(19042)

版权所有 翻印必究
如有印装质量问题，可寄本社退换
（邮政编码 100037）

前　言

市政工程建设和管理的质量和安全关系到城市千家万户的生命财产安全，关系到社会稳定，关系到构建和谐社会伟大工程的成败。质量控制、进度控制和安全控制是市政施工监理的四大任务，本书对"四控制"的内容、任务及主要工作方法分别作了叙述。

市政工程监理技术资料是市政工程建设的重要组成部分。市政工程监理是依据建设工程法律、法规、规章制度、技术标准，对市政工程建设进行监控、指导和评价，确保市政工程建设行为的合法性和科学性。本书从市政监理人员的监理工作需要出发，根据现行市政工程监理施工质量验收规范和监理资料管理规范，以市政道路、排水、桥梁工程监理为例，给监理工程师提供了一套内容基本齐全的单位工程施工监理管理资料表格的填写范例，是广大建设监理员不可或缺的资料。

本书力求理论与实际相结合，结合《建设工程监理规范》GB 50319—2000，将市政道路、排水、桥梁新规范的内容融会贯通，做到通俗易懂，体现知识性、前瞻性、实用性和可操作性。

本书由王云江、罗松主编，孙伟鸣、陈仕国、冯亮、胡剑锋、方明星、华军、李元芳、韩建东、徐智浙、陈润军、郑宇参编。

朱海东、汪洋审核。

限于时间、资料收集和水平疏漏，错误之处难免，恳请读者批评指正。

目　录

第一部分　市政工程监理实务

第一章　监理概论 … 3
第一节　建设监理的组织与实施 … 3
一、监理人员与监理的组织形式 … 3
二、监理大纲、规划、细则 … 9
三、旁站监理与见证取样和送检 … 12
四、建设工程竣工验收与备案 … 13
第二节　施工监理资料的管理 … 15
一、施工阶段的监理资料 … 15
二、监理日记 … 16
三、监理月报 … 16
四、监理工作总结 … 17
五、监理资料的管理 … 17
第二章　市政工程质量控制 … 18
第一节　概述 … 18
一、质量控制的依据 … 18
二、影响工程质量因素的控制 … 18
三、施工阶段质量控制的原则与方法 … 20
第二节　道路工程 … 22
一、道路工程测量质量控制 … 22
二、路基、路床质量控制 … 22
三、塘渣层、三渣层质量控制 … 24
四、水泥混凝土面层质量控制 … 25
五、沥青混凝土面层质量控制 … 26
六、石砌驳坎质量控制 … 27
第三节　桥梁工程 … 31
一、桥梁工程测量质量控制 … 31
二、桥梁钻孔灌注桩质量控制 … 37
三、水泥搅拌桩质量控制 … 39
四、桥梁承台、墩柱、台身质量控制 … 43
五、桥梁盖梁质量控制 … 46
六、预制梁板质量控制 … 48

七、现浇箱梁质量控制 …………………………………………………… 50
　　八、桥梁预应力质量控制 …………………………………………………… 52
　　九、桥梁伸缩缝质量控制 …………………………………………………… 55
第四节　排水管渠工程 ……………………………………………………………… 56
　　一、测量放样质量控制 ……………………………………………………… 56
　　二、排水管渠沟槽开挖质量控制 …………………………………………… 58
　　三、排水管道地基处理与基础施工质量控制 ……………………………… 59
　　四、排水管道安装质量控制 ………………………………………………… 61
　　五、排水管道接口质量控制 ………………………………………………… 62
　　六、顶管质量控制 …………………………………………………………… 64
　　七、检查井及附属构筑物质量控制 ………………………………………… 66
　　八、排水沟渠质量控制 ……………………………………………………… 67
　　九、排水管道闭水试验质量控制 …………………………………………… 71
　　十、沟槽回填土质量控制 …………………………………………………… 72
第五节　工程质量问题和质量事故的处理 ………………………………………… 74
　　一、工程质量问题及处理 …………………………………………………… 74
　　二、工程质量事故的处理及分析 …………………………………………… 76
第三章　市政工程安全控制 ……………………………………………………………… 81
第一节　概述 ………………………………………………………………………… 81
　　一、安全生产监理的原则 …………………………………………………… 81
　　二、安全与质量、进度、投资的关系 ……………………………………… 81
　　三、安全监理与建设单位、施工单位的关系 ……………………………… 81
　　四、安全控制的主要内容 …………………………………………………… 82
　　五、工程项目安全监理的依据 ……………………………………………… 82
　　六、安全监理的任务与职责 ………………………………………………… 82
　　七、安全监理方法 …………………………………………………………… 83
第二节　施工各阶段的安全监理工作 ……………………………………………… 83
　　一、招投标阶段的安全监理 ………………………………………………… 84
　　二、施工准备阶段的安全监理 ……………………………………………… 86
　　三、施工阶段的安全监理 …………………………………………………… 88
　　四、竣工阶段的安全监理 …………………………………………………… 89
第三节　安全与文明施工监理流程与检查要点 …………………………………… 90
　　一、施工安全监理工作流程与目标值 ……………………………………… 90
　　二、安全与文明施工检查要点 ……………………………………………… 92
第四节　施工验收阶段安全监理资料汇总管理 …………………………………… 94
第四章　市政工程投资控制 ……………………………………………………………… 96
第一节　概述 ………………………………………………………………………… 96
　　一、市政工程投资的定义 …………………………………………………… 96
　　二、市政工程投资的特点 …………………………………………………… 96
　　三、市政工程投资控制的概念 ……………………………………………… 96
　　四、市政工程投资控制原理 ………………………………………………… 96

  五、市政工程投资控制的任务 …………………………………………………… 96
  六、市政工程投资的构成 …………………………………………………………… 97
  七、工程量清单 …………………………………………………………………… 98
  八、市政工程投资控制工作流程 ………………………………………………… 101
 第二节 投资控制的内容及方法 ……………………………………………………… 101
  一、施工准备阶段 ………………………………………………………………… 101
  二、施工阶段 ……………………………………………………………………… 102
 第三节 市政工程计量 ………………………………………………………………… 103
  一、工程计量的程序 ……………………………………………………………… 104
  二、工程计量的依据 ……………………………………………………………… 104
  三、工程计量的方法 ……………………………………………………………… 105
  四、工程量的计算 ………………………………………………………………… 106
 第四节 竣工监理档案资料目录 ……………………………………………………… 106

第五章 市政工程进度控制 ………………………………………………………………… 107
 第一节 概述 …………………………………………………………………………… 107
  一、市政工程进度控制的概念 …………………………………………………… 107
  二、施工阶段进度控制的任务 …………………………………………………… 107
  三、影响工程进度的因素 ………………………………………………………… 107
  四、进度计划常用技术表示方法 ………………………………………………… 108
  五、建设工程进度控制工作流程 ………………………………………………… 110
 第二节 市政工程进度控制内容及方法 ……………………………………………… 110
  一、市政工程准备阶段进度控制内容 …………………………………………… 110
  二、市政工程施工阶段进度控制内容 …………………………………………… 110
  三、市政工程施工进度控制方法 ………………………………………………… 113
 第三节 竣工监理档案资料管理 ……………………………………………………… 113
  一、建设工程监理文件档案管理的基本概念 …………………………………… 113
  二、建设工程监理文件档案资料管理 …………………………………………… 114

第二部分 市政工程资料编制范例

第六章 监理用表(A类 B类 C类表) ……………………………………………………… 121
 第一节 监理用表A类 ………………………………………………………………… 121
 第二节 监理用表B类 ………………………………………………………………… 131
 第三节 监理用表C类 ………………………………………………………………… 137
第七章 监理竣工档案移交书 …………………………………………………………… 139
 第一节 监理规划 ……………………………………………………………………… 140
 第二节 监理实施细则 ………………………………………………………………… 159
 第三节 监理月报中的有关质量问题 ………………………………………………… 217
 第四节 监理会议纪要中的有关质量问题 …………………………………………… 223
 第五节 进度控制 ……………………………………………………………………… 232
 第六节 质量控制 ……………………………………………………………………… 236

  第七节 造价控制……………………………………………………………… 240
  第八节 合同与其他事项管理…………………………………………………… 241
  第九节 监理工作总结…………………………………………………………… 247
第八章 施工技术资料………………………………………………………………… 259
  第一节 道路工程施工技术资料………………………………………………… 259
  第二节 排水工程施工技术资料………………………………………………… 281
参考文献………………………………………………………………………………… 320

第一部分

市政工程监理实务

第一章 监理概论

第一节 建设监理的组织与实施

一、监理人员与监理的组织形式

(一) 监理人员

监理人员按照取得岗位证书的不同可分为:国家注册监理工程师(以下简称注册监理工程师)、省监理工程师、监理员。

1. 注册监理工程师

注册监理工程师,是指经考试取得中华人民共和国监理工程师资格证书,并按照《注册监理工程师管理规定》注册,取得中华人民共和国注册监理工程师注册执业证书(以下简称注册证书)和执业印章,从事工程监理及相关业务活动的专业技术人员。

注册监理工程师实行注册执业管理制度。

取得资格证书的人员,经过注册方能以注册监理工程师的名义执业。

(1) 注册监理工程师依据其所学专业、工作经历、工程业绩,按照《工程监理企业资质管理规定》划分的工程类别,按专业注册。每人最多可以申请两个专业注册。

(2) 取得资格证书的人员申请注册,由省、自治区、直辖市人民政府建设主管部门初审,国务院建设主管部门审批。

(3) 注册证书和执业印章是注册监理工程师的执业凭证,由注册监理工程师本人保管、使用。

注册证书和执业印章的有效期为3年。

(4) 申请注册人员有下列情形之一的,不予注册:

1) 不具有完全民事行为能力的;

2) 刑事处罚尚未执行完毕或者因从事工程监理或者相关业务受到刑事处罚,自刑事处罚执行完毕之日起至申请注册之日止不满2年的;

3) 未达到监理工程师继续教育要求的;

4) 在两个或者两个以上单位申请注册的;

5) 以虚假的职称证书参加考试并取得资格证书的;

6) 年龄超过65周岁的;

7) 法律、法规规定不予注册的其他情形。

(5) 申请初始注册,应当具备以下条件:

1) 经全国注册监理工程师执业资格统一考试合格,取得资格证书;

2) 受聘于一个相关单位;

3) 达到继续教育要求;

4) 没有上述不予注册所列情形。

2. 省监理工程师

省监理工程师是指取得《省监理工程师证书》,并在工程建设中从事监理工作的人员。各省建筑业管理局对省监理工程师实施统一管理。各市、县(市、区)建设行政主管部门对本辖区内

省监理工程师的从业行为实施监督管理。

(1) 省监理工程师考试以书面考试形式进行，由各省监理行政主管部门统一组织、统一命题、统一阅卷、统一公布合格人员名单。

符合下列条件之一，可申报省监理工程师从业考试：

1) 具有工程建设相关专业的中级及以上职称；
2) 工程建设相关专业大学本科毕业，工作3年及以上；
3) 工程建设相关专业大专毕业，工作5年及以上；
4) 工程建设相关专业中专毕业，工作8年及以上并从事监理工作3年以上。

(2) 参加省监理工程师考试的，应当在考试合格后3年内申请《省监理工程师证书》。申请证书初始核发的，可根据所学专业或工作经历填报两个专业，专业类别划分根据住房和城乡建设部有关规定执行。

(3)《省监理工程师证书》由各省监理行政主管部门统一制作并发放。证书由本人保管、使用，有效期为3年。有效期满，经审查仍符合条件的，可以申请续期。

(4) 申请证书初始核发的人员，应当具备以下条件：

1) 考试合格；
2) 65周岁以下；
3) 具有完全民事行为能力，身体健康，能胜任现场监理工作，有良好的政治素质和职业道德；
4) 受聘于一个监理单位。

(5) 有下列行为之一的不予核发证书：

1) 在申请过程中弄虚作假的；
2) 一年内有违法行为的；
3) 有刑事处罚，或刑事处罚完毕至今未超过两年的。

(6) 取得《省监理工程师证书》的监理人员在省内可担任总监理工程师代表、专业监理工程师或监理员。

(7) 省监理工程师只能在一个监理企业从业，不得同时在两个及以上监理企业任职或兼职。

3. 监理员

取得《监理员岗位证书》必须具备以下条件：

(1) 具有中专以上学历或初级以上技术职称；
(2) 取得《监理员培训结业证书》；
(3) 身体健康，能胜任现场监理工作，有良好的政治素质和职业道德；
(4) 在监理单位工作；
(5) 经省监理员考核合格。

4. 监理人员的职业道德守则和工作纪律

(1) 职业道德守则

1) 维护国家的荣誉利益，按照"守法、诚信、公正、科学"的准则从事监理业务。
2) 严格执行国家及当地政府发布的各项法律、法规、规范、规程、标准和管理程序，履行监理合同规定的义务和职责。
3) 努力钻研业务，不断提高业务能力和监理水平。
4) 不以个人名义承揽监理业务。
5) 不同时在两个或两个以上监理单位注册和从事监理活动，不在政府机关、具有政府行政

职能的事业单位、施工、设备材料供应、房地产开发等单位任职或兼职。

6) 不为所监理项目指定承包商，建筑构配件、设备、材料供应商和施工方法。

7) 不收受被监理单位任何礼金或其他不妥当报酬。

8) 不泄露所监理工程各方认为需保密的事项。

9) 坚持独立自主开展工作。

10) 不得损害他人名誉。

(2) 工作纪律

1) 遵守国家法律和政府有关条例、规定和办法等。

2) 认真履行工程建设监理合同所承诺的义务和承担约定的责任。

3) 坚持公正的立场，公平地处理有关各方的争议。

4) 坚持科学的态度和实事求是的原则。

5) 在坚持按监理合同的规定向建设单位提供技术服务的同时，帮助被监理者完成其担负的建设任务。

6) 不泄露所监理的工程需保密的事项。

7) 不擅自接受建设单位额外的津贴，也不接受被监理单位的任何报酬，不接受可能导致判断不公的报酬。

(二) 监理的组织形式

监理单位履行施工阶段的委托监理合同时，必须在施工现场建立项目监理机构。项目监理机构在完成委托监理合同约定的监理工作后可撤离施工现场。

项目监理机构的组织形式和规模，应根据委托监理合同规定的服务内容、服务期限、工程类别、规模、技术复杂程度、工程环境等因素确定。

监理人员应包括总监理工程师、专业监理工程师和监理员，必要时可配备总监理工程师代表。

监理单位在接受建设单位委托监理前，在监理大纲或监理投标书中应明确建立与工程项目监理范围及内容相应的监理组织形式。一般根据监理项目的规模、性质、建设阶段等的不同要求选择适应监理工作需要、有利于目标控制、有利于合同管理、有利于信息沟通的组织形式。

监理的组织机构按分层管理原则一般分为：

(1) 决策层。由总监理工程师及副总监理工程师或总监理工程师代表组成，根据工程项目监理活动的特点与内容进行科学化、程序化决策。

(2) 中间控制层（协调层和执行层）。由专业监理工程师和子项目监理工程师组成，具体负责监理规划的落实、目标控制及合同管理，属承上启下的层次。

(3) 作业层（操作层）。由监理员、检查员组成，具体负责监理工作的操作。

1. 直线制组织形式

这种组织形式是树根状的传统形式，其特点是组织中各种职位是按垂直系统直线排列的。

如图1-1所示，一个下级只接受一个上级领导者的指令，一级对一级负责；指挥统一，责任和权限比较明确。总监理工程师负责整个项目的规划、组织和指导，并着重整个项目范围内各方面的协调工作。子项目监理组分别负责子项目的目标值控制，具体领导现场专业或专业监理组的工作。除了按子项目分解外，还可按建设阶段分解设立直线制监理组织形式，如图1-2所示。

这种组织形式的主要优点是机构简单、权力集中、命令统一、职责分明、决策迅速、隶属关系明确。缺点是实行没有职能机构的"个人管理"，这就要求总监理工程师通晓各种业务，掌握多种技能，成为"全能"式人物。

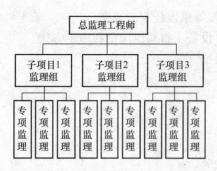
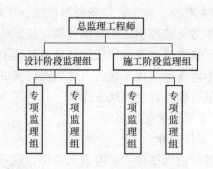

图 1-1　按子项目分解的直线制监理组织形式　　　图 1-2　按建设阶段分解的直线制组织形式

2. 按监理机构的监理职能设置的组织机构

对于中、小型的监理项目，可采用这种组织形式（见图 1-3）。当项目规模较小时。还可将有关监理的职能加以归并，或由项目总监理工程师兼管某个职能，以减少专业监理人员。

图 1-3　按监理职能设置的组织形式

这种组织形式的优点是：依据管理义务划分为不同的专业管理部门，各在其职责范围内对下级行使管理职责，提高了管理的专业化程度。但其明显的缺点：第一，产生多头领导，在职能不多的情况下，这种组织形式还能适应管理的需求，但在职能部门较多的情况下，会对下级形成多头领导，不符合统一指挥的要求；第二，相互协调困难；第三，信息难于畅通，影响上层管理效果。

3. 直线—职能制组织形式

直线—职能制实际上是上面两种体制的结合，也叫直线参谋制。这种形式的特点之一是把直线制和职能制结合起来，按组织的机构和管理职能划分部门和设置机构，实行专业分工管理。它的另一特点是把管理机构和人员分为两类：一类是直线指挥机构和人员，他们在自己的职责范围内有一定的决定权，对其下属有指挥和命令的权力，对自己部门的工作负责。另一类是职能机构及其人员，是直线指挥人员的业务助手，不能对下级发布命令。如图 1-4 所示。

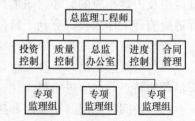

图 1-4　直线—职能制组织形式

这一形式综合了直线制和职能制的优点，指挥系统一元化，各级直线领导人都有相应的职能机构及其相应的工作人员作参谋和助手，帮助收集信息，分析问题，因而能够对本部门的监理活动进行有效的组织和指挥，能够发挥专家作用，提高管理水平。每个部门都由直线领导人员统一领导和指挥，可以满足统一协调组织和严格责任制度的要求。概括起来其优点就是集中领导、职责清楚，有利于提高办事效率；其缺点是职能部门与指挥部门易产生矛盾，信息传递路线长，不利于互通信息。

4. 按监理子项设置的组织形式

对于大、中型建设监理机构，在同时接受和管理若干监理项目时，每个项目设子项监理部，致力于子项投资、质量、进度、安全控制。合同及信息管理可以由公司、总监理工程师负责,或由子项监理部负责。这种是两级监理的组织模式,如图1-5所示。

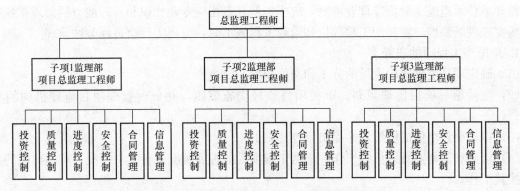

图1-5 按监理子项设置的组织形式

此外,如按建设阶段来区分,除上述子项监理外,另并列设置设计监理组,包括设计监理的管理、控制、审查等监理任务,如图1-6所示。

图1-6 设计监理的任务

5. 按矩阵制设置监理组织形式

矩阵制监理组织形式是上述按监理职能及按子项设置的监理组织的综合形式,如图1-7所示。它适用于大型监理项目,既有利于各子项监理工作的责任制,又有利于职能管理,使监理工作规范化。

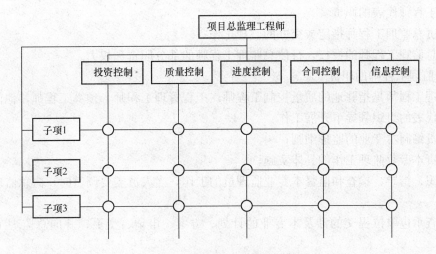

图1-7 矩阵制监理组织形式

其优点概括起来就是加强了各职能部门的横向联系,具有较大的机动性和适应性;把上下左右集权与分权实行最优的结合;有利于解决复杂难题,有利于监理人员业务能力的培养。其缺点是纵横向协调工作量大,处理不当会造成扯皮现象,产生矛盾,但是,这一点必将会随着监理人

员整体素质的提高而得到弥补。

（三）监理人员的职责

监理单位承担施工阶段监理业务时，应当指派具备相应专业知识和管理能力的监理工程师进驻现场实施现场监理。重要的工程部位和隐蔽工程施工时，应当实行全过程旁站监理。

1. 总监理工程师的职责

（1）确定项目监理机构人员的分工和岗位职责；

（2）主持编写项目监理规划、审批项目监理实施细则，并负责管理项目监理机构的日常工作；

（3）审查分包单位的资质，并提出审查意见；

（4）检查和监督监理人员的工作，根据工程项目的进展情况进行人员调配，对不称职的人员应调换其工作；

（5）主持监理工作会议，签发项目监理机构的文件和指令；

（6）审定承包单位提交的开工报告、施工组织设计、技术方案、进度计划；

（7）审核签署承包单位的申请、支付证书和竣工结算；

（8）审查和处理工程变更；

（9）主持或参与工程质量事故的调查；

（10）调解建设单位与承包单位的合同争议、处理索赔、审批工程延期；

（11）组织编写并签发监理月报、监理工作阶段报告、专题报告和项目监理工作总结；

（12）审核签认分部工程和单位工程的质量检验评定资料，审查承包单位的竣工申请，组织监理人员对待验收的工程项目进行质量检查，参与工程项目的竣工验收；

（13）主持整理工程项目的监理资料。

2. 总监理工程师代表的职责

大中型的监理项目，往往分若干子项，每个子项设一驻地监理工程师，对于中小型监理工程，设立总监理工程师代表。总监理工程师代表是总监理工程师的助手，他处于承上启下的地位，要经常报告工程的进展情况，使总监理工程师能够根据报告来作出决断。

总监理工程师代表的职责：

（1）负责总监理工程师指定或交办的监理工作；

（2）按总监理工程师的授权，行使总监理工程师的部分职责和权力。

3. 专业监理工程师的职责

专业监理工程师是指驻地的质量控制工程师、工程管理工程师、预算工程师，他们在总监理工程师或其代表的组织领导下开展工作：

（1）负责编制本专业的监理细则；

（2）负责本专业监理工作的具体实施；

（3）组织、指导、检查和监督本专业监理员的工作，当人员需要调整时，向总监理工程师提出建议；

（4）审查承包单位提交的涉及本专业的计划、方案、申请、变更，并向总监理工程师提出报告；

（5）负责本专业分项工程验收及隐蔽工程验收；

（6）定期向总监理工程师提交本专业监理工作实施情况报告，对重大问题及时向总监理工程师汇报和请示；

（7）根据本专业监理工作实施情况做好监理日记；

(8) 负责本专业监理资料的收集、汇总及整理，参与编写监理月报；

(9) 核查进场材料、设备、构配件的原始凭证、检测报告等质量证明文件及其质量情况，根据实际情况认为有必要时对进场材料、设备、构配件进行平行检验，合格时予以签认；

(10) 负责本专业的工程计量工作，审核工程计量的数据和原始凭证。

4. 现场监理员的职责

(1) 在专业监理工程师的指导下开展现场监理工作；

(2) 检查承包单位投入工程项目的人力、材料、主要设备及其使用、运行状况，并做好检查记录；

(3) 复核或从施工现场直接获取工程计量的有关数据并签署原始凭证；

(4) 按设计图及有关标准，对承包单位的工艺过程或施工工序进行检查和记录，对加工制作及工序施工质量检查结果进行记录；

(5) 担任旁站工作，发现问题及时指出并向专业监理工程师报告；

(6) 做好监理日记和有关的监理记录。

二、监理大纲、规划、细则

监理单位应当编写监理大纲以参加监理招投标。签订监理合同后，项目监理部应根据监理合同的内容，由项目总监理工程师主持编写监理规划，并经单位技术负责人批准。在召开第一次工地会议前，将监理规划和监理工程师名单书面提交建设单位认可，监理规划是监理活动的纲领性文件。

项目监理部在实施监理前，在总监理工程师主持下，由各专业监理工程师负责编写监理实施细则，作为监理人员监理的主要依据和标准。

（一）监理大纲的内容及作用

监理大纲又称监理方案，它是监理单位在建设单位委托监理的过程中，为承揽监理业务而编写的监理方案性文件。它的主要作用有两个：一是使建设单位认可大纲中的监理方案，从而承揽到监理业务；二是为今后开展监理工作制订方案。其内容应当根据监理招标文件的要求制定，通常包括的内容有：监理单位拟派往项目上的主要监理人员，并对他们的资质情况进行介绍；监理单位应根据建设单位所提供的和自己初步掌握的工程信息制定准备采用的监理方案（监理组织方案、各目标控制方案、合同管理方案、组织协调方案等）；明确说明将提供给建设单位的、反映监理阶段性成果的文件。项目监理大纲是项目监理规划编写的直接依据。

监理大纲一般由以下项目组成：

(1) 监理工作概况；

(2) 监理工作内容和依据；

(3) 控制工程承包合同、质量、进度、安全文明施工、投资的重要手段与措施；

(4) 监理工作计划；

(5) 监理人员工作守则；

(6) 对施工的难点、要点和关键部分的阐明及实施意见。

监理大纲一般由监理单位经营部门和工程技术部门拟派的总监理工程师共同编写。

（二）监理规划的内容及作用

项目总监理工程师在主持编写监理规划时，应广泛征求各专业和各子项目监理工程师的意见，并吸收他们中的一部分人员共同参与编写。以建设工程的相关法律、法规及项目审批文件，与建设工程项目有关的标准、设计文件、技术资料、监理大纲、委托监理合同文件以及与建设工程项目相关的合同文件作为规划的依据。在编写过程中应当听取项目建设单位的意见，最大限度

地满足他们的合理要求，为进一步搞好服务奠定基础。同时，还应当听取被监理方的意见。

作为监理单位的业务工作，在编写监理规划时，还应当按照本单位的要求进行编写。

监理规划的编制应针对项目的实际情况，明确项目监理机构的工作目标，确定具体的监理工作制度、程序、方法和措施，并应具有可操作性。

监理规划一般包括以下主要内容：
(1) 工程项目概况；
(2) 监理工作范围；
(3) 监理工作内容；
(4) 监理工作目标；
(5) 监理工作依据；
(6) 项目监理机构的组织形式；
(7) 项目监理机构的人员配备计划；
(8) 项目监理机构的人员岗位职责；
(9) 监理工作程序；
(10) 监理工作方法及措施；
(11) 监理工作制度；
(12) 监理设施。

项目监理规划在编写完成后需要进行审核并经批准。监理单位的技术主管部门是内部审核单位，其负责人应当签认。同时，还应当报送建设单位，由建设单位确认并监督实施。

监理规划的作用主要有：
(1) 指导项目监理机构全面开展监理工作；
(2) 建设监理主管机构对监理单位监督管理的依据；
(3) 业主确认监理单位履行合同的主要依据；
(4) 监理单位内部考核的依据和重要存档资料。

监理规划在实施过程中要定期进行贯彻情况的检查，检查的主要内容有：
(1) 监理工作进行情况

建设单位为监理工作创造的条件是否具备；监理工作是否按监理规划或实施细则展开；监理工作制度是否认真执行；监理工作还存在哪些问题或制约因素。

(2) 监理工作的效果

监理工作的效果可以分段检查，如工程进度是否符合原计划要求，工程质量及投资是否处于受控状态。根据检查中发现的问题和对原因的分析，以及监理实施过程出现的新情况、新问题，需要对原规划进行调整或修改。监理规划的调整或修改，主要是监理工作内容和深度，以及相应的监理工作措施，应由总监理工程师组织专业监理工程师研究修改，按原报审程序经过批准后报建设单位。

（三）监理实施细则的内容及作用

监理实施细则是在项目监理规划的基础上，由项目监理组织的各有关部门，根据监理规划的要求，由各专业监理工程师针对所分担的具体监理任务和工作，结合项目具体情况和掌握的工程信息制定的指导具体监理业务实施的文件。它与项目监理规划的关系可以比作施工图与初步设计的关系。

项目监理细则在编写时间上总是滞后于项目监理规划。编写主持人一般是项目监理组织的某个部门的负责人、专业监理工程师。其内容具有局部性，是围绕部门的主要工作来编写的，对于

全过程监理项目，还应分阶段制定实施细则，以把握重点，如决策、设计、招投标、施工阶段等均应有各自详细的实施细则。

对中型及以上或专业性较强的工程项目，项目监理机构应编制监理实施细则。监理实施细则应符合监理规划的要求，并应结合工程项目的专业特点，做到详细具体、具有可操作性。

1. 监理实施细则的编制程序与依据应符合下列规定：
（1）监理实施细则应在相应工程施工开始前编制完成，并必须经总监理工程师批准；
（2）监理实施细则应由专业监理工程师编制；
（3）编制监理实施细则的依据：
1）已批准的监理规划；
2）与专业工程相关的标准、设计文件和技术资料；
3）施工组织设计。

2. 设计阶段监理实施细则的主要内容
（1）协助建设单位组织设计竞赛或设计招标，优选设计方案和设计单位。
（2）协助设计单位开展限额设计和设计方案的技术经济比较，优化设计，保证项目的使用功能、安全可靠、经济合理。
（3）向设计单位提供满足功能和质量要求的设备、主要材料的有关价格、生产厂家的资料。
（4）组织好各设计单位之间的协调。

3. 施工招标阶段监理实施细则的主要内容
引进竞争机制，通过招标投标，正确选择施工承包单位和材料、设备供应单位；合理确定工程承包和材料、设备合同价；正确拟定承包合同和订货合同条款等。

4. 施工阶段监理实施细则的主要内容
对于施工阶段的监理实施细则，一般是在经审定的施工组织设计的基础上，针对各重要分部分项工程编制针对性的监理实施细则。对关系到结构安全、进度、投资控制的关键工序、特殊工序，应在审查施工单位的施工方案的基础上，编制针对性的重点部位、关键控制点、控制措施、控制指标及监理人员作业计划，并在具体实施过程中落实到位。对采用新材料、新工艺、新设计的工程项目的监理实施细则，除应经公司技术主管部门批准外，必要时应聘请有关方面专家进行具体的咨询指导。监理实施细则应报建设单位。

监理实施细则应体现项目监理机构对该工程项目各专业技术、管理和目标控制方面的具体要求，一般应包括以下内容：
（1）专业工程的特点；
（2）监理工作的流程；
（3）监理工作的控制要点及目标值；
（4）监理工作的方法及措施。

监理实施细则的主要作用是指导本专业或本子项目具体监理业务的开展。

通常，监理单位开展监理活动应当编制系列监理规划文件（包括监理大纲、监理规划和项目监理细则）。但这也不是每个监理项目都必须编制的文件。对于简单的监理活动，如单项的装饰工程、桩基础工程，只需编写监理细则即可。

监理细则可以在项目监理实施过程中不断充实、修改和完善，在项目结束后及时总结、积累，对新材料、新工艺、新设计的应用更应及时总结经验教训，必要时可以组织公司全体监理人员现场观摩、学习，以不断提高监理人员、监理单位的监理水平和素质。

三、旁站监理与见证取样和送检

（一）旁站监理

旁站监理是指监理人员在工程施工阶段监理中，对关键部位、关键工序的施工质量实施全过程现场跟班的监督活动。旁站是监理员最重要的工作方式。

1. 旁站监理的依据

（1）建设工程相关法律、法规；

（2）相关技术标准、规范、规程、工法；

（3）建设工程承包合同文件、委托监理合同文件；

（4）经批准的设计文件、施工组织设计、监理规划和监理实施细则。

2. 旁站监理工程部位或工序

（1）地基与基础工程：桩基础和地下室施工；

（2）结构工程：大体积混凝土、梁体、柱体等重要结构部位混凝土浇筑、预应力施工、施工缝处理、结构吊装；

（3）屋面、楼层及其他结构物防水层施工；

（4）设备进场验收、单机无负荷试车、无负荷联动试车、试运转、设备安装验收；

（5）隐蔽工程的隐蔽过程；

（6）路基、基层、路面铺筑及管网的敷设过程；

（7）建筑材料的见证试验；

（8）新技术、新工艺、新材料施工过程；

（9）建设单位、设计文件、合同文件中规定的必须旁站监理的部位或工序。

在建筑与安装工程的施工过程中，对隐蔽工程的隐蔽过程，下道工序施工完成后难以检查的重点部位，全部实行旁站监理。

对安装工程中，各专业系统的各类现场试验和调试，全部实行旁站监理。

3. 旁站监理的内容

（1）检查施工企业现场质检人员到岗、特殊工种人员持证上岗以及施工机械、建筑材料准备情况；

（2）在现场跟班监督关键部位、关键工序的施工执行施工方案以及工程建设强制性标准情况；

（3）核查进场建筑材料、建筑构配件、设备和商品混凝土的质量检验报告等，并可在现场监督施工企业进行检验或者委托具有资格的第三方进行复验；

（4）做好旁站监理记录和监理日记，保存旁站监理原始资料。

4. 旁站监理程序

（1）在编制监理规划后，应及时制定旁站监理方案，报送建设单位和施工单位各一份，同时送工程所在地的建设行政主管部门或其委托的工程质量监督机构。

（2）要求施工单位在需要实施旁站监理的关键部位，关键工序进行施工前24h书面通知工程现场项目监理机构。工程项目监理机构安排监理人员实施旁站监理。

（3）旁站监理人员应认真履行职责，对实施旁站监理的关键部位、关键工序在施工现场跟班监督，及时发现和处理旁站监理过程中出现的质量问题，如实准确地做好旁站监理记录。凡旁站监理人员和施工企业现场质检人员未在旁站监理记录上签字的，不得进行下一道工序施工。

（4）旁站监理人员实施旁站监理时，发现施工单位有违反工程建设强制性标准行为的，有权责令其立即整改，发现其施工活动已经或者危及工程质量的，应及时向监理工程师或总监理工程

师报告，由总监下达局部暂停施工指令或者采取其他应急措施。

（5）对于需要旁站监理的关键部位，关键工序施工，凡没有实施旁站监理或者没有旁站监理记录的，监理工程师或者总监理工程师不得在相应文件上签字。

（6）在工程竣工验收后，监理单位应将旁站监理记录存档备查。

（二）见证取样和送检

见证取样和送检是指在建设单位或工程监理单位人员的见证下，由施工单位的现场试验人员对工程中涉及结构安全的试块、试件和材料在现场取样，并送至经过省级以上建设行政主管部门对其资质认可和质量技术监督部门对其计量认证的质量检测单位。

2000年9月，原建设部颁布了《房屋建筑工程和市政基础设施工程实行见证取样和送检的规定》，对见证取样和送检作了以下规定：

1. 涉及结构安全的试块、试件和材料见证取样和送检的比例不得低于有关技术标准中规定应取样数量的30%。

2. 下列试块、试件和材料必须实施见证取样和送检：

（1）用于承重结构的混凝土试块；

（2）用于承重墙体的砌筑砂浆试块；

（3）用于承重结构的钢筋及连接接头试件；

（4）用于承重墙的砖和混凝土小型砌块；

（5）用于拌制混凝土和砌筑砂浆的水泥；

（6）用于承重结构的混凝土中使用的掺加剂；

（7）地下、屋面、厕浴间使用的防水材料；

（8）国家规定必须实行见证取样和送检的其他试块、试件和材料。

3. 见证人员应由建设单位或该工程的监理单位具备建筑施工试验知识的专业技术人员担任，并应由建设单位或该工程的监理单位书面通知施工单位、检测单位和负责该项工程的质量监督机构。

4. 在施工过程中，见证人员应按照见证取样和送检计划，对施工现场的取样和送检进行见证，取样人员应在试样或其包装上作出标识、标志。标识和标志应标明工程名称、取样部位、取样日期、样品名称和样品数量，并由见证人员和取样人员签字。见证人员应制作见证记录，并将见证记录归入施工技术档案。见证人员和取样人员应对试样的代表性和真实性负责。

5. 见证取样的试块、试件和材料送检时，应由送检单位填写委托单，委托单应有见证人员和送检人员签字。检测单位应检查委托单及试样上的标识和标志，确认无误后方可进行检测。

四、建设工程竣工验收与备案

随着我国建设工程行业管理工作的不断深入，建设领域法规的不断完善，已经形成了从立项、设计、施工、竣工等一系列的法律和规章制度，下面介绍竣工验收、验收备案两个环节的管理要求。

（一）竣工验收

建设工程质量验收分为检验批、分项、分部、单位工程验收和最后的竣工验收，分项、分部、单位工程验收是竣工验收的基础。为规范房屋建筑工程和市政基础设施工程的竣工验收，保证工程质量，根据《中华人民共和国建筑法》和《建设工程质量管理条例》，住房和城乡建设部制定了《房屋建筑工程和市政基础设施工程竣工验收暂行规定》。根据《房屋建筑工程和市政基础设施工程竣工验收暂行规定》，由建设单位组织竣工验收，应符合以下规定：

1. 竣工验收的条件

工程符合下列条件要求方可进行竣工验收;
(1) 完成工程设计和合同约定的各项内容。
(2) 施工单位在工程完工后对工程质量进行了检查,确认工程质量符合有关工程建设强制性标准,符合设计文件及合同要求,并提出工程竣工报告。工程竣工报告应经项目经理和施工单位有关负责人审核签字。
(3) 对于委托监理的工程项目,监理单位对工程进行了质量评价,具有完整的监理资料,并提出工程质量评价报告。工程质量评价报告应经总监理工程师和监理单位有关负责人审核签字。
(4) 勘察、设计单位对勘察、设计文件及施工过程中由设计单位签署的设计变更通知书进行了确认。
(5) 有完整的技术档案和施工管理资料。
(6) 有工程使用的主要建筑材料、建筑构配件和设备合格证及必要的进场试验报告。
(7) 建设单位已按合同约定支付工程款。
(8) 有施工单位签署的工程质量保修书。
(9) 建设行政主管部门及其委托的工程质量监督机构等有关部门责令整改的问题全部整改完毕。
(10) 城乡规划行政主管部门对工程是否符合规划设计要求进行检查,并出具认可文件。
(11) 有公安消防、环保等部门出具的认可文件或准许使用文件。

2. 竣工验收的程序

工程竣工验收应当按以下程序进行:
(1) 工程完工后,施工单位向建设单位提交工程竣工报告,申请工程竣工验收。实行监理的工程,工程竣工报告必须经总监理工程师签署意见。
(2) 建设单位收到工程竣工报告后,对符合竣工验收要求的工程,组织勘察、设计、施工、监理等单位和其他有关方面的专家组成验收组,制定验收方案。
(3) 建设单位应当在工程竣工验收 7 个工作日前将验收的时间、地点及验收组名单通知负责监督该工程的工程质量监督机构。
(4) 建设单位组织工程竣工验收。
1) 建设、勘察、设计、施工、监理单位分别汇报工程合同履约情况和在工程建设各个环节执行法律、法规和工程建设强制性标准的情况;
2) 审阅建设、勘察、设计、施工、监理单位提供的工程档案资料;
3) 查验工程实体质量;
4) 对工程施工、设备安装质量和各管理环节等方面作出总体评价,形成工程竣工验收意见,并由参与验收人员签字。

参与工程竣工验收的建设、勘察、设计、施工、监理等各方不能形成一致意见时,应报当地建设行政主管部门或监督机构进行协调,待意见一致后,重新组织工程竣工验收。

3. 工程竣工验收报告

工程竣工验收合格后,建设单位应当及时提出工程竣工验收报告。工程竣工验收报告主要包括工程概况,建设单位执行基本建设程序情况,对工程勘察、设计、施工、监理等方面的评价,工程竣工验收时间、程序、内容和组织形式,工程竣工验收意见等内容。

工程竣工验收报告还应附有下列文件:
(1) 施工许可证;
(2) 施工图设计文件审查意见;

(3) 竣工验收条件中（2）、（3）、（4）、（10）、（11）项规定的文件；
(4) 验收组人员签署的工程竣工验收意见；
(5) 市政基础设施工程应附有质量检测和功能性试验资料；
(6) 施工单位签署的工程质量保修书；
(7) 法规、规章规定的其他有关文件。

（二）竣工验收备案

根据《房屋建筑工程和市政基础设施工程竣工验收备案管理暂行办法》，建设单位应当自工程竣工验收合格之日起15个工作日内，依照本办法规定，向工程所在地的县级以上地方人民政府建设行政主管部门（以下简称备案机关）备案。

建设单位办理工程竣工验收备案应当提交下列文件：

1. 工程竣工验收备案表。
2. 工程竣工验收报告。竣工验收报告应当包括工程报建日期、施工许可证号、施工图设计文件审查意见，勘察、设计、施工、工程监理等单位分别签署的质量合格文件及验收人员签署的竣工验收原始文件，市政基础设施的有关质量检测和功能性试验资料以及备案机关认为需要提供的有关资料。
3. 法律、行政法规规定应当由规划、公安消防、环保等部门出具的认可文件或者准许使用文件。
4. 施工单位签署的工程质量保修书。
5. 法规、规章规定必须提供的其他文件。
6. 商品住宅还应当提交《住宅质量保证书》和《住宅使用说明书》。

备案机关收到建设单位报送的竣工验收备案文件，验证文件齐全后，应当在工程竣工验收备案表上签署文件收讫。

工程竣工验收备案表一式两份，一份由建设单位保存，一份留备案机关存档，备案机关发现建设单位在竣工验收过程中有违反国家有关建设工程质量管理规定行为的，应当在收讫竣工验收备案文件15日内，责令停止使用，重新组织竣工验收。

第二节 施工监理资料的管理

建设工程资料是工程质量、安全、进度、工期等控制目标实现情况的书面体现。施工监理资料作为建设工程资料的重要组成部分。记录着整个施工过程中监理工作质量和监理合同的履行情况，其重要性不言而喻，因此必须做好这项工作。

一、施工阶段的监理资料

施工阶段的监理资料应包括下列内容：
(1) 施工合同文件及委托监理合同；
(2) 勘察设计文件；
(3) 监理规划；
(4) 监理实施细则；
(5) 分包单位资格报审表；
(6) 设计交底与图纸会审会议纪要；
(7) 施工组织设计（方案）报审表；
(8) 工程开工/复工报审表及工程暂停令；

(9) 测量核验资料;
(10) 工程进度计划;
(11) 工程材料、构配件、设备的质量证明文件;
(12) 检查试验资料;
(13) 工程变更资料;
(14) 隐蔽工程验收资料;
(15) 工程计量单和工程款支付证书;
(16) 监理工程师通知单;
(17) 监理工作联系单;
(18) 报验申请表;
(19) 会议纪要;
(20) 来往函件;
(21) 监理日记;
(22) 监理月报;
(23) 质量缺陷与事故的处理文件;
(24) 分部工程、单位工程等验收资料;
(25) 索赔文件资料;
(26) 竣工结算审核意见书;
(27) 工程项目施工阶段质量评估报告等专题报告;
(28) 监理工作总结。

二、监理日记

施工阶段的监理日记应包括以下内容:
(1) 施工情况;
(2) 监理情况;
(3) 存在问题的处理情况;
(4) 工程计量与签证情况;
(5) 会议及协调工作情况;
(6) 其他情况。

监理日记应由专人负责,作到当日填写,节假日和夜间施工值班期间由当班监理人员写。对处理的事件应有可追溯性,作到前后呼应,环节闭合。

三、监理月报

施工阶段的监理月报应包括以下内容:
1. 本月工程概况;
2. 本月工程形象进度;
3. 工程进度:
(1) 本月实际完成情况与计划进度比较;
(2) 对进度完成情况及采取措施效果的分析。
4. 工程质量:
(1) 本月工程质量情况分析;
(2) 本月采取的工程质量措施及效果。
5. 工程计量与工程款支付:

(1) 工程量审核情况;
(2) 工程款审批情况及月支付情况;
(3) 工程款支付情况分析;
(4) 本月采取的措施及效果。
6. 合同其他事项的处理情况:
(1) 工程变更;
(2) 工程延期;
(3) 费用索赔。
7. 本月监理工作小结:
(1) 对本月进度、质量、工程款支付等方面情况的综合评价;
(2) 本月监理工作情况;
(3) 有关本工程的意见和建议;
(4) 下月监理工作的重点。
监理月报应由总监理工程师组织编制,签认后报建设单位和本监理单位。

四、监理工作总结

监理工作总结应包括以下内容:
1. 工程概况;
2. 监理组织机构、监理人员和投入的监理设施;
3. 监理合同履行情况;
4. 监理工作成效;
5. 施工过程中出现的问题及其处理情况和建议;
6. 工程照片(有必要时)。
施工阶段监理工作结束时,监理单位应向建设单位提交监理工作总结。

五、监理资料的管理

1. 监理资料必须及时整理、真实完整、分类有序。
2. 监理资料的管理应由总监理工程师负责,并指定专人具体实施。
3. 监理资料应在各阶段监理工作结束后及时整理归档。
4. 监理档案的编制及保存应按有关规定执行。

第二章 市政工程质量控制

第一节 概　述

一、质量控制的依据

监理工程师进行质量控制的依据，大体上有以下四类：

（一）工程合同文件

工程施工承包合同文件和委托监理合同文件分别规定了参与建设各方在质量控制方面的权利和义务，有关各方必须履行在合同中的承诺。对于监理单位，既要履行委托监理合同的条款，又要督促建设单位、监督承包单位、设计单位履行有关的质量控制条款。因此，监理工程师要熟悉这些条款，据以进行质量监督和控制。

（二）设计文件

"按图施工"是质量控制的一项重要原则。因此，经过批准的设计图纸和技术说明书等设计文件，无疑是质量控制的重要依据。但是从严格质量管理和选题控制的角度出发，监理单位在施工前还应参加由建设单位组织的设计单位及承包单位参加的设计交底及图纸会审工作，以达到了解设计意图和质量要求，发现图纸差错和减少质量隐患的目的。

（三）国家及地方政府有关部门分布的有关质量方面的法律、法规性文件

(1)《中华人民共和国建筑法》（1997年11月1日中华人民共和国主席令第91号发布）；

(2)《建设工程质量管理条例》（2000年1月30日中华人民共和国国务院第279号发布）；

(3) 2001年4月原建设部发布的《建筑业企业资质管理规定》。

以上列举的是国家及建设主管部门所颁发的有关质量管理方面的法规性文件。

（四）有关质量检验与控制的专门技术法规性文件

这类文件一般是针对不同行业、不同的质量控制对象而制定的技术法规性文件，包括各种有关的标准、规范、规程或规定。

技术标准有国际标准、国家标准、行业标准、地方标准和企业标准之分。它们是建立和维护正常生产和工作秩序应遵守的准则，也是衡量工程、设备和材料质量的尺度。

技术规程或规范，一般是执行技术标准，保证施工有序地进行，而为有关人员制定的行动的准则，通常也与质量的形成有密切关系，应严格遵守。

各种有关质量方面的规定，一般是由有关主管部门根据需要而发布的带有方针目标性的文件，它对于保证标准和规程、规范的实施和改善实际存在的问题，具有指令性和及时性的特点。

二、影响工程质量因素的控制

"百年大计，质量第一"是我国工程建设的一贯方针。工程质量关系到生产、使用的效果，关系到人民生命财产的安全，因此，确保工程质量是建设工程的重要环节。

目前，我国的工程建设管理体制，对建设工程的质量，主要是依靠承建单位自身的质量保证体系，近年来，建筑工程的质量滑坡，与承建单位自身的质量保证体系不健全、起不到作用和不重视工程质量有关，现就影响质量几个主要因素叙述如下：

（一）工程施工人员

无上岗证操作，在施工现场十分普遍。来自祖国四面八方的农民工，已是施工的主力军，因

其未经过技术培训和上岗培训，要他们自身保证工程质量是有困难的。

按照目前的管理体制，由于层层承包、挂靠和转包，公司的资质已经不代表实际状况。因此，建设监理单位在审查承建单位资质、质量保证体系的同时，要注意参加施工的管理人员、关键工种的操作人员是否具有上岗证书，以便使施工人员满足工程建设操作要求。

（二）建筑材料及构配件

材料质量是工程质量的基础，加强对材料质量的控制是提高工程质量的保障，其控制的要点如下：

在建筑材料及构配件订货前，应由施工单位提出样品，向监理工程师申报，经审查合格后方可订货。

工程主要材料进场时，必须具备出厂合格证和材料试验单，经监理工程师审查并抽查复验合格后，方可用于建设工程。

建筑工程的构配件必须具有出厂合格证。

现场配制的材料，应先提出试验要求，经检验合格后，才能使用。其他施工用材料，都应有相应的过程。

在正常情况下，通过上述步骤和要求，材料质量理应得到控制。当前在尚有假冒伪劣的情况下，我们应当实事求是、认真对待，辅之以其他方法，例如随时抽查复检等，促进工程材料质量得以保障。

（三）施工机械及设备

应从设备的型号、主要性能参数和操作要求三个方面予以审查。规模较小的施工单位，常常是机械设备满足不了施工要求，影响了工程质量，例如：属于淘汰的鼓筒式搅拌机，在工地上还普遍应用；搅拌机没有计量设施，使搅拌的混凝土水灰比失控；混凝土搅拌前没有磅秤，使配合比成为体积比而失控；预应力混凝土圆孔板的张拉应力出入更大，又没有相应的检测设备，严重影响量大面广的预制构件的质量，高层建筑则需配备相应的人员及材料垂直运输设备，以保证工期的同时保证质量的要求（如混凝土浇筑的连续性）。如何使得施工设备达到要求，监理人员必须予以重视。

（四）施工方案（施工组织设计）

施工方案正确与否，直接影响工程项目的进度控制、质量控制、投资控制三大目标能否实现，监理工程师应审查施工方案，以确保方案在技术上可行，在经济上合理，有利于提高工程质量，例如有：

1. 高层建筑地下室施工，涉及边坡的支护方案及开挖方案。
2. 大体积混凝土浇捣方案。
3. 桩基础的施工方案。
4. 高层建筑的垂直度。
5. 施工缝、后浇带的设置等等。

这些尽可能形成施工工法，以利于建筑业施工水平提高。

（五）环境因素

影响工程项目质量的环境因素较多，有工程技术环境，例如工程地质、水文地质等，还有如质量保证体系、质量管理制度等工程管理环境因素。环境因素与施工方案和技术措施紧密相关，因此，根据工程特点和具体条件，应对影响质量的环境因素，采取有效的措施。

上述影响工程质量因素，简称 4M1E 质量因素，也可用图 2-1 简示。

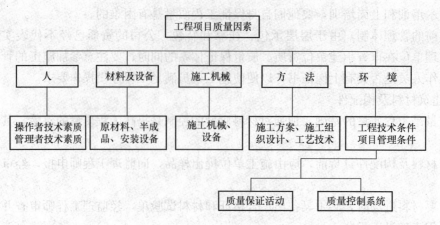

图 2-1 影响工程质量的因素

三、施工阶段质量控制的原则与方法

施工阶段是形成工程项目实体的阶段,所以对于工程质量控制具有特殊的重要意义。

(一)工程质量控制原则:

1. 以工程施工质量验收统一标准及验收规范为依据,督促承包单位全面实现施工合同约定的质量目标。

2. 对工程项目施工全过程进行质量控制,以质量预控为重点。

3. 对工程项目的人、机、料、法、环等因素进行全面的质量控制,监督承包单位的质量管理体系、技术管理体系和质量保证体系落实到位。

4. 严格要求承包单位执行有关资料、构配件和设备制度和设备检验制度。

5. 坚持不合格的建筑材料、构配件和设备不准在工程上使用。

6. 坚持本工序质量不合格或未进行验收不予签认,下一道工序不得施工。

(二)工程质量控制方法:

(1)质量控制应以事前控制(预防)为主。

(2)应按监理规划的要求对施工过程进行检查,及时纠正违规操作,消除质量隐患,跟踪质量结果,验证纠证效果。

(3)应采用必要的检查、测量和试验手段,以验证施工质量。

(4)应对工程的某些关键工序和重点部位施工过程进行旁站。

(5)严格执行现场有见证取样和送检制度。

(6)应建议撤换承包单位不称职的人员及不合格的分包单位。

1. 工程质量事前控制

(1)在施工过程中,当承包单位对已批准的施工组织设计进行调整、补充或变动时,应经专业监理工程师审查,并应由总监理工程师签认。

(2)专业监理工程师应要求承包单位报送重点部位、关键工序的施工工艺和确保工程质量的措施,审核同意后予以签认。

(3)当承包单位采用新材料、新工艺、新技术、新设备时,专业监理工程师应要求承包单位报送相应的施工工艺措施和证明材料,组织专题认证,经审定后予以签认。

(4)专业监理工程师应核查承包单位的质量管理体系:

1)核查承包单位的机构设置、人员配备、职责与分工的落实情况。

2)督促各级专职质量检查人员的配备。

3）查验各级管理人员及专业操作人员的持证情况。
4）检查承包单位质量管理制度是否健全。
（5）专业监理工程师应审查分包单位的资质：
1）承包单位填写"分包单位资质报审表"，报项目监理部审查。
2）核查分包单位的营业执照、企业资质等级证书、专业许可证、岗位证书等。
3）核查分包单位的业绩。
4）经审核合格，签批"分包单位资质报审表"。
（6）专业监理工程师应从以下五个方面对承包单位的试验室进行考核：
1）试验室的资质等级及设备出具的讲师检定证明。
2）法定计量部门对试验设备出具的讲师检定证明。
3）试验室的管理制度。
4）试验人员的资格证书。
5）本工程的试验项目及其要求。
（7）专业监理工程师应对承包单位报关的拟进场工程材料、构配件和设备的"工程材料/构配件/设备报审表"及其质量证明资料进行审核，并对进场的实物按照委托监理合同约定或有关工程质量管理文件规定的比例采用平行检验或见证取样方式进行抽检。

对未经监理人员验收或验收不合格的工程材料、构配件、设备，监理人员应拒绝签认，并应签发监理工程师通知单，书面通知承包单位限期将不合格的工程材料、构配件、设备撤出现场。

"工程材料/构配件/设备报审表"应符合《建设工程监理规范》中附录 A9 表的格式；"监理工程师通知单"应符合《建设工程监理规范》附录 B1 表的格式。

（8）专业监理工程师应查验承包单位的测量放线。
1）查验施工控制网（平面和高程）。
2）检验施工轴线控制桩位置。
3）查验各中桩、边线等放线成果。
4）应要求承包单位填写"施工测量放线报验申请表"，并附放线记录报项目监理部签认。

2. 工程质量事中控制

（1）总监理工程师应安排监理人员对施工过程进行巡视和检查。对隐蔽工程的隐蔽过程、下道工序施工完成后难以检查的重点部位，专业监理工程师应安排监理员进行旁站。
1）应对巡视过程中发现的问题，及时要求承包单位予以纠正，并记入监理日志。
2）对所发现的问题可先口头通知承包单位改正，然后应及时签发"监理工程师通知单"。
3）承包单位应将整改结果填写"监理工程师通知回复单"，报监理工程师进行复查。
（2）验收隐蔽工作：
1）要求承包单位按有关规定对隐蔽工程先进行自检，自检合格，将"隐蔽工程报验申请表"报关项目监理部。
2）应对"隐蔽工程报验申请表"的内容到现场进行检测、核查。
3）对隐检合格的工程应签认"隐蔽工程报验申请表"，并准予进行下一道序。
（3）分项工程验收：
1）要求承包单位在分项工程完成并自检合格后，填写"分项/分部工程报验申请表"报项目监理部。
2）对报验的资料进行审查，并到施工现场进行抽检、核查。
3）对不符合要求的分项工程，要求承包单位进行整改。

4) 经返工或返修的分项工程应重新进行验收。

(4) 分部工程验收：

要求承包单位在分部工程完成后，填写"分项/分部工程报验申请表"，总监理工程师根据已签认的分项工程质量验收结果签署验收意见。

第二节 道 路 工 程

一、道路工程测量质量控制

（一）监理内容与要求

道路各结构层测量施工监理控制，要求根据相关规范对各结构层施工时施工方的测量工作进行控制，确保程序正确，结果符合验收规范。作业人员由监理员、测量监理工程师、总监理工程师组成。

（二）监理流程图（见图2-2）

（三）监理方法

1. 准备阶段

(1) 施工单位测量人员上岗证需经复验，复印件有备案。总监理工程师在监A4表上签认；

(2) 测量仪器设备需经检测检定合格，施工单位上报主要施工机械设备报审表，并由总监理工程师复检签认，后附测量仪器设备检定报告；

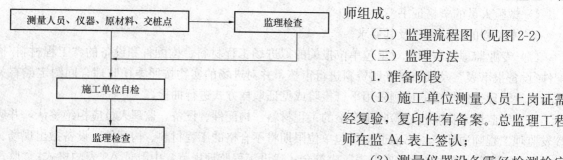

图2-2 道路工程测量监理流程图

(3) 完成各结构层的各项检测试验结果合格并报审批签认，完成各项原材料的检测并报验经审查批准使用，面层配合比试验完成并报审查批准；

(4) 交桩点已经过测量复核，施工单位上报承包单位报审表，并由监理工程师复测签认，后附施工记录表；

(5) 施工单位上报由监理复核人员及测量监理工程师签认的结构层中心桩位置、高程、平整度、横坡、宽度测量报审表及施工记录表。

2. 施工阶段

(1) 施工单位自检合格，上报结构层中心桩位置、高程测量报审表，后附施工记录表；

(2) 监理员复核上报内容填写完善，数据计算无误，现场复测中心桩允许偏差，中线高程允许偏差；根据复核结果，合格后由复核人员及测量监理工程师签认；

(3) 宽度用尺现场直接量取，检查允许偏差；

(4) 横坡用水准仪测量，允许偏差及频率应满足规范要求；

(5) 平整度现场采用3m直尺或测平仪量取最大值；

(6) 井框与路面高差用尺直接量取。

3. 验收阶段

监理对实测数据进行审核，符合要求。

二、路基、路床质量控制

（一）监理内容与要求

路基、路床施工监理质量安全控制过程是道路质量控制的基础，须对机具、人力及原材料进行严格控制，并对施工过程严格管理，以满足验收规范要求。作业人员由总监理工程师、专业监理工程师、监理员、见证员组成。

（二）监理流程（见图 2-3）

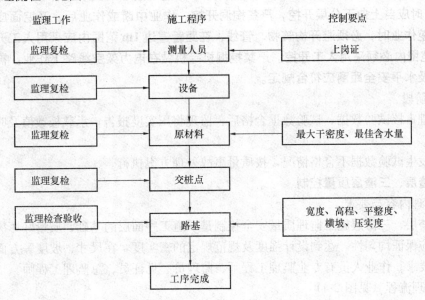

图 2-3　路基、路床质量监理流程图

（三）监理方法

1. 准备阶段

（1）交桩点已经过测量复核，施工单位上报承包单位报审表（监 A4），并由监程师复核签认；

（2）进场的压路机、挖掘机等设备已报验并经监理工程师签认；

（3）所有专业人员重要岗位操作工上岗证均经复验，复印件备案，总监理工程师在监 A4 表上签认；

（4）完成各类原材料检测并报验经过审查批准，（监 A9，见证员见证取样，专业监理工程师审批）已完成所需原材料、三渣层配合比试验，并经审查批准；

（5）安全施工措施已按审核后的施工组织设计准备到位。

2. 施工阶段

（1）测量定位控制

1）施工方自检合格，报测量定位报验申请表；

2）监理员复核上报内容填写完善，数据计算无误，现场复核中心桩允许偏差5mm。根据复核结果，合格后由专业监理工程师签认。

（2）路基质量控制

1）路基土中不得含有淤泥、腐殖土及有机质、建筑垃圾等；

2）路基填土每层填土松方厚度不得超过 30cm；

3）测定路基土的最佳含水量，力争使拟填路基的土的含水量接近最佳含水量；

4）路基不得有翻浆、起皮、波浪、积水等现象，在填土过程中监理员旁站并做好旁站记录；

5）填土碾压夯实后不得有翻浆、"弹簧"现象；

6）对填路基土取样，试验机构做干密度试验，按规定的频率做压实度试验，取样过程中见证员见证；

7）按规定的频率做承载板试验，试验中见证员见证，承载力满足设计要求值；

8）人机配合土方作业，必须设专人指挥。机械作业时，配合作业人员严禁处在机械作业和走行范围内。配合人员在机械走行范围内作业时，机械必须停止作业；

9）挖土时应自上向下分层开挖，严禁掏洞开挖。作业中断或作业后，开挖面应做成稳定边坡。机械开挖作业时，必须避开构筑物、管线，在距管道边 1m 范围内应采用人工开挖；在距直埋缆线 2m 范围内必须采用人工开挖。严禁挖掘机等机械在电力架空线路下作业。需在其一侧作业时，垂直及水平安全距离应符合规定。

3. 验收阶段

（1）监理审核试验数据，试验数据合格后，监理将压实度报告、承载板数值及时统计录入汇总表；

（2）若发生试验数据不合格情况，按质量事故处理方案执行。

三、塘渣层、三渣层质量控制

（一）监理内容与要求

道路塘渣层、三渣层施工监理质量安全控制是下道工序面层的基础，质量好坏决定面层的耐久性，重点应保证均匀性，达到设计强度及规范规定的密实度，在尺寸、坡度等方面应保证面层的后续施工要求。作业人员有专业监理工程师、监理员、见证员、总监理工程师。

（二）监理流程（见图 2-4）

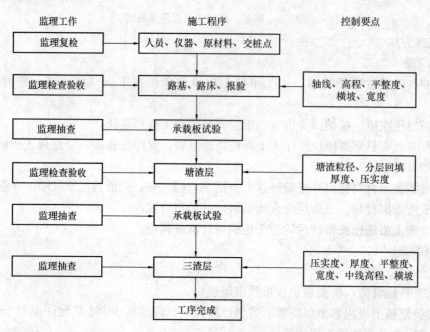

图 2-4 塘渣层、三渣层监理流程图

（三）监理方法

1. 准备阶段

（1）路基、路床的轴线、高程、平整度、横坡、宽度施工单位上报报验申请表，并由监理工程师复核签认；

（2）进场的压路机、挖掘机等设备已报验并经监理工程师签认；

（3）所有专业人员重要岗位操作工上岗证均经复验，复印件备案；

（4）完成塘渣层检测并报验经过审查批准（表监 A4，见证员见证取样，专业监理工程师审批），做好塘渣的干密度试验，试验结果并经专业监理工程师审查批准。

2. 施工阶段

(1) 塘渣的粒径的选择：最大粒径不得大于层厚的 2/3，并不得大于 30cm，塘渣不得夹有杂物；

(2) 塘渣应选择微风化岩层，不得选择强风化岩层；

(3) 塘渣层每层填筑厚度不得超过 30cm；

(4) 做好试验工作，试验人员对填好的塘渣取样，按规定频率做灌砂试验，取样过程中见证员旁站；

(5) 路基土用 12~15t 压路机压实，压实轮迹深度不得大于 5mm；

(6) 其检查内容应符合规定；

(7) 石灰、粉煤灰类混合料应拌合均匀，色泽调和一致；砂砾（碎石）最大粒径不大于 50mm，大于 20mm 的灰块不得超过 10%；石灰中严禁含有未消解颗粒，如由厂家供应则应提供营业资质合格证及相应备案证书和试验报告；

(8) 摊铺层无明显的粗细颗粒离析现象；

(9) 用 12t 以上压路机碾压后，轮迹深度不得大于 5 mm，并不得有浮料、脱皮、松散现象；

(10) 压实度、厚度、平整度、宽度、中线高程、横坡应符合规定。

3. 验收阶段

(1) 监理审核试验数据，试验数据合格后，监理将压实度数值及时统计录入汇总表；

(2) 若发生试验数据不合格的情况，按质量事故处理方案执行。

四、水泥混凝土面层质量控制

（一）监理内容与要求

水泥混凝土面层施工是道路结构层的表面层除满足强度要求外，还需满足行车舒适性要求及耐磨耗要求，故对原材料及配合比要控制严格，更应对施工中操作过程进行旁站跟踪，确保质量达到规范要求。作业人员有专业监理工程师、监理员、见证员、总监理工程师。

（二）监理流程（图 2-5）

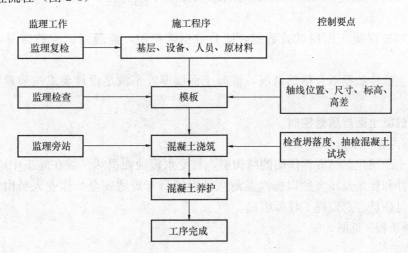

图 2-5　水泥混凝土面层监理流程图

（三）监理方法

1. 准备阶段

(1) 基层高程、宽度、横坡、轴线已经过测量复核，施工单位上报承包单位报审表，并由监理工程师复核签认，后附施工记录表；

（2）进场的混凝土拌合机、振动梁、提浆泵等设备已报验并经监理工程师签认；

（3）所有专业人员重要岗位操作工上岗证均经复验，复印件备案；

（4）完成各类原材料检测并报验经过审查批准（见证员见证取样，专业监理工程师审批）已完成栏所需原材料，混凝土面层配合比试验，并经专业监理工程师核准配合比是否正常，如由厂家供应则应提供资质、备案证书并报验；

（5）安全施工措施已按审核后的施工组织设计准备到位。

2. 施工阶段

（1）模板顶面高程正确；

（2）模板必须支立牢固，不得倾斜、漏浆；

（3）混凝土面层的纵向钢筋、横向钢筋、边缘钢筋、角隅钢筋级别、数量、位置必须准确；

（4）严格控制混凝土配合比，进行黄砂、碎石、水泥的计量和坍落度试验；

（5）混凝土运输中不得离析；

（6）混凝土振捣过程密实，振捣中不得有漏振、过振的现象发生；

（7）混凝土浇筑中施工缝、胀缝、混凝土浇筑伸缩缝设置合理；

（8）混凝土浇筑现场做好混凝土抗压、抗折试块工作；

（9）混凝土抹面时间应合理；

（10）切缝直线段应线直，曲线段应圆顺，不得有夹缝，灌缝不得漏缝；

（11）混凝土浇筑完成后注意对混凝土的养护工作，冬期做好保温工作；

（12）在面层混凝土弯拉强度达到设计强度，且填缝完成前，不得开放交通；

（13）当面层混凝土弯拉强度未达到 1MPa 或抗压强度未达到 5MPa 时，必须采取防止混凝土受冻的措施，严禁混凝土受冻。

3. 验收阶段

（1）施工完毕，用尺测量混凝土面层厚度，每块检测 2 点，用钢卷尺量混凝土面层宽度，每 40m 量取 1 点（允许偏差：20mm），采用水准仪测量中线高程，每 20m 测 1 点（允许偏差：±20mm）；

（2）监理审核混凝土面层试验数据，试验数据合格后，监理将试验数据及时统计录入汇总表；

（3）若发生试验数据不合格的情况，混凝土面层厚度不满足设计要求按质量事故处理方案执行。

五、沥青混凝土面层质量控制

（一）监理内容与要求

沥青混凝土面层是黏结嵌锁作用的结构层，易受水侵蚀而损坏。故在施工中应控制其级配、原材料质量、拌和质量及压实度以提高其耐久度保证行车舒适安全。作业人员由专业监理工程师、监理员、见证员、总监理工程师组成。

（二）监理流程（见图 2-6）

（三）监理方法

1. 准备阶段

（1）基层高程、宽度、横坡、轴线已经过测量复核，施工单位上报承包单位报审表，并由监理工程师复核签认，后附施工记录表；

（2）进场的沥青摊铺机、压路机等设备已报验并经监理工程师签认；

（3）所有专业人员上岗操作证均经复验，复印件备案；

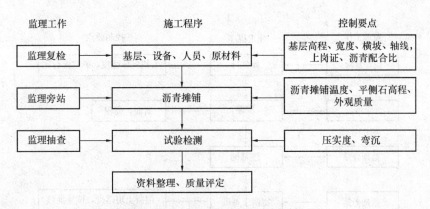

图 2-6 沥青混凝土面层质量监理流程图

(4) 完成各类原材料检测并报验，经过审查批准（监 A4，见证员见证取样，专业监理工程师审批）已完成所需原材料，沥青面层配合比试验，并经专业监理工程师核准配合比是否正常，厂家应提供资质证书及备案证书；

(5) 安全施工措施已按审核后的施工组织设计准备到位。

2. 施工阶段

(1) 沥青控制标高的侧平石高程正确；

(2) 沥青摊铺时应选择夏季，晴天，气温较高的时段；

(3) 沥青摊铺时基层不得积水；

(4) 沥青料运到现场的温度必须大于 120℃；

(5) 沥青压实中应用轻、重、轻顺序压路机压实；

(6) 沥青面层与平石及其他构筑物应接顺；

(7) 压实后的沥青表面应平整、坚实，不得有脱落、掉渣、裂缝、堆挤、烂边、粗细料集中现象；

(8) 沥青混凝土面层允许偏差符合规定；

(9) 黑色碎（砾）石面层允许偏差符合规定；

(10) 沥青混合料面层不得在雨、雪天气及环境最高温度低于 5℃ 时施工；

(11) 热拌沥青混合料路面应待摊铺层自然降温至表面温度低于 50℃ 后，方可开放交通。

3. 验收阶段

(1) 施工完毕后请试验机构做摊铺沥青的压实度、弯沉值试验；

(2) 监理审核沥青面层试验数据，试验数据合格后，监理将试验数据及时统计录入汇总表；

(3) 若发生试验数据不合格情况，沥青层厚度不满足设计要求按质量事故处理方案执行。

六、石砌驳坎质量控制

(一) 监理内容与要点

驳坎是属于道路附属构筑物中的一种，也常用于桥梁及河道施工，大多为石砌。主要控制石料本身质量、砂浆及砌筑是否符合规范要求，河道驳坎施工时围堰能否满足安全及施工要求也需认真对待，作业人员有专业监理工程师、监理员、见证员、总监理工程师。

(二) 监理流程

石砌驳坎监理流程图如图 2-7 所示。

(三) 监理方法

1. 准备阶段

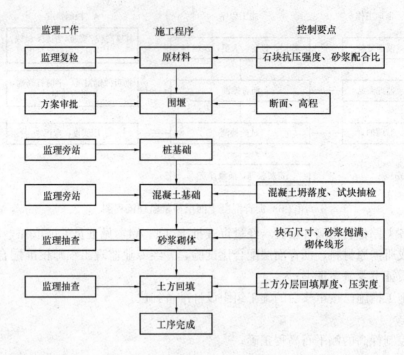

图 2-7 石砌驳坎监理流程图

(1) 认真审核施工组织设计，着重检查质量保证措施和安全措施是否到位。

(2) 原材料控制：

1) 石料：石料进场后，应审查其质保资料，并督促施工单位进行原材料试验：

①石质应坚硬、密实、坚固与耐久，色泽均匀，无风化和水流的侵蚀；

②用于驳坎的石料，其抗压强度不得低于 25MPa；

③石料不得带有泥土、油渍或其他有害物质；

④块石应大致方正，上下面大致平行，厚度为 20～30cm，宽度为厚度的 1.0～1.5 倍，长度为厚度的 1.5～3.0 倍。石料的尖锐边角应凿去。

2) 砂浆：砂浆的配合比应通过试验决定，强度等级应符合设计要求：

①砂浆所用水泥、砂和水应符合质量标准；

②砂浆应采用机械拌和，机械拌和的时间不小于 1min；

③经拌和的砂浆应具有良好的和易性，且砂浆应随拌随用，一般应在 3h 内用完，气温超过 30℃时，应在 2h 内使用完毕。

(3) 在围堰施工驳坎时，水位必须降到基础面以下。如有淤泥、垃圾等杂质必须清理干净保证土基质量。围堰不是永久结构物，但对工程施工质量和安全影响很大，应严格按施工组织和施工要求构筑。

1) 根据围堰身高度、水流速度、使用周期和现场实际情况、经济技术指标等综合因素，检查围堰形式是否妥当；

2) 检查围堰的断面及标高，围堰顶标高应高出施工期间可能出现的最高水位 50cm 以上；

3) 严格按围堰的构造要求（见表 2-1）和施工要求（见表 2-2）监理，保证堰体稳固而不渗水从而保证构筑物水中施工的安全顺利。

(4) 当采用桩基础时，必须在桩基验收合格后施工基础。

2. 施工阶段

（1）基础混凝土

各类围堰的使用范围及构造要求　　　　　　　　　　　　　　　　　　　表 2-1

项目 \ 围堰类型	土围堰	土袋围堰	钢板桩围堰
使用范围	水深≤2m且流速≤0.5m/s	水深≤3m且流速<2m/s	水深>3m或深水深≤3m，流速>1m/s或需遇航
顶宽	1m	1.5m	≥3m
围堰的外边坡	1:2～1:3	1:1.5	钢板桩入土深度应经计算确定，其入土深度应为桩长的一半
围堰的内边坡	1:1～1:1.5	1:1	
坡脚至基坑边缘距离	≥1m	≥1m	

各类围堰的施工要求　　　　　　　　　　　　　　　　　　　　　　　　表 2-2

序号 \ 围堰类型	土围堰	土袋围堰	钢板桩围堰
1	清除围堰底河床上的树枝、石块、淤泥和杂物		
2	土方采用松散的黏土或黏性土填筑，堰底与河岸的交接处应采取措施，防止连接部位渗漏		在未填土前应采取措施保证钢板桩的整体稳定；堰身填土不能一次到顶，应间隔筑，利用河水浸泡、泥土、逐层沉实；围堰内壁应有止水措施。拆除时，先挖土方，然后拆除拉条，最后拔桩，清除堰底
3	土围堰填出水面后应分层夯实，必要时采用草包、柴排等加以保护	每只土袋内盛土量应为其容量的一半，土袋上下层和内外层应相互错开堆置；每层土袋间应夹填黏土，堆叠密实整齐	

1）若基础混凝土分仓灌筑，则相邻两仓的施工缝按沉降缝处理；

2）当采用趁潮法施工时，不允许一仓混凝土分两潮水施工，更不允许在潮水进入基坑后继续灌筑混凝土，且在一仓混凝土灌筑完成后，下一潮水到来之前，在混凝土面盖草包，并用重物压住。

（2）砂浆砌体

1）砌筑墙身前，必须检查样架，样架间距不宜大于10cm，要求制作平整，支撑垂直。

2）砌筑基础的第一层块石时，应先将基底混凝土表面清洗、湿润再坐浆砌筑。当有渗透水时，应及时排除，以防基础在砂浆初凝前遭水侵害。

3）石料或预制块在使用前必须浇水湿润，表面如有泥土、锈渍应清除干净。

4）所有石块均须坐在新拌的砂浆上，砂浆缝必须饱满，石块不得直接连接。壁缝较宽时，可在砂浆中塞以小石块，但不得在底座或石块的下面用高于砂浆层的小石块支垫。用细石混凝土填塞竖缝时，应捣实。

5）分层砌筑。砌体较长应分层分段砌筑，两相邻工作段的高差应不大于1～2m，分段位置应设在沉降缝处。

6）砌体分层砌筑时，每层应大致找平，砌筑上层石块时不得振动下层石块，不得在已砌好的砌体上抛掷、滚动、翻动和敲击石块；砌筑工作中断后再行砌筑时，原砌层表面应加以清扫和湿润并铺上新浆方可砌筑。

7）石块应长短相间，交错排列，上下层石块的竖缝不得重合。

8）砌体的沉降缝和泄水孔的位置、标高、坡度等必须符合设计要求。

（3）砌体勾缝与养护

1）勾缝工作不得在石料及砂浆受冻的情况下进行，勾缝前应认真清理缝槽并用水冲洗、湿润；

2）勾缝应分两次进行，先在砌筑砂浆缝道上勾槽再行勾缝，修正刮平，并起到美观的作用；

3）勾缝砂浆强度等级不应低于砌体砂浆强度等级，除设计图纸另有规定外，勾缝砂浆的强度等级一般应比砌体砂浆高一级；

4）不论是凸缝、凹缝还是平缝，勾缝砂浆应嵌入砌缝内 2cm 深，如缝槽深度不足或砌体外露面未留缝槽时，均应先开槽后再勾缝；

5）当勾缝工作完成和砂浆初凝后，砌体表面应刷洗干净，并用浸湿的草帘、草袋、麻袋等加以覆盖并养生至少 7d；在养护期间应经常洒水，使砌体始终保持全湿状态；

6）在砌体养护期间应避免碰撞或振动。

重力式驳坎允许偏差及检验方法　　　　　　表 2-3

序号	项　目		允许偏差（mm）		检验频率		检　验　方　法
			浆砌料石预制块	浆砌料石	范围	点数	
1	砂浆抗压强度		不低于设计强度		1组	3块	见本表注（2）
2	断面尺寸		+10，0	+20，-10	每个构筑物或 50m³ 砌体	3	用尺量，长宽高各计1点
3	顶面高程		±10	±15		4	用水准仪测量
4	轴线位移		10	15		2	用经纬仪测量纵横向各计1点
5	墙面垂直度		0.5%H且≤20	0.5%H且≤30		3	用垂尺检查
6	平整度	料　石	20	25		3	用2m直尺检验，取最大值
		预制板	10				
7	水平缝平直度		10	—		4	拉10m小线量，取最大值
8	墙面坡度		不陡于设计规定			2	用坡度尺检验

注：1. 表中 H 为构筑物高度。

2. 各个构筑物或 50m³ 砌体制作试件一组，如砂袋配合比变更时，也应制作试块。

（4）土方回填

1）驳坎墙身后填土应在砌体达到设计强度后方可进行分层回填并夯实，在接近驳坎部位，不得自卸车倒土、推土机碾压的方式进行。

2）在土方回填过程中，为了防止砌体后的土体被水淘空，引起驳坎倒塌，应严格控制泄水孔和反滤层的施工质量。

①控制泄水孔的位置、标高、坡度；

②泄水孔的后面应设置反滤层，一般在泄水孔底铺设 30cm 夯实黏土，再铺设 30cm 中粗砂，出水口用土工布包裹。

3. 验收阶段

（1）按规定的质量评定标准和方法，对完成的分项工程进行检查验收，对检查、评定的数据进行统计分析，及时发现问题，分析原因，以指导后续工作。

（2）如发生不合格情况，按质量事故处理方案执行。

第三节 桥梁工程

一、桥梁工程测量质量控制

（一）监理内容与要求

桥梁工程测量质量工作是桥梁施工的重中之重，大的偏差将与规划相背离，小的偏差将影响相关结构的制作与安装，严重的将影响结构安全。故对各道工序的测量工作应引起高度重视，该工序参与人员有专业监理工程师、监理员。

（二）监理流程（见图2-8）

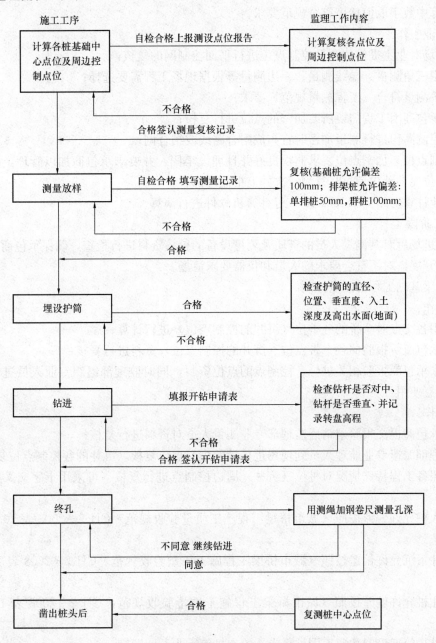

图2-8 桩基测量监理流程图

(三)监理方法

桥梁工程测量要求的精度相对较高,应尽量选取在相对恒温(早上天亮太阳未出来之间),同时通视良好的情况下进行测设。

1. 准备阶段

(1) 内业工作

在设计图纸拿到后对设计图纸的点位进行校核:

1) 设计图纸所给出的各交点进行桩号里程校核;
2) 对各交点进行前后计算确保里程的准确性;
3) 对各中心里程点位进行加密并计算各中点点位平面坐标;
4) 计算中数字取值精度符合规范要求。

(2) 外业工作

亲临现场对业主提供的测量控制点位进行平面控制网的复核:

1) 采用三角测量、导线测量、三边测量等根据现场工程需要选择;
2) 三角测量符合《工程测量规范》要求;
3) 对承包商因工程需要所要加密的点位进行复核;
4) 对控制高程进行测量加密时宜布成附合路线或结合网;
5) 控制点位。加密点位要求通视良好并且埋设牢固,并要求承包商加以管理,同时控制点位、加密点位要求承包商每月复测一次并上报监理部;
6) 外业计算可用CASIO—4800等计算机软件进行演算。

2. 施工阶段

承包商进场后对其测量人员的资质及测量设备的校核资料进行检查,确保承包商在今后的测量工作顺利开展,对不符合要求的人员和仪器要求清场。

(1) 桥梁基础工程的测量控制

内业工作:

1) 利用各交点对全桥的各桩位(沉井的控制点位)进行计算;
2) 对承包商所报验的各个桩点位(沉井的控制点位)资料进行复核;
3) 要求承包商报验相关桩位、控制点的点位资料,同时监理部组织专业人员进行复核,符合要求后同意使用。

外业工作:

1) 在承包商提交报验申请后监理部专业测量人员对资料进行复核;
2) 监理部派遣专业监理人员到现场进行桩的中心点位复核(沉井的各控制点位复核);
3) 按照各工程特殊情况对桩位(沉井)周边控制点进行复核(可采用十字交叉护桩、一字行护桩等);
4) 沉入桩允许偏差按照《城市桥梁工程施工质量验收规范》CJJ 2—2008 表 10.7.3-3 进行控制;
5) 沉井下沉允许偏差按照《城市桥梁工程施工质量验收规范》CJJ 2—2008 表 10.7.5-2 进行控制;
6) 灌注桩允许偏差按照《城市桥梁工程施工质量验收规范》CJJ 2—2008 表 10.7.4 进行控制;
7) 桩基护筒埋设时按照不同桩径大小检查护筒大小及圆顺度;
8) 按照工程要求用各等级水准仪测量护筒标高或钻盘标高;

9）对桩机的桩头进行对中就位，按照周边控制点用卷尺进行测设，同时利用水平仪检查桩机的平整度；

10）终孔时测量孔深、垂直度并对钢筋笼长度进行测量；

11）验收合格后给予签认报验申请；

12）桩在混凝土达到强度并且桩头凿除后，对桩的中心点位进行复测，保证桩的准确性。

(2) 承台或接桩、挡土墙的监理测量控制

1）计算各承台（接桩段）的中心点位及各控制点位；

2）要求承包商上报各点位的计算数值并对其进行校核；

3）监理部应按照各工程情况进行现场实地勘测来选取控制点位，并确定使用与否；

4）对承包商自检合格后上报的报验申请资料进行复核；

5）监理部派遣专业人员对现场点位进行复核（包括平面坐标，高程），高程测量应回路闭合；

6）对承包商所制作的模板，按《城市桥梁工程施工与质量验收规范》对其进行验收；

7）墩台位置及外形尺寸偏差按照《城市桥梁工程施工与质量验收规范》进行控制；

8）验收合格后给予签认报验申请；

9）在承台（接桩、挡土墙）浇筑的混凝土达到强度后对其进行复测，以确保分项工程点位在设计规范以内，挡土墙要求丈量其宽度、长度及高度；

10）挡土墙基础应设有观测点，对其平面位置进行跟踪测量，确保其在回土后不受土压力的影响，承台测量监理控制流程图如图 2-9 所示。

(3) 立柱、盖梁的监理测量控制

1）对现场各立柱的标高及平面中心坐标进行计算；

2）要求承包商上报各点位的计算数值并对其进行校核；

3）盖梁按照中心点位控制也可按照两对角点控制；控制点位可按照《桥梁施工工程师手册》规定进行控制。测量方法可借鉴《桥梁施工工程师手册》中的表 2-15；曲线桥可按照《路桥施工计算手册》中的表 1-4 进行各项要素演算；

4）对承包商自检合格后上报的报验申请资料进行复核；

5）监理部派遣专业人员对现场点位进行复测（包括平面坐标，高程）；高程测量进行回路闭合；

6）进行模板尺寸验收按照规范要求进行控制；

7）验收合格后给予签认报验申请表；

8）混凝土达到强度后对其进行复测以确保分项工程点位在设计规范以内；

9）在第 7) 条的基础上对支座的中心进行复核；

10）存在塔柱的桥可以根据自身的特点进行控制，斜拉桥塔柱各项要求按规范要求控制，测量要求严格按照其规范进行测设；索管的定位应跟踪复核，钢套管的定位标准包括两方面：一是锚固空间位置的三位偏差 ±10mm；二是锚固钢套管的轴线与斜拉索轴线的相对允许偏差 ±5mm；

11）斜拉桥塔柱、钢套管测量注意事项：

①大气折射问题：跨径大于 400m 时可效仿 GPS 定位技术，在各主墩承台设置高程控制点，以主墩高程控制点作三角高程后视，实时确定大气垂直折射系数 K 值，消除垂直折射误差；

②投影改正：大型斜拉桥的主塔锚固钢套筒定位必须进行投影改正：

$$D_0 = D \times (1 + H_0/R)$$

式中 H_0——投影面高程。

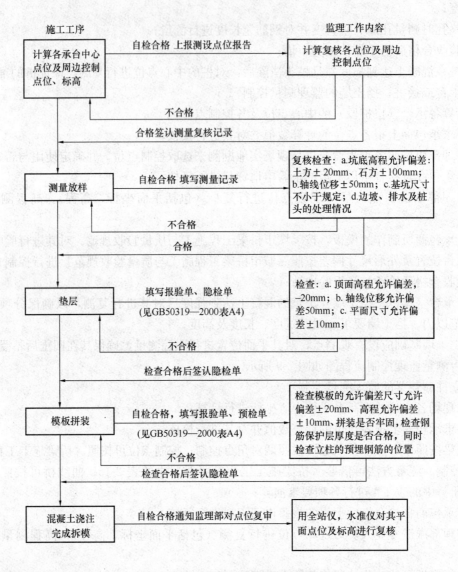

图 2-9 承台测量监理控制流程图

③仪器轴系误差改正；

④棱镜必须正对仪器；

钻孔灌注桩基础工程测量监理流程见图 2-10。

(4) 预制梁板的监理测量控制

1) 对现场各承台的平面中心坐标进行计算，同时计算梁板各部位标高；

2) 要求承包商上报各点位的计算数值并对其进行校核；

3) 预制梁板放样可按照极坐标放样法复核其中心点位；

4) 对承包商自检合格后上报的报验申请资料进行复核：

①监理部派遣专业人员对现场点位进行复核（包括平面坐标，高程），高程测量应进行回路闭合；

②预制梁板的预制过程监理部应派人员对其进行跟踪监督，预制钢筋混凝土梁、板的预埋件、预留孔洞的允许偏差可依照规范要求检查；

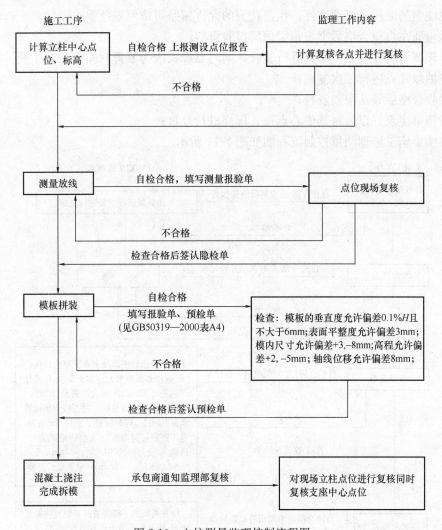

图 2-10 立柱测量监理控制流程图

③验收合格后给予签认报验申请；

④承包商架梁完成后监理部应对其进行复核。

（5）现浇连续梁监理测量控制

1）对现场箱梁平面中心坐标、箱梁底模边线坐标、翼板边线坐标进行计算，同时计算梁板底面标高、芯模顶面标高、翼板边线底模标高；

2）要求承包商上报各点位的计算数值并对其进行校核；

3）在承包商施制好底模并通过自检合格向监理部上报验收资料，监理部组织人员对承包商上报的资料进行复核；

4）监理部派遣专业人员到现场对底模的各控制桩号的中线坐标、边线坐标及标高、平整度、宽度、侧模垂直度、模板接缝的顺度等进行验收；

5）对支座的中心点位、标高、平整度进行验收；

6）验收合格后给予签认报验申请表；

7）监理部专业人员对箱梁芯模顶面标高进行计算；

8）要求承包商上报芯模各控制点位标高，监理部对其进行复核；

9）顶层混凝土标高可按照工程特殊情况对顶层标高疏密控制；

10）现浇钢筋混凝土梁预埋件、预留孔洞的允许偏差可依照规范要求；

11）承包商在自检合格后上报箱梁顶层报验资料；

12）监理部派遣专业人员对其进行验收，同时翼缘板因为放置时间较长由于受外部天气因素影响较大应抽取几点进行二次复核；

13）验收合格后签认报验资料；

14）在箱梁浇筑好以后对其中心点位、标高进行复核；

现浇连续梁施工监理测量控制流程图如图 2-11 所示。

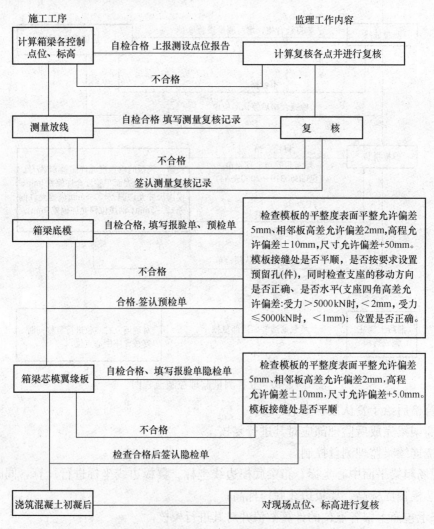

图 2-11 现浇连续梁施工监理测量控制流程图

（6）悬臂浇筑梁监理测量控制

1）对现场各平面中心坐标进行计算，同时计算梁板各部位标高（如标高由监控单位提供，就利用监控提供的端头底模标高推算各控制点位标高，如有预埋件也应按照监控提供的端头底模标高推算各控制点标高）；

2）要求承包商上报各点位的计算数值并对其进行校核；

3）起始段浇筑按照连续梁控制；

4）在挂篮翻作完成后，对挂篮各部件几何尺寸进行验收，并要求承包商在地面进行拼装并进行整体验收；

5）承包商施制好挂篮并通过自检合格，向监理部上报验收资料，监理部组织人员对承包商的资料进行复核；

6）监理部派遣专业人员到现场对底模的各控制桩号的中线坐标、边线坐标及标高、平整度、宽度、侧模垂直度、模板接缝的顺度等按规范要求进行验收；

7）验收合格后给予签认报验申请；

8）芯模验收按照连续梁验收；

9）预埋件、预留孔洞的允许偏差应符合规范要求；

10）斜拉桥的主梁允许偏差应符合规范要求；

11）验收合格后给予签认报验申请；

12）在箱梁浇筑好以后对其中心点位、标高进行复核。

（7）悬臂拼装、顶推梁监理测量控制

1）对现场各平面中心坐标进行计算；同时计算梁板各部位标高（计算是考虑预抬标高，如有监控参与可根据其提供的标高进行控制）；

2）要求承包商上报各点位的计算数值并对其进行校核（复核抬高度的可行性）；

3）预制各段块时按照预制梁验收；

4）对顶推梁进行过程测量，控制每一阶段施工时监理部同时派遣专业人员进行跟踪测量；

5）结段拼装完成后对桥梁的点位进行验收；

6）桥墩两侧应对称拼装，保持平衡。平衡偏差应满足设计要求。

（8）桥梁附属工程的测量控制

1）对防撞墙的内侧控制点位及标高进行计算，对各层铺装的标高进行计算；

2）要求承包商上报各点位的计算数值并对其进行校核；

3）现浇、预制搭板允许偏差按照《城市桥梁工程施工与质量验收规范》进行控制；

4）引道回填应按照设计要求测设标高，控制每层回填土厚度，报验按照各标高报验程序；

5）对桥梁施工完成后进行梁中心控制点位、边控制点位、标高进行复测。

二、桥梁钻孔灌注桩质量控制

（一）监理内容与要点

钻孔灌注桩是桥梁工程中应用最为广泛的桩基础形式，也是整桥受力，防沉降的重要结构物。主要控制要点为桩位准确，桩长及垂直度符合设计要求，沉渣厚度符合设计及规范要求，桩身完好、灌注密实强度达到设计要求。工作人员有专业监理工程师、监理员、见证员。

（二）监理流程（见图2-12）

（三）监理方法

1. 准备阶段

（1）坐标控制点已经过测量复核，施工单位上报承包单位报审表。并由专业监理工程师复核签认；

（2）进场桩机、拌和楼、对焊机等设备已报验并经监理工程师签认；

（3）所有特种专业人员岗位操作工（焊工、起重工、钻工）上岗证均经复验，复印件备案，专业监理工程师在监A4表❶上签认；

（4）已完成所需混凝土配合比试验并经过审查批准，检查混凝土配合比时应重点检查水灰比、最少水泥量及最大水泥用量，完成各类原材料检测并报验，经过审查批准（监A4表，见证

---

❶ 监A4表见本书第六章第一节。

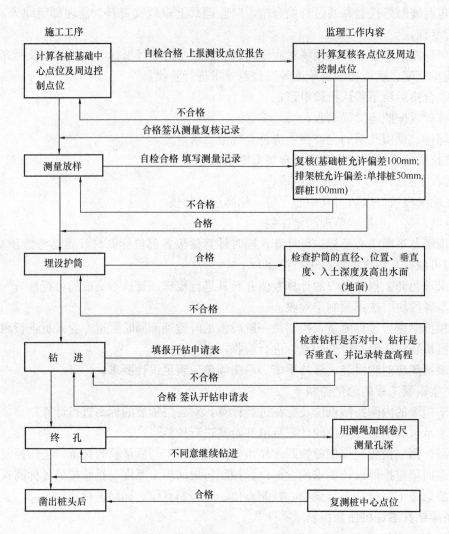

图 2-12 桥梁钻孔灌注桩监理流程图

员见证取样，专业监理工程师审批）；

（5）安全施工措施已按核定后的施工组织设计准备到位。

2. 施工阶段

（1）测量定位控制

1）施工方自检合格，报承建单位报审表，后附施工记录表；

2）监理员复核上报内容：填写完善，数据计算无误。现场复核基础：群桩允许偏差100mm，排架桩允许偏差50mm；

3）根据复核结果，合格后由专业监理工程师在测量定位报验申请表上签认；

（2）埋设护筒控制

监理员巡视检查护筒埋设情况，主要内容为：护筒直径、位置、垂直度、入土深度及高出水面（地面）的高度、护筒顶端的标高，巡视结果记入监理日记。

1）当处于旱地时，除满足施工要求外，宜高出地面0.3m，以防杂物、地面水落入或流入井孔内；

2）当处于水中时，且地质良好，不坍孔时，宜高出施工水位2m；

3）当处于水中时，且地质不良，容易坍孔时，宜高出施工水位 1.5~2.0m，甚至 2.5m。视具体情况而定；

4）当孔内有承压水时，宜高出稳定后的承压水位 1.5~2.0m；

5）当处于潮水处时，宜高出最高潮水位 1.0~1.5m，并应采取稳定水头的措施；

6）对于正循环回转钻钻进，应考虑泥浆钻渣溢出孔高于地面至少 0.3m；对于冲击钻、冲抓锥钻进，应考虑使护筒顶面高出钻锥出入井时，泥浆涌出的高度。

（3）钻孔就位控制

1）施工方填报开钻报验申请表（监 A4）；

2）监理员检查钻杆对中，垂直情况及转盘高程，并将检查情况汇总于监理日志；

3）监理员或专业监理工程师在检查台账合格情况下签认。

（4）钻进控制

监理员或专业监理工程师巡视检查泥浆指标，并将数据（每桩 2 次）及其他钻进过程异常情况记于监理日志。

（5）入岩控制

1）施工方上报施工记录表；

2）监理人员现场抽取岩样判定并封存；

3）根据设计图纸，勘探报告确定终孔标高；

4）如有特殊规定需设计或勘探单位明确的内容，请相关单位签字明确后确定终孔标高。

（6）终孔及清孔控制

1）施工方上报报验单，后附钢筋笼报验表，监理员验收，合格后签字并由专业监理工程师签认；

2）监理员检查孔深，旁站探孔器检查孔径、倾斜度，记于监理日志；

3）施工方清孔后填写成孔记录表，监理员检查沉渣厚度合格后签认。

（7）钢筋笼焊接控制

监理员旁站或巡视焊接质量，见证员抽检接头并送至符合资质的试验室检测，填写旁站记录表。

（8）灌注混凝土控制

1）监理员巡视、旁站，抽检混凝土坍落度（每桩不少于 1 次）并记录过程中异常情况，填写旁站记录表；

2）见证员抽取混凝土试块（每桩最少 2 组）；

3）施工方填写混凝土灌注记录表；

4）顺利完成灌注后监理工程师签认。

3.验收阶段

（1）施工方报送混凝土强度报告，监理备案并及时统计录入汇总表；

（2）检测单位完成检测报告送监理备案；

（3）如发生单桩不合格情况，按质量事故处理方案执行。

三、水泥搅拌桩质量控制

（一）监理内容与要点

水泥搅拌桩是市政工程常用桩型，大部用于土体加固改良，作止水围幕等，控制要点在于桩位准确，搅拌喷浆到位，成桩质量良好，达到设计要求。作业人员有专业监理工程师、监理员、见证员。

（二）监理流程（见图2-13）

（三）监理方法

1. 准备阶段

（1）监理人员应详细审查承包人申报的施工组织设计，并对施工方案、施工工艺、质量控制及进度计划等提出审查意见。

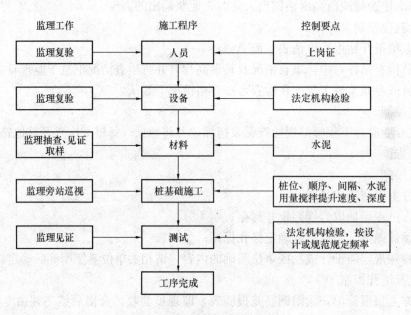

图2-13 水泥搅拌桩监理流程图

（2）对场地的控制：施工场地事先要回填整平，清除杂物，挖除地下障碍物。场地低洼时应回填土，不得回填杂土，压实度按设计要求，设计无要求的，压实度不得低于85%，查明上空和地下管线及其对施工的影响，如管线对施工造成困难，应要求施工单位提前向监理项目部和建设单位上报，以便及时妥善解决。

（3）对机械设备的控制：监理人员应检查进场施工设备的型号、性能、数量及其机械设备的可靠性，要求承包人填报进场设备报验单并附设备合格证明，经监理工程师签认后方可进行作业。

1）水泥搅拌桩机必须采用专用水泥搅拌桩机，严禁采用粉喷桩机改装。钻头应为双十字钻头，严禁使用利用自重下沉和直接利用卷扬机进行提升的钻机。输送管长度一般不大于60m，摆放平顺，管道最大长度不得大于80m，接头最多不超过2个；

2）每台水泥搅拌桩机应配备电脑记录仪及打印设备，以便了解和控制水泥浆用量及喷浆均匀程度。监理人员每天收集电脑记录一次。

3）所有桩机上的电脑记录仪、气压表、转速表、电流表、电子秤必须经过标定，不合格的仪表必须更换，每台设备必须经监理人员现场检验合格后方可使用。

（4）对施工单位的组织机构及配备的控制：按监理工程师审批的施工组织设计控制。

（5）对进场材料的控制：

1）水泥应提供质保单，必须经监理人员现场见证取样后送试验室检测，按设计及规范要求对水泥相关指标进行检测（试验），其结果满足设计及规范要求后方可采用，并应严格控制批次，要求每批进场水泥都要做相关试验，并尽量避免采用那些产量小、质量不稳定的小水泥厂生产的产品；

2）要求建立工地水泥库，数量宜满足 3 天的用量，水泥堆放处垫空，不得受潮，四周要开挖排水沟，若受潮结块不得使用，做到防水、防风。

（6）测量定位控制：根据桩位平面图，准确放样，并用木桩或竹片桩标示桩位，杜绝边施工边放样，施工方自检合格，填报报审表（GB 50319—2000A4 表），监理员复核上报内容，填写完整，数据计算无误（桩位布置与设计图误差不得大于 5cm）。根据复核结果，合格后由复核人员及专业监理工程师签认。

（7）现场工艺性试桩：为确定各种技术参数，按首件工程认可制要求进行工艺性试桩，试桩应达到下列要求：

1）必须获得满足设计浆喷量和进入持力层的成桩工艺及各项技术参数：

钻时速度，参考值 $v=0.5\sim0.8\text{m/min}$

提升速度，参考值 $v_p=0.5\sim0.8\text{m/min}$

搅拌速度，参考值 $v_r=30\sim50\text{r/min}$

钻进、复搅与提升进管道压力，参考值 $0.1\sim0.2\text{MPa}$

喷浆时管道压力，参考值 $0.2\sim0.4\text{MPa}$。

2）试桩必须在监理人员的监督下进行，试桩成功后必须要求承包人对试桩总结，并对质量进行综合评价，监理项目部对其施工工艺提出复评意见，总监工程师提出终评意见，并形成会议纪要，将取得的施工工艺参数挂牌标明在机架上，以便执行检查。

3）安全施工措施已按核定后的施工组织设计准备就位。

2. 施工阶段

（1）对施工操作要点的监理控制：

1）严格控制钻孔下钻深度、喷浆高程及停浆面，确保湿喷桩长度和喷浆量达到规定要求。存浆容器应按设计投料量，接一次料打一根桩，以确保成桩质量，水泥损耗不得大于 1%；

2）为保证搅拌桩的垂直度，应注意起吊设备的平整度和导向架对地面的垂直度，一般应使垂直度偏差不超过 1.5%，为保证桩位的准确度，必须使用定位卡，一般应使桩距偏差不大于 10cm。

（2）对施工工艺流程的监理控制：

1）钻机移至桩位，用全站仪或经纬仪定位，并用水平尺在钻机杆及转盘的两杆及转盘的两正交方向校正垂直度和水平废，承平度误差不大于 1.5%。

2）必须采用金属容器制备浆液，严格控制水泥浆水灰比，水泥搅拌配合比。水灰比宜为 0.45～0.5、水泥掺量为 15%、每米掺灰量不小于 54kg，并宜掺加高效减水剂 0.5%；水泥浆拌和时间不得少于 3min，制备好的水泥浆不得离析、沉淀，水泥浆存放时间不得大于 2h，否则应予废弃，已制备好的水泥浆在倒入存浆池时，应加筛过滤，以免浆内结块。

3）泵送浆液时，应先湿润管路，以利输浆。

4）开动钻机，同时打开发送器前面的控制阀，钻头正向旋转，实施钻进作业。钻进时可直接喷浆，以减少钻进阻力，钻头直径的磨损量不得大于 1cm。

5）下沉钻头钻进时，应根据土质软硬，选择合适的档位，并时时注意电流的变化，及时换挡。

6）钻头钻到桩底设计标高后，关闭发送器前的控制阀，反转提升，视地质情况，调整转速，再打开控制阀，按需要逆向被搅动的疏松土体喷射水泥浆，补足剩余浆量，边提升边喷射边搅拌，搅拌一定要均匀，使软土与水泥浆充分混合，钻头提至地面下 0.5m 时停止喷浆。

7）按设计要求复核桩长（如上次喷浆量不足，可喷足不足部分浆量）。

8) 钻机移位，进入下一个设计桩位。

(3) 对施工现场管理的监理控制

水泥搅拌桩属地下隐蔽工程，其质量控制应贯穿于施工的全过程，施工单位每台钻机必须有专人管理，监理单位必须实行全过程、全方位的旁站。

1) 严格控制钻孔下钻深度、喷浆高程及停浆面，确保水泥搅拌桩长度和喷浆量达到规定要求。

2) 水泥搅拌桩要穿透软土层，持力层深度除根据地质资料外，还应根据钻进电流表的读数值来确定。当钻杆钻进时电流表的读数明显上升，说明已进入硬土层，如能持续 50cm 以上则说明已进入持力层。如软土层厚度与设计桩长不符时，应遵循以下原则：

①如达到设计桩长软土层仍未穿透时，应继续钻进，直至深入持力层 50cm 为止；

②如未达到设计桩长在已探明确已钻至硬土层的情况下，至少应深入持力层 1.0m；

③在每台桩机的钻架上画上钻进刻度线，标写醒目的深度，以便控制桩长，凡是施工桩长与设计桩长不符时，应要求立即停机，分析原因及时汇报，经现场监理签认，驻地监理项目部报建设单位认可，如出现大面积桩长不符时，应立即停止施工，报建设单位及设计院进行设计变更。

3) 复搅桩长必须达到设计要求。

4) 钻机提升时管道压力不宜过大。

5) 施工中发现喷浆量不足时，应按监理工程师要求整桩复搅，复喷的喷浆量不小于设计用量。如遇停电、机械故障原因，喷浆中断时应及时记录中断深度，在 12h 内采取补喷处理措施，并将补喷情况填报于施工记录内。补喷重叠段应大于 100cm，超过 12h 应采取补桩措施。

6) 对输浆管要经常检查，不得泄漏，不得采用受潮的水泥，其直径以 49～53mm 为宜。

7) 必须加强水泥用量的控制，建立水泥台账，每天水泥耗用量必须经核查签认。

8) 首件工程必须全过程旁站、全过程记录，记录应包括交接情况。

9) 进场施工的每台钻机都必须试钻，以确认每台钻机的工艺，性能达不到要求的必须清除出场。

3. 验收阶段

(1) 质量检验

1) 施工过程中必须随时检查喷浆量、桩长、复搅长度以及是否进入持力层及施工中有无异常现象，记录处理方法及措施。

2) 水泥搅拌桩成桩 7 天内应采用轻便触探仪（N10）检查桩的质量，触探点宜在桩径方向 1/4 处，抽检频率为 2‰。

3) 成桩 28 天后由现场监理工程师及质监人员到场随机指定，施工单位自检，取桩体上部桩顶以下 0.5m，1.0m，1.5m，截取整段桩体并分成三段进行桩的无侧限抗压强度试验，抽检桩数的频率为 2‰，且每一工点抽检桩不得少于 2 根。

4) 在保证取岩芯质量的前提下，可用钻探取岩芯进行质量检查及进行必要的室内强度试验，抽检频率为 2‰。

5) 对于重要工程或有特殊要求的工程应按设计要求做单桩及复合地基载荷试验。

(2) 水泥搅拌桩质量检验标准

水泥搅拌桩施工质量允许偏差符合表（表2-4）的要求。

(3) 工程验收

段落施工结束后，应对完成的水泥搅拌桩进行检测，检测的内容有：外观成型、桩距、桩径、桩数，并报建设单位进行抽检。

水泥搅拌桩施工质量允许偏差　　　　　　　　　表 2-4

检查项目	质量标准	检查方法和频率	检查项目	质量标准	检查方法和频率
桩位偏差（mm）	≤50	抽查 2%	倾斜度（%）	≤1.5	查施工记录
深度偏差（mm）	≤50	抽查 2%	单桩用浆量误差（%）	<1	查施工记录
桩径（mm）	不小于设计	抽查 2%	桩体无侧限抗压强度（MPa）	不小于设计	2‰且不少于 2 根
桩长（mm）	不小于设计	查施工记录			

（4）试验

1）水泥试验、水泥土配合比试验；

2）钻芯取样，无侧限抗压强度试验，检查频率为 2‰。

（5）监理日记应记录的内容

施工日期、施工段落、桩距、桩径、桩长、水泥台账的记录等。

（6）水泥搅拌桩施工及监理用表

1）中间检验申请单；

2）工程报验单；

3）浆体搅拌桩现场质量检验报告单；

4）水泥搅拌桩成桩现场开挖目测（量测）情况记录表；

5）水泥搅拌桩的强度质量检测结果汇总表；

6）水泥搅拌桩施工原始记录；

7）水泥用量台账；

8）水泥搅拌桩桩位平面图；

9）水泥搅拌桩施工电脑记录资料。

四、桥梁承台、墩柱、台身质量控制

（一）监理内容与要求

作为连接桥面系与基础之间的重要结构，其尺寸位置应准确，强度符合设计，钢筋制作严格按图纸及规范要求，标高控制严密，便于下道工序施工，作业人员有专业监理工程师、监理员、见证员组成。

（二）监理流程（见图 2-14）

（三）监理方法

1. 准备阶段

（1）坐标控制点已经过测量复核，施工单位上报承包单位报审表，并由专业监理工程师复核签认；

（2）进场机具、拌和楼、对焊机等设备已报验并经监理工程师签认；

（3）所有专业人员重要岗位操作工（焊工、起重工等）上岗证均经复验，复印件备案，专业监理工程师在表上签认；

（4）已完成所需混凝土配合比试验并经过审查批准，检查混凝土配合比时应重点检查水灰比、最少水泥量及最大水泥用量，完成各类原材料检测并报验经过审查批准（监 A9 表，试验表，见证员见证取样，专业监理工程师审批）；

（5）安全施工措施按核定后的施工组织设计准备到位。

2. 施工阶段

（1）测量定位控制

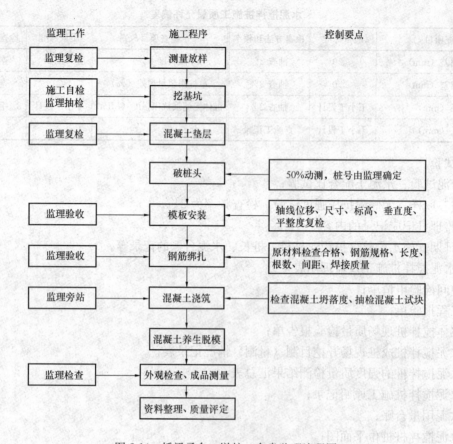

图 2-14 桥梁承台、墩柱、台身监理流程图

1) 施工方自检合格,报承建单位报审表(监 A4 表),监理员复核上报内容填写完善,数据计算无误,现场复核承台,纵横轴线允许偏差 15mm,墩柱纵横轴线允许偏差 8mm;

2) 根据复核结果,合格后由复核人员及专业监理工程师在施工记录表上签认。

(2) 基坑开挖质量控制

承包商在开挖完成、自检合格后,填写报验申请表(见监 A4 表),报监理验收:

1) 基底高程,允许偏差为:土方,0、−20mm;石方,+50,−200mm;

2) 轴线位移,允许偏差为 50mm;

3) 基坑尺寸,不小于规定;

4) 边坡、排水及桩头的处理情况;

5) 检查合格,监理工程师签认隐检单等。

(3) 垫层控制

承包商自检合格后,填写报验申请表(见监 A4 表),报监理检查。监理员的检查内容及允许偏差如下:

1) 顶面高程允许偏差+0,−20mm;2) 轴线位移允许偏差 50mm;3) 平面尺寸允许偏差+100,0mm;4) 桩头伸入台身的长度及桩头钢筋的处理情况是否和图纸相符。

(4) 模板质量控制

承包商在模板制作、安装完成自检合格后,上报报验申请表(见监 A4 表),监理员检查模板的拼装情况,主要内容为位置、垂直度、尺寸、高程、模板拼缝情况及刚度等,检查结果记于监理日记,检查合格后监理工程师签认预检单,同意进入下道工序。

1)承台:检查内容及允许偏差如下:①模板的尺寸,允许偏差为±20mm;②高程,允许偏差±10mm;③轴线位移,允许偏差10mm;④检查钢筋保护层厚度,允许偏差为±10mm;⑤检查立柱的预埋钢筋的位置,按立柱中心控制;⑥模板是否拼装牢固。

2)墩、台:检查内容及允许偏差如下:①模板的垂直度,允许偏差为0.1%H且不大于6mm;②表面平整度,允许偏差为3mm;③模内尺寸,允许偏差为+3,8mm;④高程,允许偏差为+2,-5mm;⑤轴线位移,允许偏差为8mm;⑥模板是否支撑牢固、拼缝严密,模板的内壁是否光滑、脱模剂是否涂刷到位。

(5)钢筋绑扎质量控制

承包商在钢筋制作、安装完成自检合格后,上报报验申请表,监理员检查钢筋的质量情况,主要检查钢筋的型号、尺寸、根数是否正确,检查钢筋的加工、连接、钢筋网的组成及安装、钢筋的保护层厚度是否符合要求,见证员对钢筋接头按有关规定取样进行试验,检查结果记于监理日记。检查合格后监理工程师签认隐检单,同意施工单位进入下道工序,允许偏差如表2-5~表2-7所示。

加工钢筋的允许偏差　　　　　　　　　　　表2-5

项目	允许偏差(mm)	项目	允许偏差(mm)
受力钢筋顺长度方向加工后的全长	±10	箍筋、螺旋筋各部分尺寸	±5
弯起钢筋各部分尺寸	±20		

焊接网及焊接骨架的允许偏差　　　　　　　　表2-6

项目	允许偏差(mm)	项目	允许偏差(mm)
网的长、宽	±10	骨架的宽及高	±5
网眼的尺寸	±10	骨架的长	±10
网眼的对角线差	15	箍筋间距	0,-20

钢筋位置允许偏差　　　　　　　　　　表2-7

检查项目		允许偏差(mm)
受力钢筋间距	两排以上排距	±5
	同排 梁、板、拱肋	±10
	同排 基础、锚锭、墩台、柱	±20
	灌注桩	±20
箍筋、横向水平钢筋、螺旋筋间距		0,20
钢筋骨架尺寸	长	±10
	宽	±5
弯起钢筋位置		±20
保护层厚度	柱、梁、拱肋	±5
	基础、锚碇、墩台	±10
	板	±3

(6)浇筑混凝土控制

1)监理员巡视旁站抽检混凝土坍落度,并记录过程中异常情况,填写旁站记录表;

2)见证员抽取混凝土试块(每一单元最少2组);

3)施工方填写混凝土浇筑记录;

4)顺利完成浇筑后监理工程师签认。

3.验收阶段

（1）施工方报送混凝土强度报告，监理备案并及时统计录入汇总表；

（2）对轻微的蜂窝、麻面等质量问题及时要求施工方进行修整；

（3）对已成型的成品的标高、轴线、尺寸等进行测量和统计；

（4）如发生质量不合格情况按质量事故处理方案执行。

五、桥梁盖梁质量控制

（一）监理内容与要点

盖梁是安装支座承接预制梁板或箱梁的重要结构物，施工中须严格控制其平面位置偏差及标高、钢筋制作安装及混凝土浇筑质量。作业人员有专业监理工程师，监理员、见证员。

（二）监理流程图（见图2-15）

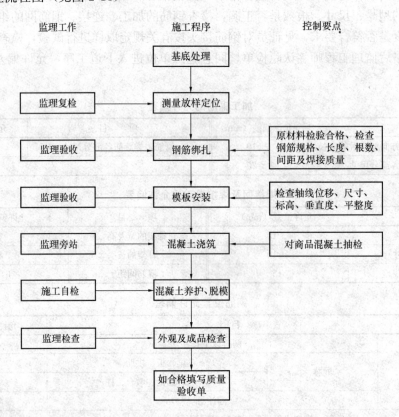

图 2-15 桥梁盖梁监理流程图

（三）监理方法

1. 准备阶段

（1）坐标控制点已经过测量复核。施工单位上报报验申请表（监 A4 表），并由专业监理工程师复核签认；

（2）进场机械、拌和楼、对焊机等设备已报验（监 A9 表）并经监理工程师签认；

（3）所有专业人员重要岗位操作工（焊工、起重工等）上岗证均经复验，复印件备案，专业监理工程师在予以签认；

（4）已完成所需混凝土配合比试验并经过审查批准，检查混凝土配合比时应重点检查水灰比、最少水泥量及最大水泥用量，完成各类原材料检测并报验经过审查批准（监 A9 表、试验报告，见证员见证取样，专业监理工程师审批）；

（5）安全施工措施已按核定后的施工组织设计准备到位。

2. 施工阶段

(1) 测量定位控制

1) 施工方自检合格,报报验申请表(监 A4 表),后附施工记录表,监理员复核上报内容,现场复核纵横轴线允许偏差;

2) 根据复核结果,合格后由专业监理工程师在监 A4 表上签认。

(2) 模板控制

1) 承包商在模板拼装完成、自检合格后,填写报验申请表(见监 A4 表);

2) 模内尺寸,允许偏差+3、-6mm;

3) 轴线位移,允许偏差为 8mm;

4) 支承面高程,允许偏差为+2、-5mm;

5) 模板支承必须牢固,拼缝必须严密、模内必须洁净;

6) 监理员或监理工程师在检查合格后签认预检单,同意施工单位进入下道工序,检查数据记入监理日志。

(3) 钢筋绑扎质量控制

1) 承包商在钢筋制作、安装完成自检合格后,上报报验申请表(见监 A4 表),监理员检查钢筋的质量情况,主要检查钢筋的型号、尺寸、根数是否正确,检查钢筋的加工、连接,钢筋网的组成及安装、钢筋的保护层厚度是否符合要求,见证员对钢筋接头按有关规定取样进行试验,检查结果记于监理日记,允许偏差如表 2-8~表 2-10 所示。

加工钢筋的允许偏差　　　　　　　　　　　　　　　表 2-8

项 目	允许偏差(mm)	项 目	允许偏差(mm)
受力钢筋顺长度方向加工后的全长	±10	箍筋、螺旋筋各部分尺寸	±5
弯起钢筋各部分尺寸	±20		

焊接网及焊接骨架的允许偏差　　　　　　　　　　　　表 2-9

项 目	允许偏差(mm)	项 目	允许偏差(mm)
网的长、宽	±10	骨架的宽及高	+5,-10
网眼的尺寸	±10	骨架的长	±10
网眼的对角线差	15	箍筋间距	0,-20

钢筋位置允许偏差　　　　　　　　　　　　　　　　表 2-10

检查项目			允许偏差(mm)
受力钢筋间距	两排以上排距		±5
	同排	梁、板、拱肋	±10
		基础、锚锭、墩台、柱	±20
	灌注桩		±20
箍筋、横向水平钢筋、螺旋筋间距			0,20
钢筋骨架尺寸	长		±10
	宽		±5
弯起钢筋位置			±20
保护层厚度	柱、梁、拱肋		±5
	基础、锚碇、墩台		±10
	板		±3

2) 检查合格,监理员或监理工程师,签认隐检单等,并把检查情况记入监理日记。

(4) 浇筑混凝土控制

1) 监理员巡视旁站抽检混凝土坍落度（每一工作台班不少于两次）及施工配合比情况，并记录过程中异常情况，填写旁站记录表；

2) 见证员抽取混凝土试块（每单元最少2组）；

3) 施工方填写混凝土浇筑记录表；

4) 顺利完成浇筑后监理工程师签认。

3. 验收阶段

(1) 施工方报送混凝土强度报告，监理备案并及时统计录入汇总表；

(2) 对轻微的蜂窝、麻面等质量问题及时要求施工方进行修整；

(3) 对已成型的成品的标高、轴线、尺寸等进行测量和统计；

(4) 如发生质量不合格情况按质量事故处理作业指导书执行。

六、预制梁板质量控制

(一) 监理内容与要点

预制梁板是中小型桥梁中常见的桥面系形式，具有结构简单、施工周期短、质量控制方便、造价低廉的特点。主要应控制梁板的外形尺寸、预拱度、混凝土强度及外观等内容，作业人员有专业监理工程师、监理员、见证员。

(二) 监理流程图（图2-16）

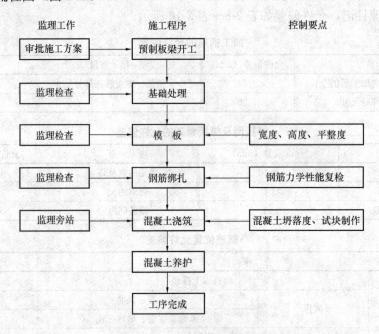

图2-16 预制梁板监理流程图

(三) 监理方法

1. 准备阶段

(1) 进场机械、拌和楼、对焊机等设备已报验，并经监理工程师签认（监A9表）；

(2) 所有专业人员重要岗位操作工（焊工、起重工等）上岗证均经复验，复印件备案，专业监理工程师在（监A4）表上签认；

(3) 已完成所需混凝土配合比试验并经过审查批准．检查混凝土配合比时应重点检查水灰比、最少水泥量及最大水泥用量，完成各类原材料检测并报验经过审查批准（监A4表、试验表，见证员见证取样。专业监理工程师审批）；

(4) 安全施工措施已按核定后的施工组织设计准备到位。

2. 施工阶段

(1) 模板控制

1) 施工方自检合格，报模板工程报验申请表（监A4表），后附施工记录表。

2) 监理员检查的内容及允许偏差如下：①模板的平整度，表面平整度允许偏差3mm、相邻板高差允许偏差2mm；②高程，允许偏差＋2，－5mm；③尺寸，允许偏差＋3，－6mm。

3) 监理员或监理工程师在检查合格后，签认施工方所报表格，并把检查情况记入监理日志。

(2) 钢筋绑扎质量控制

承包商在钢筋制作、安装完成自检合格后，上报钢筋工程报验申请表及预检单（见监A4表、质检表），监理员检查钢筋的质量情况，主要检查钢筋的型号、尺寸、根数是否正确，检查钢筋的加工、连接、钢筋网的组成及安装、钢筋的保护层厚度是否符合要求。见证员对钢筋接头按有关规定取样进行试验，检查结果记于监理日记，允许偏差如表2-11～表2-13所示。

加工钢筋的允许偏差　　　　　　　　　　　　　　　　　　　表2-11

项　目	允许偏差（mm）	项　目	允许偏差（mm）
受力钢筋顺长度方向加工后的全长	±10	箍筋、螺旋筋各部分尺寸	±5
弯起钢筋各部分尺寸	±20		

焊接网及焊接骨架的允许偏差　　　　　　　　　　　　　　　　表2-12

项　目	允许偏差（mm）	项　目	允许偏差（mm）
网的长、宽	±10	骨架的宽及高	±5
网眼的尺寸	±10	骨架的长	±10
网眼的对角线差	15	箍筋间距	0，－20

钢筋位置允许偏差　　　　　　　　　　　　　　　　　　　　　表2-13

检　查　项　目			允许偏差（mm）
受力钢筋间距	两排以上排距		±5
	同排	梁、板、拱肋	±10
		基础、锚锭、墩台、柱	±20
		灌注桩	±20
箍筋、横向水平钢筋、螺旋筋间距			0，20
钢筋骨架尺寸	长		±10
	宽		±5
弯起钢筋位置			±20
保护层厚度	柱、梁、拱肋		±5
	基础、锚碇、墩台		±10
	板		±3

监理员或监理工程师在检查合格后签认隐检单等，并把检查情况记入监理日志。

(3) 浇筑混凝土控制

1) 监理员巡视旁站抽检混凝土坍落度（每一工作台班不少于2次）、混凝土施工配合比等，并记录过程中异常情况，填写旁站记录表；

2) 见证员抽取混凝土试块（每片梁长16m以下应取1组，16～30m制取2组；31～50m制取3组，50m以上者不少于5组）；

3) 浇筑混凝土时，两侧板要尽可能对称浇筑，以免芯模发生位移，若芯模位移超过允许值（以钢筋净保护层为准），要及时要求施工单位进行调整；

4) 严格控制好顶板及底板厚度；

5) 施工方填写混凝土浇筑记录表；

6) 顺利完成浇筑后监理工程师签认。

(4) 梁板吊装

1) 梁板吊装前施工方要上报吊装方案、吊装机械、吊装人员上岗证及同条件养护的混凝土强度报告，经监理工程师批准同意后方可进行梁板吊装；

2) 监理员在梁板吊装前应对桥台标高、支座质量等进行检查，并把检查结果记入监理日志，如有不合格，要求施工方进行整改后可进行梁板吊装；

3) 吊装过程中监理员进行旁站，并要求施工单位安全员、施工员 24h 旁站，督促其严格按批准过的施工方案操作。

3. 验收阶段

(1) 施工方报送混凝土强度报告，监理备案并及时统计录入汇总表；

(2) 对轻微的蜂窝、麻面等质量问题及时要求施工方进行修整；

(3) 对已成型的成品的标高、轴线、尺寸等进行测量和统计；

(4) 如发生质量不合格情况按质量事故处理作业指导书执行。

七、现浇箱梁质量控制

(一) 监理内容与要点

控制要点为模板定位、拼缝、钢筋制作安装，大体积混凝土浇捣支架搭设等，作业人员有专业监理工程师、监理员、见证员。

(二) 监理流程（见图 2-17）

(三) 监理方法

1. 准备阶段

(1) 坐标控制点已经过测量复核，施工单位上报测量复核工程报验申请表（监 A4 表、施工记录表），并由专业监理工程师复核签认；

(2) 进场机具，拌和楼、对焊机等设备已报验（监 A9 表）并经监理工程师签认；

(3) 所有专业人员重要岗位操作工（焊工、超重工等）上岗证均经复验，复印件备案专业监理工程师在（监 A9 表）表上签认；

(4) 已完成所需混凝土配合比试验并经过审查批准，检查混凝土配合比时应重点检查水灰比、最少水泥量及最大水泥用量。完成各类原材料检测并报验经过审查批准（监 A9 表及试验表），见证员见证取样，专业监理工程师审批；

(5) 安全施工措施已按核定后的施工组织设计准备到位。

2. 施工阶段

(1) 测量定位控制

1) 施工方自检合格，上报测量定位工程报验申请表（监 A4 表），后附施工记录表；监理员复核上报内容，现场复核箱梁纵（横）轴线及横隔梁轴线；

2) 根据复核结果，合格后由复核人员及专业监理工程师在施工记录表上签认。

(2) 支架搭设控制

支架搭设前承包商须上报经其上级单位技术负责人审核批准过的专项方案，经总监理工程师（或专业监理工程师）审核批准后方可进行支架施工。监理人员在巡视检查过程中，严格按照批

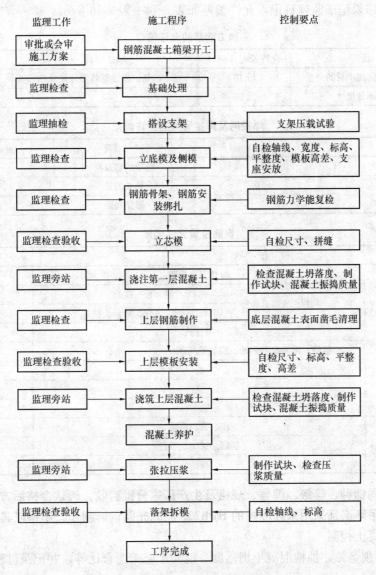

图 2-17 现浇箱梁监理流程图

准过的施工方案进行检查、验收,并记录地基承载力、支架预压时的有关数据。

浇筑混凝土和砌筑前,应对模板、支架和拱架进行检查和验收,合格后方可施工。

(3) 模板质量控制

承包商自检合格后,填写报验单报监理检查。监理员检查的内容及允许偏差如下:1) 模板的平整度,表面平整度允许偏差 3mm、相邻板高差允许偏差 2mm;2) 高程,允许偏差 +2, -5mm;3) 尺寸,允许偏差 +3, -6mm;4) 模板接缝处是否平顺,是否按要求设置预留孔(件),同时检查支座的移动方向是否正确、是否水平(支座四角高差允许偏差 2mm)、位置是否正确。

(4) 钢筋质量控制

承包商在钢筋制作、安装完成自检合格后,上报施工单位报请表及隐检单(见监 A4 表),监理员检查钢筋的质量情况,主要检查钢筋的型号、尺寸、根数是否正确,检查钢筋的加工、连接、钢筋网的组成及安装、钢筋的保护层厚度是否符合要求,见证员对钢筋接头按有关规定取样

进行试验,检查结果记于监理日记,允许偏差如表2-14~表2-16所示。

加工钢筋的允许偏差　　　　　　　　　　　　　　　表2-14

项　目	允许偏差（mm）	项　目	允许偏差（mm）
受力钢筋顺长度方向加工后的全长	±10	箍筋、螺旋筋各部分尺寸	±5
弯起钢筋各部分尺寸	±20		

焊接网及焊接骨架的允许偏差　　　　　　　　　　表2-15

项　目	允许偏差（mm）	项　目	允许偏差（mm）
网的长、宽	±10	骨架的宽及高	±5
网眼的尺寸	±10	骨架的长	±10
网眼的对角线差	15	箍筋间距	0，-20

钢筋位置允许偏差　　　　　　　　　　　　　　　表2-16

检 查 项 目			允许偏差（mm）
受力钢筋间距	两排以上排距		±5
	同排	梁、板、拱肋	±10
		基础、锚锭、墩台、柱	±20
		灌注桩	±20
箍筋、横向水平钢筋、螺旋筋间距			0，20
钢筋骨架尺寸	长		±10
	宽		±5
弯起钢筋位置			±20
保护层厚度	柱、梁、拱肋		±5
	基础、锚锭、墩台		±10
	板		±3

钢筋应按不同钢种、等级、牌号、规格及生产厂家分批验收,确认合格后方可使用。

预制构件的吊环必须采用未经冷拉的HPB235热轧光圆钢筋制作,不得以其他钢筋替代。

（5）浇筑混凝土控制

1）监理员巡视旁站,抽检混凝土坍落度、混凝土施工配合比等,并记录过程中的异常情况,填写旁站记录表；

2）见证员抽取混凝土试块（每80~200m一组）；

3）施工方填写混凝土浇筑记录表；

4）顺利完成浇筑后监理工程师签认。

3. 验收阶段

（1）施工方报送混凝土强度报告,监理备案并及时统计录入汇总表；

（2）对轻微的蜂窝、麻面等质量问题及时要求施工方进行修整；

（3）对已成型的成品的标高、轴线、尺寸等进行测量和统计；

（4）如发生质量不合格情况按质量事故处理方案执行。

八、桥梁预应力质量控制

（一）监理内容与要点

为减轻自重,增加跨径,预应力在桥梁施工中得到广泛应用。预应力的控制要点为：锚具、钢绞线或预应力筋原材料的控制,张拉机具的验收使用,张拉工艺是否符合设计及规范要求,灌浆是否密实等,作业人员有专业监理工程师、监理员、见证员。

（二）监理流程（见图2-18）

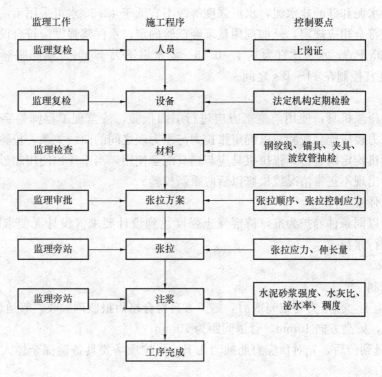

图2-18　桥梁预应力监理流程图

（三）监理方法

1. 准备阶段

所用的材料及机具皆经报审，监理工程师批准同意使用。

（1）预应力材料

1）钢绞线：检查生产厂家必须具备相应资质并年审合格。进场材料分每60t为一批次，每批次任取3盘，并从每盘所选的钢绞线端部正常部位截取一根试样进行表面质量、直径偏差和力学性能试验。试验结果如有项不合格时，则不合格盘报废，并再从该批未验过的取双倍试件进行该不合格项的复验，如仍有一项不合格，则该批钢绞线不合格。

2）锚具、夹具：

验收分批：在同种材料和同一生产工艺条件下，锚具、夹具应以不超过1000套组为一验收批。

①外观检查：每批抽取10%的锚具且不少于10套，检查其外观和尺寸。如有一套不合格，则取双倍进行复检，若再不合格，则逐套检查。合格者方可使用。

②硬度检验：每批抽取5%且不少于5套，每个零件做3点，如果一个试件不合格，则取双倍数量重新进行试验，如果仍有一个零件不合格，则逐个检查，合格者方可使用。

③静载锚固性能试验：从同批中取6套锚具组成3个组装件进行静载锚固性能试验，如一个试件不符要求，则取双倍重做，如不合格，则该批产品为不合格。

3）波纹管：除按出厂合格证和质量保证书核对其类别、型号、规格及数量外，还应对其外观、尺寸、集中荷载作用下的径向刚度、荷载作用后的抗渗漏及抗弯曲、渗漏等进行检验，一般以每500m为一验收批。

（2）压浆材料

水泥浆配合比须经监理工程师审批后方可使用。

宜采用普通水泥和硅酸盐水泥，水泥强度等级不宜低于42.5。水可采用清洁饮用水，若掺外加剂，外加剂应符合相应规定，外加剂用量须经试验确定；水泥浆强度应符合设计规定（设计无规定时不低于30MPa），水灰比宜为0.4～0.45、泌水率不大于3%。掺膨胀剂后，其膨胀率不大于10%，稠度宜控制在14～18s之间。

（3）机具

张拉机具及压浆机具，使用前施工方应进行书面报验，待监理工程师签字确认后，方可使用；千斤顶与压力表应配套校验，以确定张拉力与压力表之间的曲线关系，校验应在经主管部门授权的法定计量机构定期进行，张拉机具应与锚具配套使用，当千斤顶使用超过6个月或200次或在使用过程中出现不正常情况或检修以后应重新校验。

（4）混凝土强度

混凝土强度以同条件养护为准，待混凝土强度达到设计要求（设计无要求时达设计强度的75%）时方可进行张拉。

2. 施工阶段

（1）张拉控制

1）后张法施工，预应力管道完成后，施工方自检合格后报监理验收，管道坐标允许偏差为：梁长方向30mm，梁高方向10mm，管道间距为10mm；

2）张拉机具到位后，先对预应力筋抽动几下，张拉现场要具备确保全体人员和设备安全的必要的预防措施；

3）张拉顺序：应符合设计要求，当设计未规定时，可采取分批、分阶段对称张拉；

4）张拉控制应力：张拉时采取双控，即控制张拉应力的同时以伸长量进行较核，设计伸长量和实际伸长量的差值应符合设计要求（设计无要求时为6%），张拉时应先调整到初应力，伸长值从初应力开始量起，初应力宜为控制应的10%～15%，实际伸长值等于量测的伸长值加上初应力以下的推算伸长值；

预应力筋的张拉控制应力必须符合设计规定。

5）如实记录张拉时的控制应力和伸长量，如张拉到控制应力时实际伸长量与计算不符，需查明原因，并及时与设计联系；

6）钢绞线张拉过程中，监理员应填写旁站记录张拉控制应力和伸长量，并检查：

①每束钢绞线断丝或滑丝，控制值为1丝；

②每个断面断丝之和不超过该断面钢丝总数和的1%。

7）施工方填写混凝土浇筑记录表；

8）顺利完成张拉，监理工程师签认。

（2）压浆控制

监理员在巡视检查过程中要注意以下几点：

1）压浆前应对孔道进行清洁处理；

2）控制好压入孔道的延续时间，自拌制至压入的时间一般为30～45min；

3）压浆时，对曲线和竖向孔道应从最低点压入从最高点排气和泌水，压浆顺序宜先下后上；

4）压浆应缓慢、均匀地进行，不得中断，保证压浆压力，并应将所有最高点的排气孔一一放开和关闭；

5）不掺外加剂（掺外加剂不能使孔道饱满的）宜采用二次压浆法，两次压浆的间隔时间宜为30～45min；

6）压浆的最大压力宜为 0.5～0.7MPa，当管道较长或采用一次压浆时，最大压力宜为 1.0MPa，梁体竖向预应力筋孔道最大压力可控制在 0.3～0.4MPa。压浆应达到孔道的另一端饱和出浆，并应达到排气孔排出与规定稠度相同的水泥浆为止，关闭出浆口后，应保持时间不少于 2min，压力不小于 0.5MPa 的稳压期；

7）见证员在压浆过程中抽取试块（每一工作班不少于 3 组）；

8）施工方填写预应力孔压浆记录。

3. 验收阶段

（1）检查预应力筋的断丝、滑丝率是否符合规范要求；

（2）检查压浆是否饱满；

（3）施工方报送压浆所用水泥浆强度报告，监理备案并及时统计录入汇总表；

（4）如发生质量不合格情况，按质量事故处理方案执行。

九、桥梁伸缩缝质量控制

（一）监理内容与要点

桥梁伸缩缝起到让桥梁板受热胀冷缩影响下自由伸缩避免产生附加内力的作用。控制要点为梁板与台模之间预留空隙准确。预埋件焊接牢固槽内清理干净，密封橡胶条止水严密，施工完毕后与两边接缝平整。作业人员有专业监理工程师、监理员、见证员。

（二）监理流程（见图 2-19）

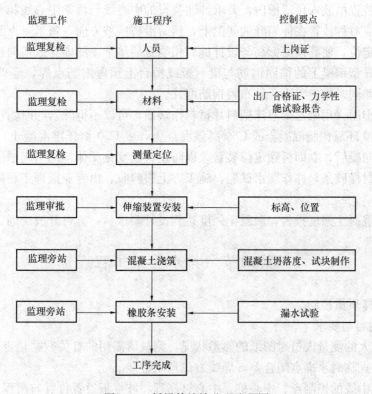

图 2-19 桥梁伸缩缝监理流程图

（三）监理方法

1. 准备阶段

（1）产品包装箱外应注明产品名称、规格、体积、重量。箱内应附有产品合格证。伸缩装置必须捆扎包装平整，牢固可靠，伸缩装置有明显标志。标明产品商标、生产厂名、批号、生产日

期和检验员代号,标志应用铁制标牌固定于产品上,不允许使用不干胶粘贴;

(2) 产品应有出厂合格证,成品力学性能检验报告。其中橡胶的硬度、拉伸强度、扯断伸长率、恒定压缩永久变形测定、脆性温度、耐臭氧老化、热气老化试验、耐水性、耐油性试验。钢材强度试验,并不得低于 Q235C,施工单位上报材料、机械、设备报审表监 A9,专/总监理工程师签认;

(3) 专业人员岗位操作工(焊工、混凝土工)证均经审核原件并复印,复印件备案,专业监理工程师签认;

(4) 所需 C40 环氧树脂混凝土或钢纤维混凝土,或 C50 高强混凝土配合比试验完成并经过审查批准,各类原材料检测并报经过审查批准,见证员见证取样,专业监理工程师审批;

(5) 安全施工措施已按核定后的施工组织设计准备到位。

2. 施工阶段

(1) 测量定位控制

核对施工完的梁、板端部及桥台处安装伸缩装置的预留槽尺寸。两端梁、板与桥台间的伸缩缝是否与设计值一致,若不符合设计要求,必须首先处理,满足设计要求后方可安装。

(2) 预留槽内要求清理干净,槽深不得小于 12cm。预埋锚固钢筋与梁板、桥台可靠锚固。槽内混凝土面是否打毛。

(3) 根据安装时的温度调节伸缩装置缝隙的宽度,并定位牢固。

(4) 将伸缩装置吊放入预留槽内,要求伸缩装置的中心线与桥梁中心线相重合。伸缩装置顺桥向的宽度值,应对称放置在伸缩缝的间隙上,然后沿桥横坡方向,每米一点测量水平标高,并用水平尺或板尺定位,使其顶面标高与设计标高相吻合后垫平。随即穿放横向连接水平钢筋,然后将伸缩装置的异型钢梁上的锚固钢筋与梁、板或桥台上预埋钢筋点焊,经现场监理复检无误后,再行全面两侧同时焊接牢固,并布置钢筋网片。

(5) 主端横牢固(用聚乙烯泡沫塑料片材料作端横,可以不拆除),并检查无漏浆可能。

(6) 浇筑 C40 环氧树脂混凝土或 C50 高强混凝土,或 C50 钢纤维混凝土,浇捣密实并严格养生,当混凝土初凝后,立即拆除定位装置,以防止气温变化梁体伸缩引起锚固系统的松动。

(7) 安装密封橡胶条,并作漏水试验。施工方上报验收,由专业监理工程师签字确认。

3. 验收阶段

施工方报送混凝土强度报告,混凝土强度达到设计要求后,方可开放交通。

第四节 排水管渠工程

一、测量放样质量控制

(一) 监理内容与要求

1. 检查承包人的测量人员对图纸的熟悉状况,测量所需用的有关数据是否正确。
2. 复核性检查临时水准点闭合差,导线方位角闭合差。
3. 检验管渠中线的控制点、中心桩、中心钉高程、坡度板设置位置与高程、沟槽边线。
4. 检查管渠与原有管渠衔接高程。
5. 排水管渠测量放样施工工艺流程如图 2-20 所示。

(二) 监理流程(见图 2-21)

(三) 监理方法

1. 准备阶段

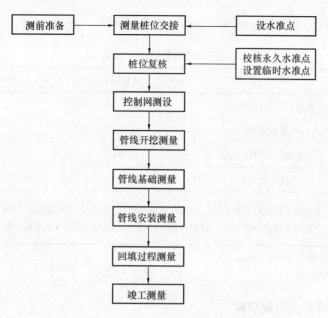

图 2-20 排水管渠测量放样施工工艺流程

(1) 施工单位测量人员上岗证需经复验、复印件备案，总监理工程师签认。

(2) 测量仪器设备（如水准仪、经纬仪）需经相关检测单位检定合格后，施工单位填报主要施工机械设备报审表，并附测量仪器设备检定报告，并由总监理工程复核签认，以保证测量的准确性。

(3) 交桩点经测量复核后，施工单位填报承包单位报审表，并由测量监理工程师复测签认。

2. 施工阶段

(1) 检查加密控制点设置是否符合要求。为确保稳定性，加密控制点选在沟槽边 20～30m，点位应通视良好、便于施测和长期保存。

(2) 沟槽开挖前根据设计图纸及施工方案进行中线定位，管线中心桩每 10m 一点，桩顶钉中心钉，并应在沟槽外适当位置设置栓桩。

(3) 检查有两个以上施工单位共同施工的工程，其衔接处相邻设置的水准点和控制桩，应相互校测，出现偏差应进行调整。

3. 验收阶段

(1) 施工单位测量放样自检合格后，填报中线的控制点、中心桩，中心钉高程、坡度板设置位置与高程、沟槽边线测量报审表。

(2) 监理员复查施工单位填报资料是否完整、数据计算是否无误，同时对施工期间测设的数据进行抽检。监理工程师根据测量复核结果，在监A4 上予以签认。

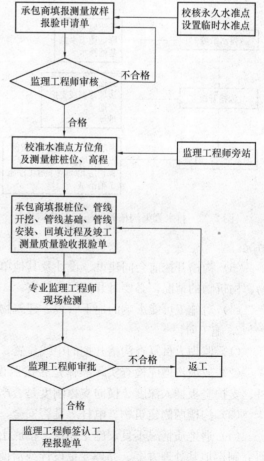

图 2-21 测量放样监理流程图

（3）测量放样质量标准、检测频率与方法如表2-17所示。

测量放样质量标准与方法　　　　　　　　表2-17

序号	项目	允许偏差	检验方法
1	水准测量高程闭合差	$\pm 12L^{1/2}$ (mm)	水准仪
2	导线测量方位角闭合差	$\pm 40N^{1/2}$	水准仪
3	导线测量相对闭合差	1/3000	经纬仪或全站仪
4	直线丈量测量	1/5000	钢尺或全站仪
5	综合性工程宜使用两个以上永久性水准点进行校核；两个以上施工单位共同施工工程其衔接处相邻设置的水准点和控制桩，应相互核对并调整，管道沿线临时水准点一般每200m不少于一个		

注：1. L 为水准测量闭合路线的长度（km）；
　　2. N 为导线测量的测站数。

二、排水管渠沟槽开挖质量控制

（一）监理内容与要求

1. 审批沟槽开挖施工方案包括施工排水措施、沟槽开挖方法、沟槽支撑措施、管线交叉处理措施以及相应的人员、机具、材料等安排计划。

2. 检测开挖断面、槽底高程、槽底坡度、槽底预留保护层厚度，检查边坡支护设施。

3. 排水管渠沟槽开挖施工工艺流程如图2-22所示。

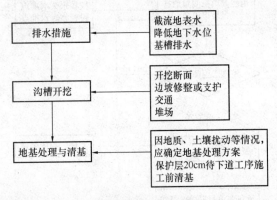

图2-22　排水管渠沟槽开挖施工工艺流程

（二）监理流程（见图2-23）

（三）监理方法

1. 准备阶段

（1）严格审查施工单位提交的沟槽开挖施工方案，检查材料、机具、设备进场情况及人员配备情况。经审查后，监理工程师在施工单位填报的施工组织设计（施工方案）报审表（监A2）予以签认。

（2）检查排水，雨、冬期施工措施落实情况。

（3）沟槽开挖前会同建设、设计及其他单位共同核对施工影响范围内的有关地下管线、建筑物、构筑物的情况，必要时开挖探坑核实。

（4）对施工可能影响的地下管线、建筑物、构筑物应进行保护和监测。

2. 施工阶段

（1）监理人员复查沟槽开挖的中线位置。

（2）放坡沟槽应检查实际操作是否按照设计坡度开挖并及时进行修整；支护沟槽检查钢板桩、支护竖板插入深度、横向支撑刚度是否严格按施工方案实施。

（3）沟槽两侧建筑物、电杆等是否安全，沟槽内交叉管线保护措施是否到位。

（4）遇地质情况不良、施工超挖、槽底土层受扰等情况时，应会同设计、业主、承包人共同研究制定地基处理方案、办理变更设计或洽商手续。

3. 验收阶段

(1) 施工单位自检合格后填写工程报验单（后附测量复核记录、隐检单、工序评定表）上报监理单位。

(2) 监理人员复查施工单位填报资料是否完整、数据计算是否无误，同时对沟槽开挖断面、槽底高程、槽底坡度、边坡或支护设施进行抽检，监理工程师根据复核结果予以签认。

(3) 沟槽开挖质量标准、检测频率与方法如表2-18所示。

三、排水管道地基处理与基础施工质量控制

（一）监理内容与要求

1. 检查承包人的人员、材料、机具的进场情况、现场施工条件、混凝土配合比、试块抗压强度。

2. 督促承包人按地基处理方案所提要求进行地基处理。

3. 检查槽底保护层开挖，槽底地质状况是否与地质报告相符。

4. 检查垫层平面位置、高程、垫层密实度是否符合设计或规范规定。

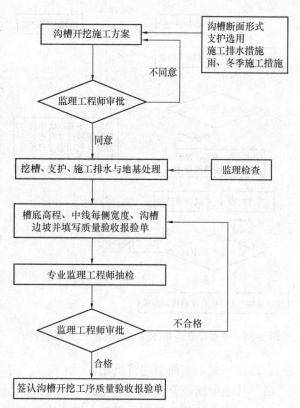

图2-23 排水管沟槽开挖监理流程图

沟槽开挖质量标准、检测频率与方法　　　　表2-18

序号	量测项目	检测频率		允许偏差（mm）	检查方法
		范围	点数		
1	槽底高程	两井间	3	0，-30	水准仪测量
2	槽底中线每侧宽度	两井间	6	不小于规定	挂中心线用钢尺量，每侧计3点
3	沟槽边坡	两井间	6	不陡于规定	用坡度尺检验，每侧计3点

注：槽底土不得扰动，严禁超挖后用土回填，槽底应清理干净且不浸水。

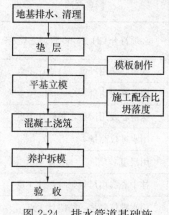

图2-24 排水管道基础施工工艺流程

5. 检查混凝土管座施工配合比、混凝土抗压强度、模板尺寸、钢筋绑扎是否符合设计要求，模板安装是否牢固，混凝土振捣是否密实。

6. 排水管道基础施工工艺流程如图2-24所示。

（二）监理流程（见图2-25）

（三）监理方法

1. 准备阶段

(1) 完成各类原材料、混凝土配合比试验检测报验，并经过审查批准（监A9表，见证员见证取样，专业监理工程师审批）。

(2) 进场的混凝土拌合机、振捣棒等设备已报验并经监理工程师签认。

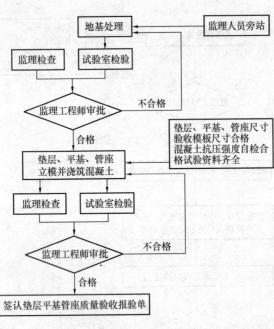

图 2-25 排水管道地基处理与基础施工监理流程图

(3) 所有专业人员重要岗位操作工上岗证均经复验并复印件备案，总监在监 A4 表上签认。

2. 施工阶段

(1) 复核高程样板的标高。

(2) 在基础混凝土浇筑前，监理严格控制基础面高程，其模板顶面高程正确、支立牢固，不得倾斜、漏浆。

(3) 严格控制混凝土施工配合比，进行黄砂、碎石、水泥的计量和坍落度试验。

(4) 旁站基础施工，混凝土浇筑应连续进行，其间歇不应超过 2h；自由坍落高度不大于 2m，大于 2m 时应采取斜槽等措施；振捣密实，不得有漏振、过振的现象发生。

(5) 基础混凝土浇筑现场做好混凝土抗压试块见证取样及制作工作。

(6) 严禁混凝土浇筑完毕后 12h 内受水浸泡，以防基础不实而引起管道变形。

(7) 抹面时间应合理，浇筑完成后注意对混凝土的养生工作，冬季做好保温工作。

(8) 检查在已硬化混凝土表面上继续浇筑混凝土前是否已经凿毛处理，是否清除表面松动的石子及覆土层。

3. 验收阶段

(1) 监理审核基础混凝土抗压试块试验数据，并将试验数据及时统计录入汇总表。

(2) 施工单位自检合格后填写工程报验单（后附测量复核记录、隐检单、工序评定表）上报监理单位，监理人员复查施工单位填报资料是否完整、数据计算是否无误，监理工程师根据复核结果予以签认。

(3) 沟槽开挖质量标准、检测频率与方法如表 2-19 所示。

沟槽开挖质量标准、检测频率与方法　　　　表 2-19

序号	量测项目		检测频率		允许偏差（mm）	检查方法
			范围	点数		
1	混凝土抗压强度		100m	1组	必须符合	必须符合 CJJ 3—90 附录三规定
2	垫层	中线每侧宽度	10m	2	不小于规定	挂中心线用尺量，每侧计1点
		高程	10m	1	0，－15	用水准仪测量
3	平基	中线每侧宽度	10m	2	＋10，0	挂中心线用尺量，每侧计1点
		高程	10m	1	0，－15	用水准仪测量
		厚度	10m	1	不小于规定	用尺量
4	管座	肩宽	10m	2	＋10，－5	挂中心线用尺量，每侧计1点
		肩高	10m	2	±20	用水准仪测量，每侧计1点
5	蜂窝面积		10m	1	1％	用尺量蜂窝总面积

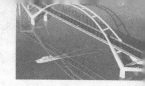

四、排水管道安装质量控制

（一）监理内容与要求

1. 检查承包人的人员、材料、机具进场情况；现场施工准备是否满足预定下管施工方案，安全措施是否完备；混凝土配合比、工艺操作规程等技术准备情况。
2. 检查排水管道成品橡胶圈的出厂合格证、外形尺寸、外观质量等。
3. 抽检管道轴线位置、管内底标高、相邻管内底错口是否符合设计或规范规定。
4. 排水管道安装施工工艺流程如图 2-26 所示。

（二）监理流程（见图 2-27）

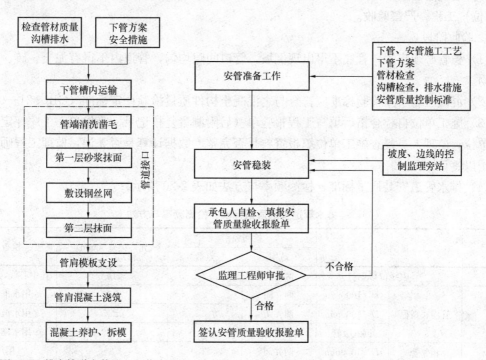

图 2-26 排水管道安装施工工艺流程　　图 2-27 排水管道监理流程图

（三）监理方法

1. 准备阶段

（1）下管前对沟槽进行检查：基坑排水措施是否到位；混凝土垫层的强度是否达到设计要求；槽帮是否有裂缝及坍塌可能，槽外堆土是否影响下管。

（2）在管道敷设前必须对管道基础作严格的质量验收，复核轴线位置、线形以及标高是否与设计标高吻合。

（3）管材质量检查：管节尺寸、圆度、外观，管材不得有裂缝和破损。

（4）督促施工单位下管时安全措施落实到位。

（5）给排水管道工程所用的原材料、半成品、成品等产品的品种、规格、性能必须符合国家有关标准的规定和设计要求；接触饮用水的产品必须符合有关卫生要求。严禁使用国家明令淘汰、禁用的产品。

（6）工程所用的管材、管道附件、构（配）件和主要原材料等产品进入施工现场时必须进行进场验收并妥善保管。进场验收时应检查每批产品的订购合同、质量合格证书、性能检验报告、使用说明书、进口产品的商检报告及证件等，并按国家有关标准规定进行复验，验收合格后方可使用。

2. 施工阶段

(1) 检查管道安装情况；管道中心、高程、坡度与设计的偏差值；相邻管节的错口量，管子稳固质量。

(2) 检查管节混凝土浇筑质量。

(3) 各分项工程应按照施工技术标准进行质量控制，各分项工程完成后，必须进行检验；相关各分项工程之间，必须进行交接检验，所有隐蔽分项工程必须进行隐蔽验收，未经检验或验收不合格不得进行下道分项工程。

(4) 通过返修或加固处理仍不能满足结构安全或使用功能要求的分部（子分部）工程、单位（子单位）工程，严禁验收。

3. 验收阶段

(1) 稳管必须牢固，管底不得出现倒坡，管口间隙均匀，管道内不得有泥土、砖、石、木块等杂物。

(2) 混凝土管质量检验标准应符合与之混凝土构件质量检验评定标准（GBJ 321—90）。

(3) 施工单位自检合格后填写工程报验单（后附测量复核记录、隐检单、工序评定表）上报监理单位，监理人员复查施工单位填报资料是否完整、数据计算是否无误，监理工程师根据复核结果予以签认。

(4) 排水管道安装质量标准、检测频率与方法如表2-20所示。

排水管道安装质量标准、检测频率与方法　　　　　表2-20

序号	量测项目		检测频率		允许偏差（mm）	检查方法
			范围	点数		
1	中线位移		两井间	2	15	挂中心线，用尺量
2	管内底高程	D≥1000mm	两井间	2	±10	用水准仪测量
		D<1000mm	两井间	2	±15	用水准仪测量
		倒虹吸管	每节管	4	±30	用水准仪测量
3	相邻管内底错口	D≥1000mm	两井间	3	3	用尺量
		D<1000mm	两井间	3	5	用尺量

注：1. D<700mm时，其相邻管内底错口在施工中自检，不计点；

2. 表中D为直径。

五、排水管道接口质量控制

（一）监理内容与要求

1. 检查砂浆配合比、强度、工艺操作规程等技术准备工作。

2. 检查管端凿毛清洗质量。

3. 检查二次砂浆抹带施工工序施工质量、尺寸偏差是否符合标准。

4. 检查钢丝网的安装是否符合设计要求，是否与管座预埋钢丝网连接牢固。

5. 排水管道接口施工工艺流程如图2-28所示。

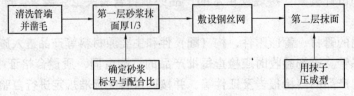

图2-28　排水管道接口施工工艺流程

（二）监理流程（见图2-29）

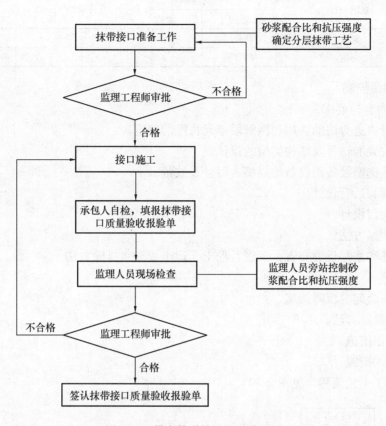

图2-29 排水管道接口监理流程图

（三）监理方法

1. 准备阶段

（1）刚性接口：检查管节端部是否清除干净，凿毛、接缝处要求用水湿润。

（2）检查橡胶圈质量保证单，必要时督促施工单位对其物理性能送检，也可抽取橡胶圈送市政质监部门认可的检测单位检测。

（3）检查橡胶圈的展开长度及其外形尺寸、偏差应符合规范或设计要求。

（4）检查橡胶圈的外观，要求表面光洁、质地紧密，不得有空隙式气泡，不得有油漆，不得堆放在阳光下曝晒。

2. 施工阶段

（1）刚性接口接缝处必须浇水湿润，砂浆抹带接口应分两次施工，第一层施工后，表面应画线槽，第二层施工后，表面应平整压实。

（2）柔性接口使插口胶圈准确地对入承口锥面内，利用边线调整管身位置，使管身中线符合设计要求；检查胶圈与承口接触是否紧密，如不均匀则进行调整，以便安装时胶圈准确就位。

3. 验收阶段

（1）砂浆抹带不得有间断、裂缝、空鼓和脱落现象。

（2）接口钢丝网应与管座混凝土连接牢固。

（3）排水管道接口质量标准检测频率与方法见表2-21。

排水管道接口质量标准、检测频率与方法   表 2-21

序号	量测项目	检测频率		允许偏差（mm）	检查方法
		范围	点数		
1	宽度	两井间	2	+5,0	用尺量
2	厚度	两井间	2	+5,0	用尺量

六、顶管质量控制

（一）监理内容与要求

1. 审查顶管顶进方法的选用和顶管段单元长度的确定。
2. 工作坑位置的选择及结构类型的设计。
3. 顶管机头选型及各类设备的规格、型号及数量。
4. 顶力计算和后背设计。
5. 洞口的封门设计。
6. 测量、纠偏方法。
7. 垂直运输和水平运输布置：下管、挖土、运土或泥水排除方法。
8. 减阻措施。
9. 控制地下隆起、沉降措施。
10. 地下水排除方法。
11. 注浆加固措施。
12. 安全技术措施。
13. 顶管施工工艺流程（见图 2-30）。

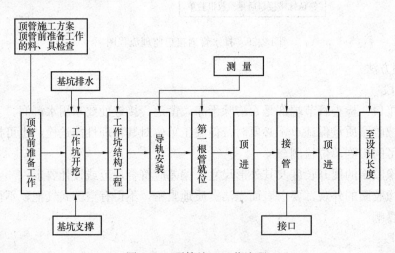

图 2-30 顶管施工工艺流程

（二）监理流程（见图 2-31）

（三）监理方法

1. 准备阶段

（1）审查顶管施工组织设计、承包人的人员、材料、机具进场情况、现场施工条件，检查顶管管材自身材质、外形尺寸、出厂合格证等内容是否满足设计要求。

（2）检查工作坑开挖时是否按施工组织设计方案进行基坑排水和边坡支护；检查工作坑平面位置及开挖高程是否符合设计要求，基础处理是否按设计要求进行处理。

（3）检查工作坑回填土夯实情况，其密实度是否符合设计要求。

(4）检测顶管后背施工质量，主要包括垂直度、水平线与中心线的偏差等。

(5）检测导轨高程及中线位置，审查导轨安装是否牢固。

(6）顶管设备是否按施工方案配置，状态是否良好。

(7）顶管设备能力是否满足顶力计算的要求，千斤顶安装位置、偏差是否满足施工组织设计要求。

(8）检查降低地下水位、下管、出土、排泥等工作是否按施工方案准备。

(9）当顶管段有水文地质或工程地质不良状况时，且沿线附近有建（构）筑物基础时，是否按施工组织设计的要求准备相应的技术措施。

2. 施工阶段

(1）检测第一根管的就位情况，主要内容为：管子中线管子内底前后端高程，顶进方向是否符合设计要求，当确认无误并检查穿墙措施全部落实后，方可开始顶进。

(2）顶进过程中应勤监测、及时纠偏，在第一节管顶进200~300mm时，应立即对中线及高程进行检查，发现问题及时纠正。在以后的顶进过程中，应在每节管顶进结束后进行监测。每个接口测1点，有错口时测2点；在顶管纠偏时，应加大监测频率至300mm一次，控制纠偏角度，使之满足设计要求，避免顶管发生意外。

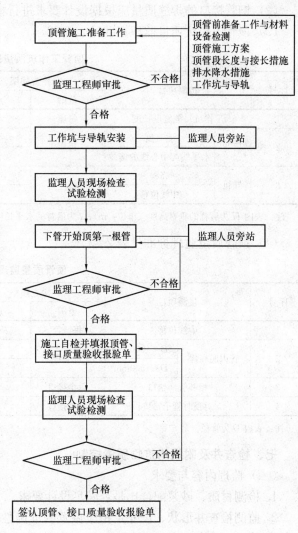

图2-31 顶管监理流程图

(3）顶管时，应监测地下水位是否按施工组织设计要求进行控制。

(4）检查顶进方法是否与施工组织设计相符，当采用管前挖土干式顶进时，应监控管前挖土量，管子底部土体在135°范围内不得超挖，当采用工具管水下顶进时，应监测顶进速度与出泥量的平衡，严禁超量排泥。

(5）当管道超挖或因纠偏造成管周围空隙过大时，应组织有关人员研究处理措施并监督执行。

(6）顶进过程中应监控接口施工质量，当采用混凝土管时，应监控内涨圈、填料及接口质量，当采用钢管时，应控制焊接、错缝质量。

(7）当因顶管段过长、顶力过大而采取用中继环、触变泥浆等措施时，应监控中继环安装及触变泥浆制作质量。

3. 验收阶段

(1）混凝土管接口密实、平顺、不脱落，内涨圈中心位置对准、管缝填料密实、管内不得有泥土、石子、砂浆、砖块、木块等杂物。

(2) 钢管接口的焊缝质量应根据设计要求进行检测。

(3) 顶管工作坑质量监理标准见表2-22。

顶管工作坑质量监理标准　　　　　表2-22

序号	量测项目		检查频率		允许偏差（mm）	检查方法
			范围	点数		
1	工作坑每侧宽度长度		每座	2	不小于设计规定	挂中线用尺量
2	后背	垂直度	每座	1	0.1%H	用垂线与角尺
		水平线与中心线的偏差		1	0.1%l	
3	导轨	高程	每座	1	+3, 0	用水平仪测
		中线位移		1	左右3	用经纬仪测

注：表内 H 为后背的垂直高度（单位：m）；l 为后背的水平长度（单位：m）。

(4) 顶管质量监理标准见表2-23。

顶管质量监理标准　　　　　表2-23

序号	量测项目		检查频率		允许偏差（mm）	检查方法
			范围	点数		
1	中线位移		每节管	1	50	用经纬仪测
2	管内底高程	$D<1500$mm	每节管	1	+30，−40	用水准仪测
		$D\geqslant1500$mm		1	+40，−50	
3	相邻管间错口		每个接口	1	15%管壁厚且不大于20	用尺量
4	对顶时管子错口		每个接口	1	50	用尺量

注：表内 D 为管径。

七、检查井及附属构筑物质量控制

（一）监理内容与要求

1. 检测材质、砂浆配合比是否满足设计要求。

2. 监测检查井形状、尺寸及相应位置的准确性，预留管及支管的设置位置，井口、井盖的安装高程。

3. 检查砖砌井现场施工砂浆配合比，砌体灰缝、勾缝质量。

4. 检查浆砌块石的石料强度等级，新鲜程度应符合设计要求，检查砌石工艺、平面尺寸是否符合规范要求。

5. 检查雨、冬期施工是否按施工组织设计进行。

6. 检查井施工工艺流程见图2-32。

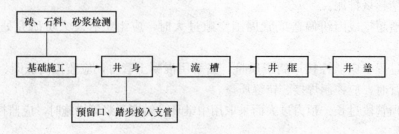

图2-32　检查井施工工艺流程

（二）监理流程（见图2-33）

（三）监理方法

1. 准备阶段

(1) 砌筑用砖和砂浆等级必须符合设计要求，配比准确。

(2) 砖的抽检数量：按照检验批抽检试验。

(3) 砌筑砂浆应由试验室出具试验配合比报告单。

(4) 井圈、井盖应符合设计要求，进场材料应具备产品合格证及检验报告。

2. 施工阶段

(1) 检查井砌筑每工作班制取一组试块，同一验收批试块的平均强度不低于设计强度等级，同一验收批试块抗压强度的最小一组平均最低值不低于设计强度的 75%。

(2) 井内踏步应安装牢固，位置正确。

(3) 井室盖板尺寸及留孔位置要正确，压墙缝应整齐。

(4) 井圈、井盖安装平稳，位置要正确。

3. 验收阶段

(1) 井壁必须垂直，不得有通缝，必须灰浆饱满、平整，抹面压光，不得有空鼓、裂缝等现象；井内流槽应平顺，踏步安装牢固，位置准确，不得有建筑垃圾等杂物；井框、井盖必须完整无损，安装无损，位置准确。

(2) 检查井的质量标准、检测频率与方法（见表 2-24）。

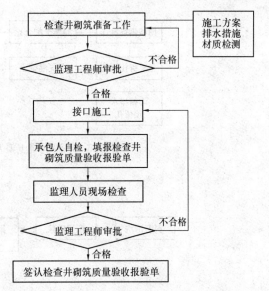

图 2-33 检查井及附属构筑物监理流程图

检查井的质量标准、检测频率与方法　　　　表 2-24

序号	量测项目		检测频率		允许偏差（mm）	检查方法
			范围	点数		
1	井身尺寸	长度、宽度	每座	2	±20	用尺量
		直径		2	±20	
2	井盖高程	非路面	每座	1	±20	用水准仪测量
		路面		1	±5	
3	井底高程	$D \leqslant 1000$	每座	1	±10	用水准仪测量
		$D > 1000$		1	±15	

注：表中 D 为管内径（mm）。

八、排水沟渠质量控制

（一）监理内容与要求

1. 排水沟渠按护面材料不同可分为土渠、水泥混凝土渠及钢筋混凝土渠、石渠、砖渠等。

2. 排水沟渠施工工艺流程如图 2-34～图 2-37 所示。

图 2-34 土渠施工工艺流程图

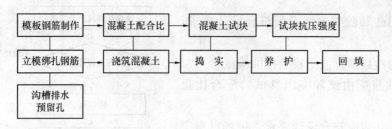

图 2-35　水泥混凝土渠及钢筋混凝土渠施工工艺流程图

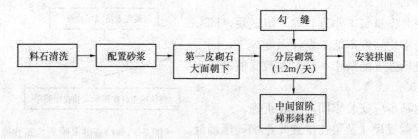

图 2-36　石渠施工工艺流程图

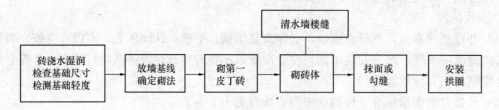

图 2-37　砖渠施工工艺流程图

（二）监理流程（见图 2-38～图 2-41）

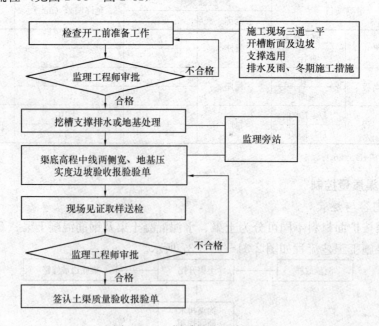

图 2-38　土渠质量监理流程图

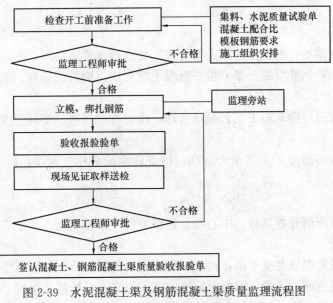

图 2-39 水泥混凝土渠及钢筋混凝土渠质量监理流程图

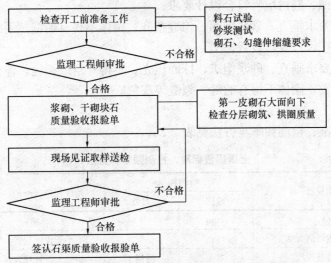

图 2-40 石渠质量监理流程图

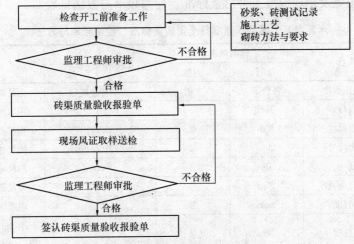

图 2-41 砖渠质量监理流程图

（三）监理方法

1. 准备阶段

（1）土渠：审查沟槽开挖支撑选用是否合理；检查排水措施及雨、冬期施工措施是否到位。

（2）水泥混凝土及钢筋混凝土渠：检查混凝土配合比、钢筋、集料、水泥等试验是否符合设计要求。

（3）石渠：审查石块砌筑施工工艺是否合理，检查石材材质、新鲜程度、风化及裂隙是否符合标准。

（4）砖渠：审查砖砌施工工艺是否合理；检查砂浆配合比、水泥、砖等试验是否符合设计要求。

2. 施工阶段

（1）土渠：检测断面开挖高程、中心线、边坡坡度；边坡，渠底开挖必须平整、坚实，边坡必须稳定，严禁贴坡。

（2）水泥混凝土及钢筋混凝土渠：检查模板支立、钢筋材质、加工制作、绑扎是否符合设计要求；旁站检查混凝土施工质量，混凝土振捣密实不得有石子外露、脱皮、裂缝等现象，伸缩缝位置准确、垂直、贯通、缝内填料符合设计要求。

（3）石渠：墙面要求垂直、砂浆饱满、勾缝整齐；砌体不得有通缝、裂缝等现象，伸缩缝垂直平整、缝内填料应按设计要求设置。

（4）砖渠：墙面要求垂直、砂浆饱满、抹面压光、不得有空鼓裂缝；伸缩缝垂直平整、缝内填料应按设计要求设置，砌体不得有通缝、裂缝等现象。

3. 验收阶段

（1）土渠质量标准、检测频率与方法见表2-25。

土渠质量标准、检测频率与方法　　　　　　　表2-25

序号	量测项目	检测频率 范围	检测频率 点数	允许偏差（mm）	检查方法
1	高程	20m	1	0，－30	用水准仪测量
2	渠底中线每侧宽度	20m	2	不小于设计规定	用尺量每侧计1点
3	边坡	40m	每侧1	不陡于设计规定	用坡度尺量

（2）水泥混凝土渠及钢筋混凝土渠质量标准、检测频率与方法见表2-26。

水泥混凝土渠及钢筋混凝土渠质量标准、检测频率与方法　　　　表2-26

序号	量测项目	检测频率 范围	检测频率 点数	允许偏差（mm）	检查方法
1	混凝土抗压强度	每台班	1组	必须符合规定	见证取样送检
2	渠底高程	20m	1	±10	用水准仪测量
3	拱圈断面尺寸	20m	2	不小于设计规定	用尺量，宽厚各计1点
4	盖板断面尺寸	20m	2	不小于设计规定	用尺量，宽厚各计1点
5	墙高	20m	2	±20	用尺量，每侧计1点
6	渠底中线每侧宽度	20m	2	±10	用尺量，每侧计1点
7	墙面垂直度	20m	2	15	用垂线检验，每侧计1点
8	墙面平整度	20m	2	10	用2m直尺或小线量取最大值，每侧计1点
9	墙厚	20m	2	＋10，0	用尺量，每侧计1点

（3）石渠质量标准、检测频率与方法见表 2-27。

石渠质量标准、检测频率与方法　　　　　　　　　　　　　表 2-27

序号	量测项目		检测频率		允许偏差（mm）	检查方法
			范围	点数		
1	砂浆抗压强度		100m	1组	必须符合规定	见证取样送检
2	渠底高程	混凝土	20m	1	±10	用水准仪测量
		石			±20	
3	拱圈断面尺寸		20m	2	不小于设计规定	用尺量，宽厚各计1点
4	墙高		20m	2	±20	用尺量，每侧计1点
5	渠底中线每侧宽度	料石、混凝土	20m	2	±10	用尺量，每侧计1点
		块石			±20	
6	墙面垂直度		20m	2	15	用垂线检验，每侧计1点
7	墙面平整度	料石	20m	2	2	用2m直尺或小线量取最大值，每侧计1点
		块石			30	
8	墙厚		20m	2	不小于设计规定	用尺量，每侧计1点

注：1. 砂浆强度必须符合下列规定：
（1）每个构筑物或每 $50m^3$ 砌体中制作一组试块（6块），如砂浆配合比变更时，也应制作试块。
（2）同强度等级砂浆的各组试块的平均强度不得低于设计规定。
（3）任意一组试块的强度最低值不得低于设计规定的 85%。
2. 水泥混凝土盖板的质量标准见 CJJ 3—90 第四章第三节。

（4）砖渠质量标准、检测频率与方法见表 2-28。

砖渠质量标准、检测频率与方法　　　　　　　　　　　　　表 2-28

序号	量测项目	检查频率		允许偏差（mm）	检查方法
		范围	点数		
1	砂浆抗压强度	100m	1组	必须符合规定	见证取样送检
2	渠底高程	20m	1	±10	用水准仪测量
3	拱圈断面尺寸	20m	2	不小于设计规定	用尺量，宽厚各计1点
4	墙高	20m	2	±20	用尺量，每侧计1点
5	渠底中线每侧宽度	20m	2	±10	用尺量，每侧计1点
6	墙面垂直度	20m	2	15	用垂线检验，每侧计1点
7	墙面平整度	20m	2	10	用2m直尺或小线量取最大值，每侧计1点

九、排水管道闭水试验质量控制

（一）监理内容与要求

1. 监理闭水试验全过程，检查是否按规定程序进行闭水试验，参与测定 30min 渗水量，评定渗水量是否满足质量检验评定标准。

2. 排水管道闭水试验工艺流程见图 2-42。

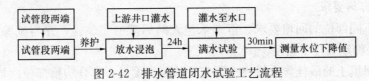

图 2-42　排水管道闭水试验工艺流程

（二）监理流程（见图2-43）

（三）监理方法

1. 准备阶段

（1）检查管道接缝水泥砂浆及混凝土强度是否达到设计强度要求。

（2）检查试验段堵口封闭质量，管道、井身有无明显缺陷而形成的漏水或严重渗水的部位。发现上述缺陷时，应通知承包人采取有效措施进行修复，直至满足组验收要求为止。

2. 施工阶段

（1）检查闭水试验前，管道内是否预先充满水24h以上。

（2）检查是否按要求的水头高度先加水试验20min，待水位稳定后才进行正式闭水，计算30min内水位下降的平均值。

（3）污水管道与压力管道必须根据设计水头压力要求试验。

（4）检查试验频率是否够，检查方法是否对。

（5）监理必须按试验步骤进行旁站。

（6）污水、雨污水合流管道及湿陷土、膨胀土、流砂地区的雨水管道，必须经严密性试验合格后方可投入运行。

3. 验收阶段

排水管道闭水试验质量检验频率与方法见表2-29。

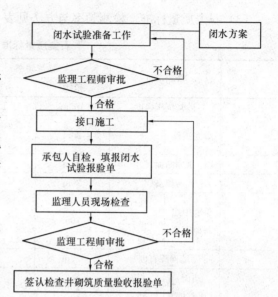

图2-43 排水管道闭水试验监理流程图

排水管道闭水试验质量检测频率与方法 表2-29

序号	量测项目	检测频率		允许偏差（mm）	检查方法
		范围	点数		
1	倒虹管	每井段	1	不大于规定	灌水
2	其他管道	$D<700mm$ 每井段	1		计算渗水量
3		$700\sim1500mm$ 每3井段抽1段	1		
4		$D>1500mm$ 每3井段抽1段	1		

注：1. 闭水试验应在管道填土前进行。

2. 闭水试验应在管道注满水24h后进行。

3. 闭水试验的水位，应为试验段上游管道内顶以上2m，如上游管内顶至检查口的高度小于2m时，闭水试验水位可至井口为止。

4. 对渗水量的测定时间不少于30min。

5. 表中D为管径。

十、沟槽回填土质量控制

（一）监理内容与要求

1. 根据沟槽不同部位的回填要求，审查承包人的标准击实试验，并与试验工程师所做的平行试验进行比较，确定最佳干密度。

2. 监测现场回填土的最佳含水量与土压实后的压实度是否符合沟槽部位回填土的设计要求。

3. 沟槽回填土施工工艺流程见图 2-44。

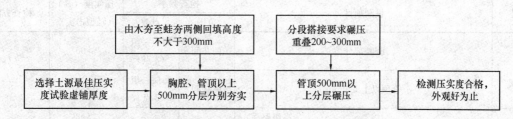

图 2-44　沟槽回填土施工工艺流程

（二）监理流程（见图 2-45）

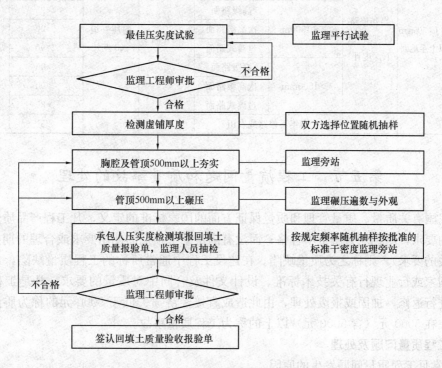

图 2-45　沟槽回填质量监理流程图

（三）监理方法

1. 准备阶段

（1）检查穿越沟槽的地下管线是否根据有关规定认真处理，要求地下管线的支墩不得设在管线上；

（2）检查管座混凝土及管座接口抹带水泥砂浆强度是否满足设计要求，满足后方可进行回填；

（3）回填前，检查沟槽是否受水浸泡，其待回填的土中有无淤泥—腐殖土及有机物。

2. 施工阶段

（1）检查施工单位每层回填土的密实度是否认真做试验进行控制；

（2）监测分层回填虚铺厚度、碾压机具、碾压遍数、碾压步骤是否符合施工组织设计，分段搭接是否符合要求。

3. 验收阶段

排水管道沟槽回填质量检验频率与方法见表 2-30。

排水管道沟槽回填质量检测频率与方法 表 2-30

序号	量测项目			检查频率		压实度（%）(轻型击实)	检查方法
				范围	点数		
1	胸腔部分			两井间	每层一组（3点）	>90	
2	管顶以上 500mm			两井间	每层一组（3点）	>85	
3	管顶 500mm 以上至地面	当年修路（按路槽以下深度计）	0～800mm	两井间	每层一组（3点）		用环刀法检测
			高级路面			>98	
			次高级路面			>95	
			过渡式路面			>92	
			800～1500mm				
			高级路面			>95	
			次高级路面			>90	
			过渡式路面			>90	
			>1500mm				
			高级路面			>95	
			次高级路面			>90	
			过渡式路面			>85	
		当年不修路或农田				85	

第五节 工程质量问题和质量事故的处理

根据我国有关质量、质量管理和质量保证方面的国家标准的定义，凡工程产品质量没有满足某个规定的要求，就称之为质量不合格；而没有满足某个预期的使用要求或合理的期望（包括与安全性有关的要求），则称之为质量缺陷。在建设工程中通常所称的工程质量缺陷，一般是指工程不符合国家或行业现行有关技术标准、设计文件及合同中对质量的要求。凡是工程质量不合格，必须进行返修，加固或报废处理，由此造成直接经济损失低于 5000 元的称为质量问题，直接经济损失在 5000 元（含 5000 元）以上的称为工程质量事故。

一、工程质量问题及处理

（一）常见工程质量问题发生的原因

工程质量事故的表现形式千差万别，类型多种多样，例如结构倒塌、倾斜、错位、不均匀沉陷、变形、开裂、渗漏、破坏、强度不足、尺寸偏差过大等等，但究其原因，归纳起来主要有以下几方面：

1. 违背基本建设法规

（1）违反基本建设程序：建设程序是工程项目建设过程及其客观规律的反映，不按建设程序办事，例如未做好调查分析就拍板定案；未搞清地质情况就仓促开工；边设计、边施工；无图施工，不经竣工验收就交付使用等，都是导致重大事故的重要原因。

（2）违反有关法规和工程合同的规定：例如，无证设计；无证施工；越级设计；越级施工；工程招、投标中的不公平竞争；超常的低价中标；擅自转包或分包；多次转包；擅自修改设计等。

2. 地质勘察失真

诸如未认真进行地质勘察或勘探时钻孔深度、间距、范围不符合规定要求，地质勘察报告不详细、不准确、不能全面反映实际的地基情况等，从而使得或地下情况不清，或对基岩起伏、土层分布误判，或未查清地下软土层、墓穴、空洞等，它们均会导致采用不恰当或错误的基础方案，造成路基不均匀沉降、失稳，使上部结构开裂、破坏，或引发构筑物倾斜、倒塌等质量

事故。

3. 设计错误

诸如盲目套用图纸，采用不正确的结构方案，计算简图与实际受力情况不符，荷载取值过小，内力分析有误，沉降缝或变形缝设置不当，悬挑结构未进行抗倾覆验算，以及计算错误等，都是引发质量事故的隐患。

4. 对不均匀地基处理不当

对软土、杂填土、充填土、大孔性土或湿陷性黄土、膨胀土、红黏土、深岩、土洞、岩层出露等不均匀地基未进行处理或处理不当，也是导致重大事故的原因。必须根据不同地基的特点，从地基处理、结构措施、防水措施、施工措施等方面综合考虑，加以治理。

5. 建筑材料及制品不合格

诸如钢物理理学性能不良会导致钢筋混凝土结构产生裂缝或脆性破坏；骨料中活性氧化硅会导致碱骨料发生反应，使混凝土产生裂缝；水泥安定性不良会造成混凝土爆裂；水泥受潮、过期、结块，砂石含泥量及有害物含量，外加剂掺量等不符合要求时，会影响混凝土强度、和易性、密实性、抗渗性，从而导致混凝土结构强度不足、裂缝、渗漏、蜂窝等质量事故。此外，预制构件断面尺寸不足，支撑锚固长度不足，未可靠地建立预应力值，漏放或少放钢筋，板面开裂等均可能出现断裂、坍塌事故。

6. 施工与管理问题

（1）未经设计部门同意，擅自修改设计；或不按图施工，例如将铰接做成刚接，将简支梁做成连续梁，用光圆钢筋代替异型钢筋等，导致结构破坏。挡土墙不按设计图设置滤水层、排水孔，导致压力增大，墙体破坏或倾覆。

（2）图纸未经会审即仓促施工；或不熟悉图纸，盲目施工。

（3）不按有关的施工规范和操作规程施工，例如浇筑混凝土时振捣不良，造成薄弱部位；砌体上下通缝，灰浆不均匀饱满等均能导致砌体破坏。

（4）管理混乱、施工方案考虑不周，施工顺序错误，技术交底不清，违章作业，疏于检查，验收等，均可能导致质量事故。

7. 自然条件的影响

空气温度、湿度、暴雨、风、浪、洪水、雷电、日晒等均可能成为质量事故的诱因。

8. 结构物或设施的使用不当

对结构物或设施使用不当也易造成质量事故。例如因超速、超载，同一段路左、右幅车道破坏程度明显不同；市政道路上经常性被打开埋管，消弱路面结构整体性，而引起质量问题。

（二）工程质量问题的处理

1. 处理方法

（1）当施工而引起的质量问题在萌芽状态时，应及时制止，并要求施工单位立即更换不称职人员，不合格材料、设备、不正确的施工方法、操作工艺。

（2）当因施工而引起的质量问题已出现时，应立即向施工单位发出"监理通知"；要求其对质量问题进行补救处理，并采取足以保证施工质量的有效措施后，填报"监理通知回复单"报监理单位。

（3）当某道工序或分项工程完工以后，出现不合格项，监理工程师应填写"不合格项处置记录"，要求施工单位及时采取措施予以整改。监理工程师应对其补救方法进行确认，跟踪处理过程，对处理结果进行验收，否则不允许进行下道工序或分项的施工。

（4）在交工验收后的保修期内发现的施工质量问题，监理工程师应及时签发"监理通知"，指令施工单位进行修补、加固或返工处理。

2. 处理程序

工程质量问题发生后，监理工程师应按图2-46所示的程序进行处理。

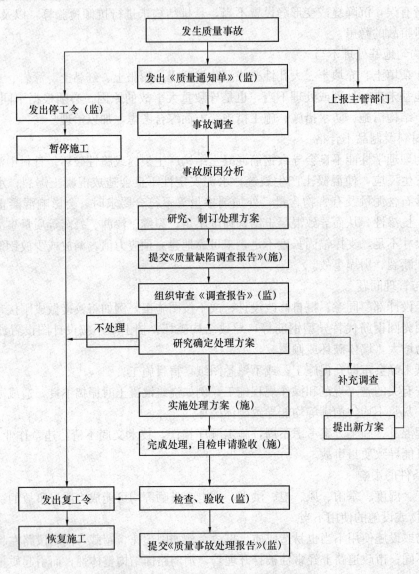

图2-46　工程质量事故处理程序框图

二、工程质量事故的处理及分析

（一）工程质量事故的特点

1. 复杂性，即工程质量事故的性质、原因、发展及处理往往很复杂。

2. 严重性，即质量事故影响较大，轻者影响工期、增加费用，重者则留下质量隐患，更严重的还会造成生命、财产的巨大损失。

3. 可变性，即质量问题可能随着时间进程而不断地发生，成为质量通病。

（二）工程质量事故的分类

根据《生产安全事故报告和调查处理条例》，生产安全事故（以下简称事故）造成的人员伤亡或者直接经济损失，事故一般分为以下等级：

1. 特别重大事故，是指造成30人以上死亡，或者100人以上重伤（包括急性工业中毒，下

同),或者1亿元以上直接经济损失的事故;

2. 重大事故,是指造成10人以上30人以下死亡,或者50人以上100人以下重伤,或者5000万元以上1亿元以下直接经济损失的事故;

3. 较大事故,是指造成3人以上10人以下死亡,或者10人以上50人以下重伤,或者1000万元以上5000万元以下直接经济损失的事故;

4. 一般事故,是指造成3人以下死亡,或者10人以下重伤,或者1000万元以下直接经济损失的事故。

(三) 工程质量事故发生的原因

工程质量事故是较为严重的工程质量问题,其成因与工程质量问题基本相同。

(四) 工程质量事故处理的依据

进行工程质量事故处理的主要依据有4个方面:质量事故的实况资料;具有法律效力的,得到有关当事各方认可的工程承包合同、设计委托合同、材料或设备购销合同以及监理合同或分包合同等合同文件;有关的技术文件、档案和相关的建设法规。

在这4方面依据中,前三种是与特定的工程项目密切相关的,具有特定性质的依据。第四种法规性依据,是具有很高权威性、约束性、通用性和普遍性的依据,因而它在工程质量事故的处理事务中,也具有极其重要的、不容置疑的作用。

1. 质量事故的实况资料

要搞清质量事故的原因和确定处理对策,首先要掌握质量事故的实际情况。有关质量事故实况的资料主要可来自以下几个方面。

(1) 施工单位的质量事故调查报告

1) 质量事故发生的时间、地点。

2) 质量事故状况的描述。例如,事故的类型(如混凝土裂缝);发生的部位(如承重结构梁板所在的具体位置);分布状态及范围;严重程度(如裂缝长度、宽度、深度等)。

3) 质量事故发展变化的情况(其范围是否已经稳定还是继续扩大等)。

4) 有关质量事故的观测记录、事故现场状态的照片或录像。

(2) 监理单位调查研究所获得的第一手资料

2. 有关合同及合同文件

所涉及的合同文件有:工程承包合同、设计委托合同、设备与器材购销合同、监理合同等。

3. 有关的技术文件和档案

(1) 有关的设计文件;

(2) 与施工有关的技术文件、档案和资料。

4. 相关的建设法规

(1) 勘察、设计、施工、监理等单位资质管理方面的法规;

(2) 从业者资格管理方面的法规;

(3) 建筑市场方面的法规;

(4) 建筑施工方面的法规;

(5) 关于标准化管理发面的法规。

(五) 工程质量事故处理的程序

工程质量事故发生后,一般可以按图2-46所示的程序进行处理。

(六) 质量事故处理

质量事故处理的目的是消除质量缺陷或隐患,以达到建筑物的安全可靠和正常使用各项功能

的要求,并保证施工的正常进行。

1. 质量事故处理所需的资料

处理工程质量事故,必须分析原因、做出正确的处理决策,这就要以充分、准确的有关资料作为决策基础和依据,一般的质量事故处理,必须具备以下资料:

(1) 与工程质量事故有关的施工图。

(2) 与工程施工有关的资料、记录,例如建筑材料的试验报告,各种中间产品的检验记录和试验报告(如沥青拌和料温度测量记录、混凝土试块强度试验报告等),以及施工记录等。

(3) 事故调查分析报告,一般应包括以下内容:

1) 质量事故的情况。包括发生质量事故的时间、地点、事故情况,有关的观测记录,事故的发展变化趋势、是否已稳定等等。

2) 事故性质。应区分是结构性问题,还是一般性问题;是内在是实质性问题,还是表面性的问题;是否需要及时处理,是否要采取保护性措施。

3) 事故原因。阐明造成质量事故的主要原因,例如对于混凝土结构裂缝是由于地基的不均匀沉降原因导致的,还是由于温度应力所致,或是由于施工拆模前受到冲击、振动的结果,还是由于结构本身承载力不足等。对此,应附有说服力的资料、数据说明。

4) 事故评估。应阐明该质量事故对于建筑物功能、使用要求、结构承受力性能及施工安全有何影响,并应附有实测、验算数据和试验资料。

5) 设计、施工以及使用单位对事故的意见和要求。

6) 事故涉及的人员与主要责任者的情况等。

2. 质量事故处理方案的确定

质量事故处理方案,应当是在正确地分析和判断事故原因的基础上进行的。

(1) 可能采用的缺陷处理方案类型

对于工程质量缺陷,通常可以根据质量缺陷的情况,就以下 4 类性质的处理方案做出选择和决定。

1) 修补处理

这是最常采用的一类处理方案。通常当工程的某些部分的质量虽未达到规定的规范、标准或设计要求,存在一定的缺陷,但经过修补后还可达到要求的标准,又不影响使用功能或外观要求,在此情况下,可以做出进行修补处理的决定。

属于修补这类方案的具体方案有很多,诸如封闭保护、复位纠偏、结构补强、表面处理等均是。例如,某些混凝土结构表面出现蜂窝麻面,经调查、分析可进行剔凿抹灰等表面处理,该部位经修补处理后,不会影响其使用及外观;某些结构混凝土发生表面裂缝,根据其受力情况,仅作表面封闭保护即可等等。

对影响结构的安全性和使用功能较严重的质量问题,必须按一定的技术方案进行加固补强处理。

2) 返工处理

当工程质量未达到规定的标准或要求,有明显的严重质量问题,对结构的使用和安全有重大影响,而又无法通过修补的办法纠正所出现的缺陷的情况下,可以做出返工处理的决定。例如,某段路基填筑压实后,其压实土的干容重未达到规定的要求干容重值,经核算将影响土体的稳定和抗渗要求,可以进行返工处理,即挖除不合格土,重新填筑。又如某工程预应力按混凝土规定张力系数为 1.3,但实际仅为 0.8,属于严重的质量问题,也无法修补,即需作出返工处理的决定。十分严重的质量事故甚至要做出整体拆除的决定。

3）限制使用

当工程质量缺陷按修补方式处理无法保证达到规定的使用要求和安全，而又无法返工处理的情况下，不得已时可以做出诸如结构卸荷以及限制使用的决定。

4）不做处理

某些工程质量缺陷虽然不符合规定的要求或标准，但如其情况不严重，对工程或结构的使用及安全影响不大，经过分析、论证和慎重考虑后，也可做出不作专门处理的决定。可以不做处理的情况一般有以下几种：

①不影响结构安全和使用要求的；

②有些不严重的质量缺陷，经过后续工序可以弥补的；

③出现的质量缺陷，经复核验算，仍能满足设计要求的。

（2）对质量缺陷处理方案进行决策的辅助方法

对质量缺陷处理的决策，是复杂而重要的工作，它直接关系到工程的质量、费用与工期。所以，要做出对缺陷处理的决定，特别是对需要返工或不做处理的决定，应当慎重对待。在对于某些复杂的工程缺陷作出处理决定前，可采取下述方法做进一步论证。

1）试验验证

即对某些有严重缺陷的项目，可采用合同规定的常规试验以外的试验方法进一步进行验证，以便确定缺陷的严重程度。例如混凝土构件的试件强度低于要求的标准不太大（例如10％以下时），可进行加载试验，以证明其是否满足使用要求。又如沥青面层厚度误差超过了规范允许的范围，可采用弯沉试验，检查路面的整体强度等。监理工程师可根据对试验验证结果的分析、论证、再研究处理决策。

2）定期观测

有些工程，在发现其质量缺陷时其状态可能尚未达到稳定仍会继续发展，在这种情况下一般不宜过早做出决定，可以对其进行一段时间的观测，然后再根据情况做出决定。属于这类的质量缺陷如桥墩或其他工程的基础在施工期间发生沉降超过预计的或规定的标准；高填方发生裂缝，并处于发展状态等。有些有缺陷的工程，短期内其影响可能不十分明显，需要较长时间的观测才能得出结论。对此，监理工程师应与业主及承包商协商，是否可以留待缺陷责任期解决或采取修改合同，延长缺陷责任期的方法。

3）专家论证

对于某些工程缺陷，可能涉及的技术领域比较广泛，或问题很复杂，仅根据合同规定难以决策，可使用专家论证的方法。采用这种办法时，应事先做好充分准备，尽早为专家提供尽可能详尽的情况和资料，以便使专家能够进行较充分、全面和细致的分析、研究，提出切实的意见建议。实践证明，采取这种方法，对于监理工程师就重大缺陷问题作出恰当的决定十分有益。

3. 质量事故处理的鉴定验收

质量事故的处理是否达成了预期目的，是否仍留有隐患，应当通过检查鉴定和验收作出确认。事故处理的质量检查鉴定，应严格按施工验收规范及有关标准的规定进行，必要时还应通过实际量测、试验和仪表检测等方法获取必要的数据，才能对事故的处理结果作出确切的结论。检查和鉴定的结论可能有以下几种：

（1）事故已排除，可继续施工；

（2）隐患已消除，结构安全有保证；

（3）经修补处理后，完全能够满足使用要求；

（4）基本上满足使用要求，但使用时应有附加的限制条件，例如限制荷载等；

（5）对耐久性的结论；

（6）对建筑物外观影响的结论等；

（7）对短期难以作出结论者，可提出进一步观测检验的意见。

对于处理后符合《市政工程施工质量验收统一标准》的规定的，监理工程师应予以验收、确认，并应注明责任方主要的承担经济责任。对经加固补强或返工处理仍不能满足安全使用要求的工程应拒绝验收。

第三章 市政工程安全控制

第一节 概 述

安全生产是保护劳动者的安全和健康,促进社会生产力发展的基本保证。《建筑工程安全生产管理条例》规定:"建设单位、勘察单位、设计单位、施工单位、工程监理单位及其他与建设工程有关的单位,必须遵守安全生产法律、法规的规定。保证建设工程安全生产,依法承担建设工程安全生产的责任"。

一、安全生产监理的原则

1. 安全第一,预防为主的原则

根据我国《安全生产法》的总方针,"安全第一"从保护和发展生产力的角度,表明了生产范围内安全与生产的关系、肯定了安全生产在建设活动中的首要位置和重要性;"预防为主"体现了事先策划、事中控制及事后总结,通过信息收集、归类分析、制定预案等过程进行控制和防范;预防为主体现了政府对建设工程安全生产过程中"以人为本"以及"关爱生命"、"关注安全"的宗旨。

2. 以人为本、关爱生命,维护作业人员合法权益的原则

安全生产管理应遵循维护工作人员的合法权益的原则,应改善作业人员的工作与生活条件,施工单位必须为作业人员提供安全防护设施、对其进行安全教育、为施工人员办理意外伤害保险、作业与生活环境应达到国家规定的安全生产、生活环境标准,真正体现出以人为本,关爱生命。

3. 职权与责任一致的原则

国家有关建设行政主管部门和相关部门对建设工程安全生产管理的职权和责任应该相一致,其职能和权限应该明确;建设主体各方面应该承担相应的法律责任,对工作人员不能够依法履行监督管理职责的,应该给予行政处分,构成犯罪的,依法追究刑事责任。

二、安全与质量、进度、投资的关系

安全是确保工程质量的前提条件,只有安全工作搞好了,施工人员才能在安全的环境中作业,才会确保工程质量。工程质量的好坏,也影响着安全。低劣的工程质量,导致建筑产品使用过程中的危险,直接威胁着人们的安全和生命。质量是业主所追求的最终目标,安全则是实现这一目标的基本环境条件,安全监理则是这一环境条件的保护神。

安全也是保证施工工期的基本条件。施工中的设备故障、伤亡事故往往造成停工。即使恢复施工,也往往需要一段时间才能消除负面影响。因此,施工过程中必须保证安全生产,才能保证工程按期完成。

安全与投资同样也是相辅相成的,在施工过程中,发生伤亡事故是极大的浪费。

三、安全监理与建设单位、施工单位的关系

1. 安全监理与建设单位的关系

在建设项目实施阶段,安全监理受建设单位委托,代表建设单位的利益,按安全监理合同规定的范围,全权处理关于施工中安全的一切事宜。

2. 安全监理与施工单位的关系

安全监理与施工单位的关系是监理与被监理的关系,但安全监理与施工单位应本着尊重、协

助、督促、检查的精神，基于与施工单位目标一致的共识，协助施工单位完善施工过程中的各项制度，并按规定进行必要的抽查和验证。

四、安全控制的主要内容

1. 控制施工人员的不安全行为

人的不安全行为有生理上的、心理上的和行动上的不安全，必须根据人的生理和心理特点合理安排和调配适合的工作，预防不安全行为。

2. 控制物的不安全状态

施工人员使用和接触的各类材料、工具、设施、设备统称为物，这些物不仅要保持良好的状态和技术性能，还应该操作简便、灵活可靠，并且具有保护操作者免受伤害的各类防护和保险装置。

3. 作业环境的防护

五、工程项目安全监理的依据

1. 设计的施工说明书；
2. 本工程委托安全监理合同书；
3. 经过审定的施工组织中安全技术措施及单项安全施工组织设计；
4. 《建筑施工安全检查评分标准》、《公路工程施工安全技术规程》及其他建筑施工安全技术规范和标准；
5. 企业或项目的安全生产规章制度；
6. 安全生产责任制；
7. 关于加强施工现场安全生产管理的若干规定；
8. 施工现场防火规定；
9. 有关安全生产的法令、法规、政策和规定。

六、安全监理的任务与职责

1. 安全监理的任务

安全监理的任务是对市政工程中的人、机、环境及施工全过程进行预测、评价、监控和督察，并通过法律、经济、行政和技术手段，促使其建设行为符合国家安全生产、劳动保护法律、法规标准，制止建设中的冒险性、盲目性和随意性行为，有效地把市政工程安全控制在允许的风险新范围之内，以确保安全性。

2. 主要职责

（1）审查施工单位的安全资质并进行确认

审查施工单位的安全生产管理网络；安全生产的规章制度和安全操作规程；特种作业人员和安全管理人员持证上岗情况以及进入现场的主要施工机电设备安全状况。考核结论和意见与国家及各省、自治区、直辖市的有关规定的相对照，对施工单位的安全生产能力与业绩进行确认和核准。

（2）监督安全生产协议书的签订与实施

要求由法人代表、或其授权的代理人进行监督安全生产协议书的签订，其内容必须符合法律、法规和行业规范性文件的规定，采用规范的书面形式，并与工程承发（分）包合同同时签订，同时生效。对协议书约定的安全生产职责、双方的权利和义务的实际履行，监理工程师要实施全过程的监督。

（3）审核施工单位编制的安全技术措施，并监督实施

审核施工单位编制的安全技术措施是否符合国家、部委和行业颁发制定的标准规定；现场资源配置是否恰当并符合工程项目的安全需要；对风险性较大和专业较强的工程项目有没有进行过

安全论证和技术评审；施工设备及操作方法的改变及新工艺的应用是否采取了相应的防护措施和符合安全保障要求；因工程项目的特殊性而需补充的安全操作规定或作业指导书是否具有针对性和可操作性。监理工程师对施工安全有关计算数据进行复核，按合同要求所需对施工单位安全费用的使用进行监督，同时制定安全监理大纲以及和施工工艺流程相对相应的安全监理程序，来保证现场的安全技术措施实施到位。

（4）监督施工单位按规定配置安全设施

对配置的安全设施进行审查；对所选用的材料是否符合规定要求进行验证；对主要结构关键工序、特殊部位是否符合设计计算数据进行专门抽验和安全测试；对施工单位的现场设施搭设的自检、记录和挂牌施工进行监督。

（5）监督施工过程中的人、机、环境的安全状态，督促施工单位及时消除隐患

对施工过程中暴露的安全设施的不安全状态、机械设备存在的安全缺陷、人的违章操作、指挥的不安全行为，实施动态的跟踪监理并开具安全监督指令书，督促施工单位按照"三定"（定人、定时、定措施）要求进行处理和整改消项，并复查验证。

（6）检查部分、分项工程施工安全状况，并签署安全评价意见

审查施工单位提交的关于工序交接检查和分部、分项工程安全自检报告，以及相应的预防措施和劳动保护要求是否履行了安全技术交底和签字手续，并验证施工人员是否按照安全技术防范措施和规程操作，签署监理工程师对安全性的评价意见。

（7）参与工程伤亡事故调查，督促安全技术防范措施实施和验收

监理工程师对工程发生的人身伤亡事故要参与调查、分析和处理，并监督事故现场的保护，用照片和录像进行记录。同时和事故调查组一起分析、查找事故发生的原因，确定预防和纠正措施，确定实施程序的负责部门和负责人员，并确保措施的正确实施和措施可行性、有效性的验证活动的落实。

七、安全监理方法

1. 审查各类有关安全生产的文件；
2. 审核进入施工现场各分包单位的安全资质和证明文件；
3. 审核施工单位提交的施工方案和施工组织设计中安全技术措施；
4. 工地的安全组织体系的安全人员的配备；
5. 审核新工艺、新技术、新材料、新结构的使用安全技术方案及安全措施；
6. 审核施工单位提交的关于工序交接检查，分部、分项工程安全检查报告；
7. 审核并签署现场有关安全技术签证文件；
8. 现场监督与检查：

（1）日常现场跟踪监理。根据工程进展情况，安全监理人员对各工序安全情况进行跟踪监督、现场检查，验证施工人员是否按照安全技术防范措施和按规程操作。

（2）对主要结构、关键部分的安全状况，除进行日常跟踪检查外，视施工情况，必要时可做抽检和检测工作。

（3）对每道工序检查后，作好记录并给予确认。

第二节 施工各阶段的安全监理工作

对于一般工程，安全监理工作可依次分为4个阶段，即招投标阶段、施工准备阶段、施工阶段和竣工验收阶段的安全监理。不同的阶段有着不同的施工安全特点和安全监理内容。

一、招投标阶段的安全监理

主要实施对施工单位的安全资质审查，协助双方拟定安全生产协议书的各项条款，并确保开工之前安全生产协议书的正式签约。

1. 审查施工单位的安全资质

（1）营业执照；

（2）施工许可证；

（3）安全资质证书；

（4）安全生产管理机械的设置及安全专业人员的配备等；

（5）安全生产责任制及安全生产管理体系；

（6）安全生产规章制度；

（7）各工种的安全生产操作规程；

（8）特种作业人员的管理情况；

（9）主要的施工机械、设备等的技术性能及安全条件；

（10）建筑安全监督机构对企业的安全业绩改评情况。

2. 协助拟定安全生产协议书

（1）建设单位和施工单位的安全协议

为了明确建设单位和施工单位的安全责任，在签订工程合同的同时要签订建设工程承发包安全管理协议，作为工程合同的附件。该协议书中应明确各自的安全责任，作为今后处理事故及考核的依据。监理单位应协助建设单位把该项工程落实。一般的安全协议可参照下列内容：

建设工程承发包安全管理协议

　　立协单位：发包单位_____（甲方）以下简称甲方

　　　　　　　承包单位_____（乙方）以下简称乙方

甲方将本建筑安装工程项目发（分）包给乙方施工，为贯彻"安全第一，预防为主"的方针，根据《××市招标～承包工程安全管理暂行规定》和国家有关法规，明确双方的安全生产责任，确保施工安全，双方在签订建筑安装工程合同的同时，签订本协议。

（1）承包工程项目：

1）工程项目名称：

2）工程地址：

3）承包范围：

4）承包方式：

（2）工程项目期限：

自　　年　　月　　日起开工至　　年　　月　　日完工。

（3）协议内容：

1）甲乙双方必须认真贯彻国家、××市和上级劳动保护、安全生产主管部门颁发的有关安全生产、消防工作的方针、政策，严格执行有关劳动保护法规、条例、规定。

2）甲乙双方都应有安全管理组织体制，包括抓安全生产的领导，各级专职和兼职的安全干部，应有各工种的安全操作规程，特种作业人员的审证考核制度及各级安全生产岗位责任制和定期安全检查制度、安全教育制度等。

3）甲乙双方在施工期间要认真勘察现场，并由乙方按甲方的要求自行编制施工组织设计，并制定有针对性的安全技术措施计划，严格按施工组织设计和有关安全要求施工。

4）甲乙双方的有关领导必须认真对本单位职工进行安全生产制度及安全知识教育，增强法律观念；提高职工的安全生产思想意识和自我保护的能力，督促职工自觉遵守安全生产纪律、制度和法规。

5）施工前，甲方应对乙方的管理、施工人员进行安全生产教育，介绍有关安全生产管理制度的规定和要

求；乙方应组织召开管理、施工人员安全生产教育会议，并通知甲方委托有关人员出席会议，介绍施工中有关安全、防火等规章制度及要求；乙方必须检查、督促施工人员严格遵守、认真执行。

根据工程项目内容、特点，甲乙双方应做好安全技术交底，并有交底的书面材料，交底材料一式两份，由甲乙双方各执一份。

6）施工期间，乙方指派_____同志负责本工程项目的有关安全、防火工作；甲方指派_____同志负责联系、检查督促乙方执行有关安全、防火规定。甲乙双方应经常联系，相互协助检查和处理工程施工有关的安全、防火规定，共同预防事故发生。

7）乙方在施工期间必须严格执行和遵守甲方的安全生产、防火管理的各项规定，接受甲方的督促、检查和指导。甲方有协助乙方搞好安全生产、防火管理以及督促检查的义务，对于查出的隐患，乙方必须限期整改，对甲方违反安全生产规定、制度等情况，乙方有要求甲方整改的权利，甲方应认真整改。

8）在生产操作过程的个人防护用品，由各方自理，甲、乙方都应督促施工现场人员自觉穿戴好防护用品。

9）甲乙双方人员对各自所处的施工区域、作业环境、操作设施设备、工具用具等必须认真检查，发现隐患，立即停止施工，应由有关单位落实整改后方准施工。一经停工，就表示该施工单位确认施工场所、作业环境、设施设备、工具用具等符合安全要求和处于安全状态，施工单位对施工过程中由于上述因素不良而导致的事故后果负责。

10）由甲方提供的机械设备、脚手架等设施，在搭设、安装完毕提交使用前，甲方应会同乙方共同按规定验收，并做好验收及交付使用的书面手续，严禁在未经验收或验收不合格的情况下投入使用，否则由此发生的后果概由擅自使用方负责。

11）乙方在施工期间使用的各种设备以及工具等均应由乙方自备，如甲乙双方必须相互借用或租赁，应由双方有关人员办理借用或租赁手续，制定有关安全使用和管理制度。借出方应保证借出的设备和工具完好并符合安全要求，借入方必须进行检验，并做书面记录。借入方一经接收，设备和工具的保管、维修应由借入方负责，并严格执行安全操作规程。在使用过程中，由于设备、工具因素或使用不当而造成伤亡事故，由借入方负责。

12）甲乙双方人员，对施工现场的脚手架、各类安全防护设施，安全标志和警告牌，不得擅自拆除、更动。如确实需要拆除更动的，必须经工地施工负责人和甲方指派的安全管理人员的同意，并采取必要、可靠的安全措施后方能拆除。任何一方人员擅自拆除所造成的后果，均由该方人员及其单位负责。

13）特种作业必须执行国家《特种作业人员安全技术培训考核管理规定》，经省、市、地区的特种作业安全技术考核培训考核后持证上岗，并按规定定期审证，进入本市施工的外省市特种作业人员还必须经本市有关特种作业考核站进行审证教育；中、小型机械的操作人员必须按规定做到"定机定人"和有证操作；起重吊装人员必须遵守"十不吊"规定，严禁违章、无证操作；严禁不懂电器、机械设备的人，擅自操作使用电器、机械设备。

14）双方必须严格执行各类防火防爆制度，易燃易爆场所严禁吸烟及动用明火，消防器材不准挪作他用。电焊、气割作业应按规定办理动火审批手续，严格遵守"十不烧"规定，严禁使用电炉。冬期施工如必须采用明火加热的防冻措施时，应取得防火主管人员同意，落实防火、防中毒措施，并指派专人值班。

15）乙方需要甲方提供的电气设备，在使用前应先进行检测，并做好检测记录。如不符合安全规定的，应及时向甲方提出，甲方应积极整改，整改合格后方准使用。违反本规定或不经甲方许可，擅自乱拉电气线路造成后果均由肇事者单位负责。

16）贯彻先订合同后施工的原则，甲方不得指派乙方人员从事合同外的施工任务，乙方应拒绝合同外的施工任务，否则由此造成的一切后果均由有关方负责。

17）甲乙双方在施工中，应注意地下管线及高压架空线路的保护。甲方对地下管线和障碍物应详细交底，乙方应贯彻交底要求，如遇有情况，应及时向甲方和有关部门联系，采取保护措施。

18）乙方在签订建筑安装施工合同后，应自觉向地区（县）劳动保护监察科（股）等有关部门办理开工报告手续。

19）贯彻"谁施工谁负责安全"的原则。甲乙方人员在施工期间造成伤亡、火警、火灾、机械等重大事故（包括甲乙方责任造成对方人员、他方人员、行人伤亡等），双方应协力进行紧急抢救伤员和保护现场，按国务

院及本市事故报告规定在事故发生后的 24 小时内及时报告各自的上级主管部门及市、区（县）劳动保护监察部门等有关机构，事故的损失和善后处理费用，应按责任，协商解决。

20）其他未尽事宜：

21）本协议订的各项规定适用于立协议单位双方，如遇有同国家和本市的有关法规不符者，应按国家和本市的有关规定执行。

22）本协议经立协议双方签字、盖章有效，共一式六份，甲、乙双方各执两份，送区（县）劳动局劳动保护监察科（股）及有关部门各一份备案。

23）本协议同工程合同同日生效，甲、乙双方必须严格执行，由于违反本协议而造成伤亡事故，有违约方承担一切经济损失。

  甲方：单位名称   （盖章）   乙方：单位名称   （盖章）
    法定代表人   （盖章）   法定代表人   （盖章）
    代表   （签字）   代表   （签字）
    地址_____   地址_____
    电话_____   电话_____

                         年 月 日

（2）总、分包单位的安全协议

总包单位要统一管理分包单位的安全生产工作，对分包单位的安全生产工作进行监督检查，为分包单位提供符合安全和卫生要求的机械、设备和设施，制止违章指挥和违章作业。

分包单位要服从总包单位的领导和管理，遵守总包单位的规章制度和安全操作规程，分包单位的负责人要对本单位职工的安全、健康负责。

二、施工准备阶段的安全监理

主要是对熟悉合同文本及审查施工组织设计中的安全技术措施，了解工程现场附近管线及与施工安全有关的设施和构筑物等，复核相关数据，调查可能导致意外伤害事故发生的原因。掌握新技术、新材料的工艺和标准，制定安全监理大纲和程序，并召开第一次安全监理现场会议。

1. 制定安全监理程序

任何一个工程的工序或一个构件的生产都有相应的工艺流程，如果其中一个工艺流程未进行严格操作，就可能出现工作事故。因此，安全监理人员在对工程安全进行严格控制时，就要按照工程施工的工艺流程制定出一套相应的、科学的安全严格控制的措施。在建立过程中安全监理人员应对建立项目做详尽的记录和填写表格。

2. 调查可能导致意外伤害事故的其他原因

在施工开始之前，了解现场的环境、人为障碍等因素，以便掌握障碍情况和不利环境的有关资料，及时提出防范措施。这里所指的障碍和不利环境着重是图纸未表示出的地下结构，如暗管、电缆及其他构造物。或者是建设单位需解决的用地范围内地表以上的电信、电杆、树木、房屋及其他影响安全施工的构筑物。当掌握这些可能导致工程事故的因素后，就可以合理地研究制定监理方案和细则。

3. 掌握新技术、新材料的工艺和标准

施工中采用的新技术、新材料，应有相应的技术标准和使用规范。安全监理人员根据工作需要与可能，可以对新材料、新技术的应用进行必要的了解和调查，以求及时发现施工中存在的事故隐患，并发出正确的指令。

4. 审查安全技术措施

要对施工单位编制的安全技术措施和单项安全施工组织设计进行审查，施工单位对批准的安全技术措施应立即进行组织实施。做财力、物力、人力方面的准备，做到准时、准确到位。对需

修改的安全技术措施计划，施工单位修改后再报安全监理检查后，才能实施。

5. 施工单位开工准备检验

施工单位开工时所必须的施工机械、材料和主要人员已达现场，并处于安全状态，施工现场的安全设施已经到位。

6. 审查施工单位的自检系统

虽然安全监理是对施工的全过程进行安全监理和管理，但作为安全监理人员，不可能对每一工程或分项工程的每一部分进行全面的监控，只能进行部分的抽检。因此工程开工前应尽早监督施工单位进行安全教育，成立施工单位的安全自检系统，要求施工中的每一道工序必须由施工单位按安全监理规定的程序提供自检报告和报表。

施工单位的自检人员对保证安全施工起着重要作用，因此要施工单位的自检人员有良好的、全面的安全知识和职业道德。安全监理人员必须在工程实施过程中随时对施工单位自建人员的工作进行抽检。掌握安全情况，检查自检人员的工作质量。

7. 检验安全设施

安全监理人员应详细了解施工单位安全设施（如挂篮、漏电开关、安全网等）配备情况。在安全设施未进入工地前，可按下列步骤进行检查：

（1）施工单位应提供拟使用的安全设施的产地和厂址以及出厂合格证书，供安全监理人员审查。

（2）安全监理人员可在施工初期根据需要对厂家的生产工艺设备等进行调查了解。

（3）必要时对安全设施取样试验，要求有关单位提供安全设施的有关图纸与设计计算书等资料，成品的技术性能等技术参数，经调查后，以确定该安全设施是否可以使用。

8. 检查施工单位进场的施工机械

安全监理工程师要对施工单位进入施工现场的机械设备进行如下详细的检查、记录：

（1）核对机械的数量、型号、规格、完好程度与投标书或施工组织设计是否一致，如有重大出入时，应查明原因，必要时可要求施工单位予以更换。

（2）检查机械设备管理制度的执行情况。

（3）检查主要机械设备的操作人员名单、证书以及到位更换。

9. 检查主要岗位人员及操作工人的到位情况。

10. 主要岗位人员中包括项目经理、技术负责人、安全员等是否到位，名单与投标书是否一致，特殊工种的名单与证书是否一致等。

11. 协助执行安全抵押金制度

安全抵押金制度是通过经济手段加强建设单位与施工单位、总包单位与分包单位之间的安全生产关系，使安全责任与经济措施密切挂钩。一般在工程预付款中按安全管理协议中规定的比例扣除安全抵押金，并以安全专项资金的科目存入银行。在施工过程中，根据安全生产奖罚条例，在安全活动或安全事故处理中进行奖优罚劣，当工程竣工后对无安全事故的施工单位，应全额退还抵押金（包括存款利息）。安全活动经费及安全生产优胜单位的奖励一般可在事故单位的罚款中支付。

监理在执行安全抵押金制度中，主要履行以下职责：

（1）根据安全抵押金提取比例及工程合同中的总造价提出扣款金额。

（2）对安全生产的奖罚单位提出奖罚意见，供建设单位决定。

（3）参与安全活动，并提出活动经费的初步意见。

当以上检查均符合要求时，安全监理工程师可向总监理工程师汇报，在安全生产方面已具备正式开工条件，由总监理工程师综合各方面因素后确定开工日期，签署开工令。

本阶段安全监理的主要工作为：
（1）审查施工组织设计

工程合同签订后，施工单位在编制施工组织设计时，应包括安全技术措施及安全组织措施，尤其对特殊项目及安全风险点提出切合实际的施工方法及技术措施，安全监理工程师应予以认真审查。

（2）接管施工现场

施工单位进场后，应对施工现场进行一次或分次接管，接管现场时必须三方（建设单位、施工单位、监理单位）的有关人员均在场，并以书面形式三方签字确认现场移交的范围和时间。

三、施工阶段的安全监理

主要是根据安全监理大纲和实施细则，对工程项目全过程实行全面的动态监督，并以以下几个方面进行安全监控：

1. 施工现场安全生产内部（资料）安全监理

（1）安全生产责任制

企业和施工现场各级各部门、包括各人员的安全生产责任制，是否做到纵向到底、横向到边；是否填写了现场安全责任人会签表，责任落实到人；工程项目中各项经济承包责任制中的安全指标和奖罚办法以及安全保证措施是否落实；工程项目总分包之间是否签订具有双方权利义务、责任相一致的安全生产协议；现场是否制定了各工种的安全技术操作规程；是否按规定配备专（兼）职安全员，并持有"双证"（行业主管部门、劳动部门颁发）。

（2）安全生产目标管理

即是否制定了工地安全管理目标（伤亡事故控制指标、安全达标和文明工地创建目标）；是否制定了安全生产责任目标分解和责任目标考核规定，并按月、季度考核到责任部门和责任人。

（3）施工组织设计中的安全技术措施

施工组织设计是否经企业技术负责人审批，并由建设单位或监理审核（有审批、审核单）。施工组织设计中的安全保证措施是否全面，具有针对性。施工现场专业性较强的项目，是否单独编制了专项安全施工组织设计，并具备审批、审核资料，如：

1）施工用电组织设计；
2）特殊类脚手架、高于20m以上的脚手架、承重支架的专项方案；
3）基坑支护（≥5m深度的基坑、沟槽需专家论证）专项方案；
4）模板施工专项方案；
5）塔吊施工专项方案；
6）现场吊装专项方案；
7）公用管线及相邻构筑物的支护方案。

（4）分部（分项）工程安全技术交底

即是否实施进场后总分包安全生产交底。各分部（分项）安全技术交底是否以书面形式进行，并全面具有针对性。安全技术交底应以施工项目负责人或施工技术负责人为主进行，交底方和被交底方是否履行签字手续。

（5）施工现场安全生产检查

施工现场制定了定期安全生产检查制度。每周一次定期安全生产检查是否有较全面的记录。对查出的安全生产问题和事故隐患，是否做到了"三定"，即定人、定时间、定措施解决。对上级或监理所出具的事故隐患整改通知书所列的项目，是否如期整改完成，并附有书面整改消项报告。各类安全生产专项检查及验收记录，例如：现场的接地电阻、漏电电流动作测试、用电维修、电工交班记录、机械设备进场验收记录、下水道拆封头子施工安全资质和报告、用电检查、

防护设施检查，脚手架等，是否均按有关规定做好详细的验收记录。

（6）安全生产教育

现场是否制定了安全生产教育制度。是否有完整的安全生产教育记录。是否有较完整的施工人员（包括管理人员）三级教育记录卡。是否有较全面的有针对性的教育内容（实行一卡一考卷制）。是否有企业年度各层次的安全生产教育培训计划。

（7）施工班组班前安全活动

是否建立了施工班组班前安全活动制度。班前安全活动是否认真进行，并记录是否齐全。每周班组安全活动、讲评记录是否认真、齐全。

（8）特种作业人员持证上岗

安全员及特种作业人员名册表是否齐全，其中安全员、电工是否持有劳动部门颁发的操作证、市建委颁发的上岗证。经企业培训合格后的中小型机械作业人员名册是否齐全。所有原始证件的复印件是否装订成册，并一一对应。

（9）事故报表、档案

是否建立了施工现场（工地）伤亡事故月报表。发生因工伤亡事故，是否按有关规定上报和调查处理，并建立了伤亡事故档案。

（10）现场绘制的安全标志布置总平面图是否清晰明了，是否标明各安全标志的所在位置和部位，并随着工程的变化不断修正，做到图标和现场实际相符。

2. 施工现场的安全监理

在各分部、分项工程中，必须遵循已批准的施工组织设计及合同规定的规范、规程，并根据规范要求制定相应的安全技术措施，也确保了在施工过程中的人的安全以及环境（相邻构筑物及管线）的安全。这些安全技术措施既作为施工单位安排施工、进行安全交底的依据，也可作为监理检查、督促的依据。

如遇到下列情况，安全监理工程师可下达"监理工程师通知单"，情节严重时应及时报告总监理工程师，由总监理工程师签发"工程暂停令"：

（1）施工中出现安全异常，经监理人员提出后，施工单位未采取改进措施或改进措施不合乎要求时；

（2）对已发生的工程事故未进行有效处理仍继续作业时；

（3）安全措施未经自检而擅自施工时；

（4）擅自变更设计进行施工时；

（5）使用没有合格证明的材料或擅自替换、变更工程材料时；

（6）未经安全资质审查的分包单位的施工人员进入现场施工时。

总之，施工阶段的安全监理，根据国家标准和行业规范，主要采用抽检、巡视、旁站和全面检查形式，对工程实施全面、动态的安全监控，并采用"单位分部、分项工程安全监理工作计划系统表"、"安全监理月报表"、"安全监理指令书"、"工程事故报告单"等方式及时报告建设单位，以实现施工全过程的安全生产。

四、竣工阶段的安全监理

本阶段主要是在工程竣工或分项竣工后，对尚未完成的工程项目进行安全监理和对本工程缺陷的修补、修复及重建过程中所进行的安全监理，同时在本阶段拟写安全监理总结报告，也称最终报告，这是对安全监理工程师及其所有人员执行合同过程中所作的全部工作概括和总结。安全监理总结报告应包括：合同执行情况、伤亡事故情况、解决主要事故隐患情况以及对本工程项目及承包商的综合安全评价等内容。

第三节 安全与文明施工监理流程与检查要点

一、施工安全监理工作流程与目标值

（一）安全监理工作流程

安全监理工作应该遵循一定的流程，一般安全监理工作流程如图3-1所示。

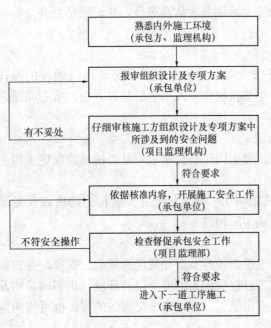

图3-1 安全监理工作流程图

（二）安全监理工作的控制要点及目标值

督促施工单位认真落实安全管理工作，做到责任明确，项目监理部负责安全的专业监理工程师组织核查。

1. 安全生产责任制监理核查要点

（1）督促施工企业和项目经理部必须建立健全各级、各职能部门及各类人员的安全生产责任制，装订成册，其中项目经理部管理人员安全生产责任制还应挂墙明示。

（2）总分包单位之间、企业和项目经理部应签订安全生产目标责任书。工程各项经济承包合同中必须有明确的安全生产指标。安全生产目标责任书中必须有明确的安全生产指标、针对性的安全保证措施、双方责任及奖惩办法。

（3）施工现场各工种安全技术操作规程齐全，装订成册。

（4）设置专职安全员。组成安全管理组，负责管理安全生产工作。

（5）建立企业和项目经理部各级、各部门和各类人员安全生产责任考核制度，考核应有书面记录。企业一级部门、人员和项目经理安全生产责任制由企业安全管理部门每半年考核一次，项目经理部其他管理人员和各班组长安全生产责任制由项目经理部每季度考核一次。

2. 目标管理监理核查要点

（1）施工现场必须实行安全生产目标管理，工程开工前应制定总的安全管理目标，包括伤亡事故指标、安全达标和文明施工目标以及采取的安全措施。

（2）经理部与施工管理人员和班组、班组与职工必须签订安全目标责任书，以责任书的形式把工地总的安全管理目标按照各自职责逐级分解。项目经理部制定安全目标现任考核规定，责任到人，每月考核记录在册。

（3）项目经理部各级签订的安全目标责任书内容应明确安全生产指标、双方责任、工作措施和考核及奖惩内容。

3. 施工组织设计及各项方案中有关安全工作监理核查要点

（1）核查施工企业在编制施工组织设计（施工方案）时，是否根据工程的施工工艺和施工方法，编写较全面、具体、钟对性强的安全技术措施。

（2）本工程中专业性较强的项目，如打桩、基坑支护与土方开挖、支拆模板、脚手架、临时施工用电、塔吊、卸料平台等有否编制专项安全施工组织设计。

（3）安全技术措施和专项安全施工组织设计内容要有针对性，根据工程实际编写，能有效地

指导施工。

(4) 施工组织设计和专项安全施工组织设计必须由专业技术人员编制，经企业技术负责人审查批准，签名盖章后方可实施。

(5) 根据施工组织设计组织施工，严格督促落实安全措施。施工过程中更改方案的，必须经原审批人员同意并形成书面方案。

4. 分部（分项）工程安全技术交底核查要点

(1) 有否建立安全技术交底制度。安全技术交底必须与下达施工任务同时进行。各工种各分部（分项）工程安全技术交底，固定作业场所的工种可定期交底，非固定作业场所的工种可按每一分部（分项）工程或定期进行交底。新进场班组必须先进行安全技术交底再上岗。

(2) 施工方安全技术交底内容应包括工作场所的安全防护设施、安全操作规程、安全注意事项等，既要做到有针对性，又要简单明了。

(3) 安全技术交底必须以书面的形式进行，双方履行签字手续。

5. 安全检查监理督促要点

(1) 施工企业和项目经理部必须建立定期安全检查制度，明确检查方式、时间、内容和整改、处罚措施等内容，特别要明确工程安全防范的重点部位和危险岗位的检查方式和方法。检查次数：公司每月不少于一次，项目每半月不少于一次，班组每星期不少于一次。

(2) 各种安全检查（包括被检）做到每次有记录。对查出的事故隐患应做到定人、定时、定措施进行整改，并要有复查情况记录。被检的必须如期整改并上报检查部门，现场应有整改回执单。

(3) 对重大事故隐患的整改必须如期完成，并上报监理企业和有关部门。

6. 安全教育核查要点

(1) 企业和施工现场所建立的安全培训教育制度和档案有否明确教育岗位、教育人员、教育内容。

(2) 现场职工安全教育卡。新进场工人须进行公司（15学时）、项目经理部（15学时）、班组（20学时）的"三级"安全教育，经考核合格后才能进入操作岗位。

(3) 安全教育内容必须具体，有针对性。

(4) 企业待岗、转岗、换岗的职工，在重新上岗前，必须接受一次安全培训，时间不少于20学时，其中变换工种的，进行新工种的安全教育。

(5) 每年度接受安全培训，法定代表人、项目经理培训时间不得少于30学时，专职安全管理人员不少于40学时，特种作业人员不少于20学时，可由企业组织或工程所在地建设行政主管部门组织培训；其他管理人员不少于20学时，一、二级企业可自行组织培训，三、四级企业需委托培训。

(6) 专职安全员必须持证上岗，企业进行年度培训考核，不合格者不得上岗。

7. 班前安全活动检查要点

(1) 施工现场应建立班组前安全活动制度。

(2) 班组应开展班前"三上岗"教育（上岗交底、上岗检查、上岗教育）和班后下岗检查，每月开展安全讲评活动。

(3) 班组班前活动检查、讲评活动等应有记录并有考核措施。

8. 特种作业持证上岗核查要点

(1) 施工现场必须按工程实际情况配备特种作业人员和中小型机械操作工，建立特种作业人员和中小型机械操作工花名册。

(2) 特种作业人员必须经有关部门培训，考核合格后持证上岗，操作证应按规定年限复审，不得超期使用。

(3) 中小型机械操作经培训考核合格后持证上岗，一、二级企业可自行组织培训，三、四级企业应委托培训，考核发证工作由各级建设行政主管部门负责实施。

(4) 特种作业人员变换工作单位的，必须有调动手续，与用人单位签订聘用合同。

9. 工伤事故处理核查要点

(1) 施工现场工伤事故定期报告制度和记录。建立事故档案，每月要填说明，伤亡事故报表由公司安全管理部门盖章认可。

(2) 发生伤亡事必须按规定进行报告，并认真接"四不放过"（事故原因调查不清不放过、事故责任不明不放过，事故责任者和群众未受到教育不放过，防范措施未落实不放过）的原则进行调查处理。

10. 施工标志核查要点

(1) 施工现场应有安全标志布置平面图。

(2) 安全标志应按图挂设，特别是主要施工部位、作业点和危险区域及主要通道口均应挂设相关的安全标志。

(3) 施工机械设备应随机挂设安全操作规程牌。

(4) 各种安全标志应符合国家《安全标志》GB 2894—82 的规定，制作美观、统一。

二、安全与文明施工检查要点

（一）现场围挡检查要点

1. 施工现场必须实行封闭施工，沿工地四周连续设置围挡。围挡材料要求坚固、稳定、统一、整洁、美观，须用硬质材料，如砖块或空心砖或彩钢板等，不得采用彩条布、竹篱笆。采用砖块和空心砖作围挡材料的要求压顶，美化墙面。

2. 工程围挡高度不低于 1.8m。

（二）封闭管理检查要点

1. 施工现场必须实行封闭管理，设置进出门口大门。制定门卫制度，严格执行外来人员进场登记制度，门卫值班室应设在进出大门的一侧。

2. 门头应有企业的"形象标志"，大门宜采用硬质材料，力求美观、大方并能上锁，不得采用竹篱笆片等易损、易破材料。

3. 进入施工现场所有工作人员必须佩带工作卡。

（三）施工场地检查要点

1. 施工现场应积极推行地坪施工，作业区生活区主干道地面必须用一定厚度的混凝土硬化，场区其他次道路地面应硬化处理。

2. 施工现场道路畅通、平坦、整洁，无散落物。

3. 施工现场设置排水系统，排水畅通，不积水。

4. 严禁泥浆、污水、废水外流或堵塞下水道和排水道河道。

5. 施工现场适当地方设置吸烟处，作业区内禁止随意吸烟。

6. 积极美化施工现场环境，根据季节变化，适当进行绿化布置。

（四）材料堆放检查要点

1. 建筑材料、构件、料具必须按施工现场总平面布置图堆放，布置合理。

2. 建筑材料、构配件及其他料具等必须做到安全、整齐堆放（存放），不得超高。堆料分门别类，悬挂标牌，标牌应统一制作，标明名称、品种、规格数量等。

3. 建立材料收发管理制度，仓库、工具间材料堆放整齐，易燃易爆物品分类堆放，专人负责，确保安全。

4. 施工现场建立清扫制度，落实到人，做到工完料尽、场地清，车辆进出场应有防泥带出的措施。建筑垃圾及时清运，临时存放现场的也应集中堆放整齐、悬挂标牌。不用施工机具和设备应及时出场。

（五）现场住宿检查要点

1. 施工现场根据作业需要设置职工宿舍。宿舍应集中统一布置，严禁在厨房、从业区内住人。

2. 施工现场作业区与办公、生活区必须明显划分，确因场地狭窄不能划分的，要有可靠的隔离栏护措施。

3. 宿舍内应有保暖、消暑、防煤气中毒、防蚊虫等措施。

4. 宿舍应确保主体结构安全，设施完好，禁止用钢管、毛竹及竹片等搭设的简易工棚宿舍，活动房搭设不宜过2层。

5. 宿舍建立室长卫生管理制度，且和宿舍人员名单一起上墙。宿舍内宜设置统一床铺和储物柜，室内保持通风、整洁，生活用品整齐堆放，禁止摆放作业工具。

6. 宿舍内（包括值班室）严禁使用煤气灶、煤油炉、电饭煲、热得快、电炒锅、电炉等器具。

7. 宿舍周围环境应保持整洁、安全。

（六）现场防火检查要点

1. 施工现场必须建立健全消防防火责任制和管理制度，并成立领导小组，配备足够、合适的消防器材及义务消防人员。

2. 施工现场必须有消防平面布置图。

3. 建筑物每层应配备消防设施，并应随层做消防水源管道（$DN50$ 立管，设加压泵，留消防水源接口），配备足够灭火器，放置位置正确、固定可靠。

4. 现场动用明火必须有审批手续和动火监护人员。

5. 易燃易爆物品堆放间、木工间、油漆间等重点防火部位要采取必要的消防安全措施，配备专用消防器材，并有专人负责。

（七）综合治理检查要点

1. 施工现场建立治安保卫责任制并落实到人，采取措施严防盗窃、斗殴、赌博等事件的发生。

2. 施工现场因地制宜，积极设置学习和娱乐场所，丰富职工业余生活，注重精神文明建设。

（八）施工现场标牌检查要点

1. 施工现场必须设有"五牌一图"，即工程概况、管理人员名单及监督电话牌、消防保卫（防火责任）牌、安全生产牌、文明施工牌和施工现场平面图。标牌规格统一、位置合理、字迹端正、线条清晰、表示明确。并固定在现场内主要进出口处，严禁将"五牌一图"挂在外脚手架上。

2. 施工现场应合理悬挂安全生产宣传和警示牌，标牌悬挂牢固可靠，特别是主要施工部位、作业点和危险区域以及主要通道口都必须有针对性地悬挂醒目的安全警示牌。

3. 施工现场应合理地设置宣传栏、读报栏，黑板报，营造安全气氛。

（九）生活设施检查要点

1. 施工现场应设置食堂和茶水棚（亭）。食堂应有良好的通风和洁卫措施，保持卫生整洁。

炊事员持健康证上岗，食堂内应功能分隔，特别是灶前灶后、仓储间、生熟食间应分开，积极使用燃油、电热灶具，不宜用柴灶。

2. 施工现场应设固定的男、女简易淋浴室和厕所，并要保持结构稳定、牢固和防风雨。厕所顶棚、墙面刷白，高1.5m墙裙、便槽应贴面砖，地面用水泥砂浆或地砖，宜采用水冲式，并实行专人管理，及时清扫，保持整洁；要有灭蚊和防止蚊蝇孳生措施，高层建筑应每层设置便溺设施，多层建筑应每两层设置，便溺设施应尽量做到文明，现场严禁随地大小便。

3. 建立现场卫生责任制，设卫生保洁员，生活垃圾必须盛放在容器内并做到及时清理。

（十）保健急救检查要点

1. 施工现场必须有保健药箱（箱内配备一些工地常用的药品）和急救器材。

2. 施工现场配备的急救人员必须经卫生部门培训，应掌握常用的"人工呼吸"、"固定绑扎"、"止血"等急救措施，并会使用简单的急救器材。

3. 施工现场应经常性地开展卫生防病宣传教育，并做好记录。

（十一）社区服务检查要点

1. 遵守国家有关劳动和环境保护的法律法规，有效地控制粉尘、噪声、固体废弃物、泥浆、施工照明等对环境的污染和危害。

2. 制定落实爱民制度和不扰民措施。

3. 施工现场禁止焚烧有毒、有害物质。

4. 夜间施工应按规定办理有关手续。

第四节　施工验收阶段安全监理资料汇总管理

1. 施工安全监理资料是建设工程施工项目监理资料的组成部分，施工安全监理资料的管理原则、管理制度、管理方法、管理要求与建设工程项目质量监理资料的管理是一致的。

2. 施工安全监理工作仍处于起步阶段，尚未形成完整的资料目录和施工安全监理表式，有待通过实践逐步探索整理出施工阶段项目监理机构施工安全监理资料台账。目录，台账目录见表3-1。对于市政、园林、安装等专业工程的施工安全监理资料目录，可结合各专业实际另行制定。

项目机构安全监理资料台账目录表　　　　　表3-1

序号	台账目录	序号	台账目录
一	项目安全监理体系管理资料	3	现场配置的安全检测仪器工具清单
1	项目委托安全监理合同（协议）	4	上级公司有关安全监理工作的政策文件
2	安全监理人员名册、岗位职责		
3	安全监理培训证书、岗位证件	三	项目安全监理策划文件资料
4	安全监理工作制度	1	项目安全监理方案、规划（含危险源清单）
5	项目安全监理工作总结	2	安全监理实施细则
二	安全监理工作资源资料	四	项目安全监理工作记录资料
1	现行安全监理相关法规及支持性文件	1	安全技术措施和专项施工方案审批表
2	现行有关工程建设安全技术规范标准	2	分包单位、特种作业人员安全资格是审批表

续表

序号	台账目录	序号	台账目录
3	安全技术交底检查表	3	项目施工现场安全检查记录
4	安全监理巡视旁站记录表	4	有关各方往来函件
5	安全监理工程师通知单	5	安全监督部门下发的整改通知单、处罚单
6	安全监理整改复查记录	6	安全事故分析处理资料
7	安全监理日记		
8	安全监理暂停施工令	六	项目安全监理外部资料
9	安全监理复工通知单	1	建设单位施工安全协议书
10	施工机械、施工安全设施验收核查表	2	施工项目经理部安全管理人员名册及安全资格证件
11	安全监理月报资料	3	分包单位、安全资格、特种作业人员上岗证
		4	安全技术措施、专项施工方案、应急救援方案
五	安全监理会议记录、往来函件	5	重大危险源安全技术交底记录
1	项目安全监理会议记录	6	施工现场动火许可资料等
2	项目安全监理工作报告		

3. 施工安全监理日记是施工安全监理人员每天必须记录的原始资料，内容主要有：当天施工现场危险源的安全状况，施工安全监理人员发现的安全隐患情况和采取的监理措施，以及处理结果，施工安全监理日记应由总监理工程师审阅。

4. 施工安全监理资料必须真实、完整并及时汇总。

5. 提倡使用数字技术及音像手段及时记录施工现场安全生产的重要情况，记录施工危险源的安全隐患，并结合施工安全监理月报进行情况摘编，及时传达现场安全管理的动态。

第四章 市政工程投资控制

第一节 概 述

一、市政工程投资的定义

市政工程总投资，一般是指对某项工程进行建设所花费的全部费用，它包括建设投资和铺底流动资金。铺底流动资金为生产性工程，建设时需要，其作用是保证项目建成后能进行正常的生产和经营。非生产性工程建设则不需要铺底流动资金。建设投资由设备工器具购置费、建筑安装工程费、工程建设其他费、预备费（包括基本预备费和涨价预备费）、建设期贷款利息和固定资产投资方向调节税（目前暂停征）组成。

二、市政工程投资的特点

市政工程投资除具备一切商品价格的共同特点以外，又有其自身的特点。第一，投资数额巨大，动辄上千万，甚至数十亿，更大的达到了成百上千亿人民币；第二，每一项目投资需单独计算，这是由于项目用途、要求、环境、地域的差异性所决定的；第三，市政工程投资依据复杂，在不同的建设阶段有不同的确定依据，如预算定额、概算定额、估算指标等。在不同的区域有不同的人工、材料、机械单价和定额；第四，市政工程投资确定层次较多，可分别计算分项工程投资，如土、石方路基、基坑开挖等；计算子分部工程投资，如沥青混合料面层、灌注桩、钢梁工程等，计算分部工程投资，如路基、基层、面层等工程；计算单位工程投资，单项工程投资，最后形成市政工程投资；第五，市政工程投资的动态变化，由于工程建设周期较长，各种不可预见变化因素的存在，如工程变更、人工、材料、设备、价格变化等使建设工程投资在整个建设期内都不能完全固定，需要随时进行动态跟踪、调整，只有到工程竣工决算后才能真正形成市政工程投资。

三、市政工程投资控制的概念

所谓市政工程投资控制，就是在建设项目投资决策阶段、设计阶段、发包阶段和施工阶段及竣工阶段，把建设工程投资控制在批准的投资限额以内。随时纠正发生的偏差，以保证项目投资管理目标的实现，力求在建设工程中能合理使用人力、物力、财力，取得较好的投资效益和社会效益。

四、市政工程投资控制原理

投资控制原理如图 4-1 所示，首先设置工程建设计划投资目标，然后收集工程进展中的实际投资支出，再比较计划值与投资实际值。若无偏差则投资控制属于正常范筹，继续按计划进行工作；若有偏差，则应分析产生偏差的原因，采取纠偏措施，落实到下一步的工作中。如此反复循环，达到主动、动态的控制。

五、市政工程投资控制的任务

投资控制贯穿于工程建设的各个阶段，不同阶段有着不同的任务。

1. 建设前期阶段：进行工程项目的机会研究、初步可行性研究、编制项目建议书、进行可行性研究、对拟建项目进行市场调查和预测，编制投资估算，进行环境影响评价、财务评价、国民经济评价和社会评价。

2. 工程设计阶段：协助业主提出设计要求或设计指标，组织设计方案竞赛或设计招标，用

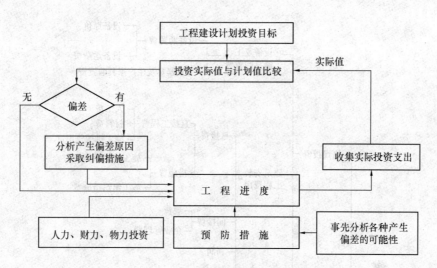

图 4-1 市政工程投资控制原理图

技术经济的方法组织评选设计方案；协助设计单位开展限额设计工作，编制本阶段资金使用计划，并进行付款控制，进行设计挖潜，用价值工程等方法对设计进行技术经济分析、比较、论证，在保证功能的前提下进一步寻找节约投资的可能性。审查设计概预算，尽量使概算不超估算，预算不超概算。

3. 施工招标阶段：准备与发送招标文件，编制工程量清单和招标工程标底，协助评审投标书，提出评标建议，协助业主与承包单位签订承包合同。

4. 施工阶段：依据施工合同有关条款、施工图，对工程项目造价目标进行风险分析，并制定防范性对策，从造价、项目的功能要求、质量和工期方面审查工程变更的方案，并在工程变更实施前与建设单位、承包单位协商确定工程变更的价款。按施工合同约定的工程量计算规则和支付条款进行工程量计算和工程款支付；建立月完成工程量和工作量统计表，对实际完成量与计划完成量进行比较、分析，制定调整措施；收集、整理有关的施工和监理资料，为处理费用索赔提供证据；按施工合同的有关规定进行竣工结算，对竣工结算的价款与建设单位和承包单位进行协商。

六、市政工程投资的构成

我国现行建设工程投资构成如图 4-2 所示。

1. 人工费是指直接从事建筑安装工程施工的生产工人开支的各项费用，包括基本工资、工资性补贴、辅助工资、福利费和劳动保护费。

2. 材料费是指施工过程中耗用的构成工程实体的原材料、辅助材料、构配件、零件、半成品的费用，包括材料原价、材料运杂费、运输损耗费、采购及保管费、检验试验费。

3. 施工机械使用费是指使用施工机械作业所发生的机械使用费以及机械安拆和场外运输费，包括折旧费、大修理费、经常修理费、安拆费及场外运费、人工费、燃料动力费、养路费及车船使用税等。

4. 措施费是指为完成工程项目施工，发生于该工程施工前和施工过程中非工程实体项目的费用，由施工技术措施费和施工组织措施费组成。措施费因企业不同、工程不同、施工方案不同而不同，在实施过程中可能发生也可能不发生，需根据具体情况加以确定。一般施工技术措施费包括大型机械设备进出场及安拆费、混凝土、钢筋混凝土模板及支架费、脚手架费、施工排水降水费、垂直运输费、其他施工技术措施费；施工组织措施费包括环境保护费、文明施工费、安全

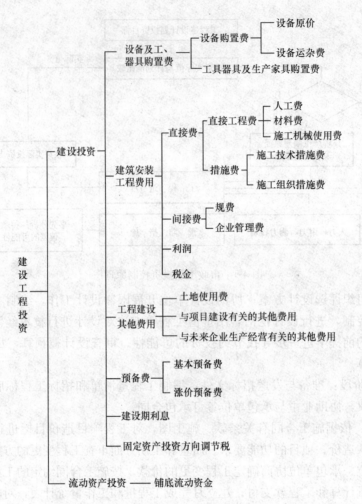

图 4-2 市政工程投资的构成

施工费、临时设施费、夜间施工增加费、缩短工期增加费、二次搬运费、已完工程及设备保护费、其他施工组织措施费。

5. 规费是施工企业按政府有关部门规定必须缴纳的费用，包括工程排污费、工程定额测定费、社会保障费（养老保险费、失业保险费、医疗保险费）、住房公积金、危险作业意外伤害保险等。

6. 企业管理费是指建筑安装企业组织施工生产和经营管理所需的费用，包括管理人员工资、办公费、差旅交通费、固定资产使用费、工具用具使用费、劳动保险费、工会经费、职工教育经费、财产保险费、财务费、税金及其他。

7. 利润是指施工企业完成所承包工程获得的盈利。

8. 税金是指国家法律规定的应计入建筑工程造价内的营业税、城乡建设维护税、教育费附加及按本省规定应缴纳水利建设专项资金等。

七、工程量清单

在工程建设中，工程量清单扮演着一个非常重要的角色，无论是招标人的目标控制和风险管理，还是项目监理的现场监督，在很大程度上都依赖于工程量清单。

（一）工程量清单的概念

工程量清单是建设工程招标文件的重要组成部分，是指由建设工程招标人发出的，对招标工程的全部项目，按统一的工程量计算规则、项目划分编码和计量单位计算出的工程数量列出的表格。

工程量清单是招标文件的组成部分。一经中标且签订合同，即成为合同的组成部分，工程量清单的描述对象是拟建工程，其内容涉及清单项目的性质、数量等，并以表格为主要表现形式。

（二）工程量清单的作用

工程量清单是编制招标工程标底和投标报价的依据，也是支付工程进度款和竣工结算时调整工程量的依据。它供建设各方计价时使用，并为投标者提供一个公开、公平、公正的竞争环境，是评标、询标的基础，也为竣工时调整工程量、办理工程结算及工程索赔提供重要依据。

（三）工程量清单的内容

工程量清单的内容应全面、准确，以住房和城乡建设部颁发的《房屋建筑和市政基础设施工程招标文件范本》为依据，工程量清单主要包括工程量清单说明和工程量清单表两部分。

1. 工程量清单说明

工程量清单说明主要是招标人告知投标人拟招标工程的工程量清单的编制依据以及重要作用，清单中的工程量是招标人估算得出的，仅仅作为投标报价的基础，结算时的工程量应以招标人或由其授权委托的监理工程师核准的实际完成量为依据，提示投标申请人重视清单，以及如何使用清单。

2. 工程量清单表

工程量清单表作为清单项目和工程数量的载体，是工程量清单的重要组成部分，见表4-1。

工 程 量 清 单 表　　　　表 4-1

（招标工程项目名称）工程　　　　　　　　　　　　　　　　共＿＿页　第＿＿页

序号	编号	项目名称	计量单位	工程量
1	2	3	4	5
一		（分部工程名称）		
1		（分项工程名称）		
2				
...				
二		（分部工程名称）		
1		（分项工程名称）		
2				
...				

合理的清单项目设置和准确的工程数量是清单的前提和基础。对于招标人来讲，工程量清单表是进行投资控制的前提和基础，工程量清单表编制的质量直接关系和影响到工程建设的最终结果。在工程量清单表中，完成清单项目设置后，应根据图纸，按照国家统一的建筑、安装、市政工程量计算规则计算各清单项目的工程量。

（四）清单工程量的计算

工程量是工程量清单表中各个项目名称所对应的工程数量，是工程量清单的核心内容。工程量的计算是工程量清单编制中工作量最大的工作，且需细致、熟练，计算结果应当准确，能实事求是地反映工程实物状态、内容和数量，以作为编制标底价格、投标报价等的基础依据。

工程量计算的依据是质量合格证书、设计图纸和工程量计算规则。工程量必须按照施工图纸

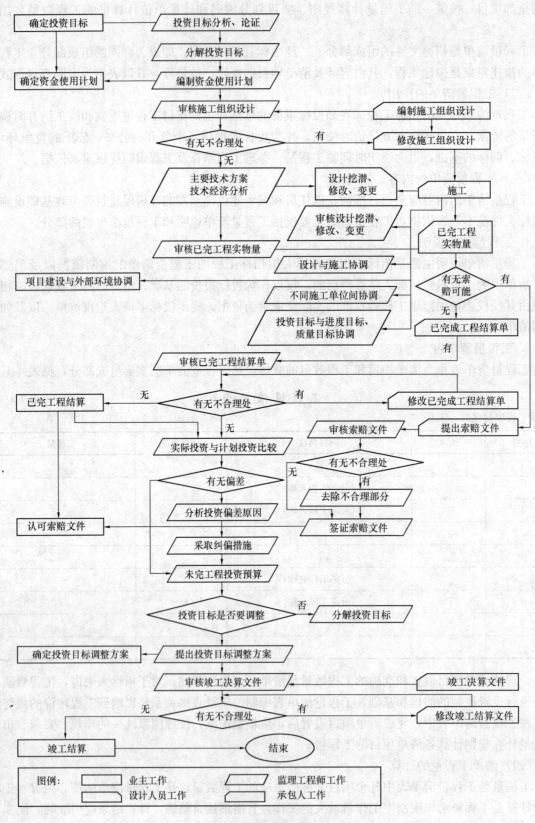

图 4-3 施工阶段投资控制工作流程图

的设计尺寸和内容，同时遵守合同规定的工程量计算规则进行计算，准确无误地计算出分部分项工程的工程量，需要全面理解设计图纸表示的工程内容，熟悉和掌握工程量计算规则。工程量清单编制完成后，招标人将其作为招标文件的组成部分，随招标文件一同发放，投标人即可根据该清单，按照招标文件中提供的投标文件商务部分格式要求编制投标报价。

（五）清单报价法

1. 采用工料单价投标报价的，工程量清单中所填入的单价和合价，应按照现行工程定额的人工、材料、机械台班消耗量标准以及相应的人工、材料、机械台班价格来确定，作为直接费计算的基础。其他直接费、现场经费、间接费、利润、现场因素费用、施工技术措施费、所测算的风险金、按有关规定应计的调价、税金等按现行规定的方法计取，计入其他相应的报价表中。

2. 采用综合单价投标报价的，工程量清单中所填入的单价和合价应包括人工费、材料费、机械费、其他直接费、现场经费、间接费、利润、税金、先行取费中的有关费用、按有关规定应计的调价、所测算的风险金等全部费用。

工程量清单中的每一个计价项目均需填写单价和合价，对没有填写单价和合价项目的费用，将被视为已包括在工程量清单的其他单价或合价之中。

八、市政工程投资控制工作流程

施工阶段投资控制工作流程见图4-3。

图中"□"者为监理工程师的工作内容，监理员在工程师的指令下，开展该工作的基础性的辅助性的工作，如对已完工程实物量的计量等。

第二节　投资控制的内容及方法

一、施工准备阶段

（一）了解情况

监理员进入现场后，通过不同方式迅速了解工程概况，了解该工程管理部门以及相关单位的组织机构和联系制度，并对工程的总包、分包施工单位的技术力量、中标条件、场地情况、临建布置等各方面都有所了解。阅读和细看招投标文件、施工合同、概（预）算书、施工图纸、施工技术方案（施工组织设计）等技术资料，协助监理工程师进行造价目标风险分析，并制定防范性对策。

这里特别要指出的是，在认真、仔细、详尽地研究施工合同、招投标文件等技术资料的同时，还要明确工程承包范围、合同类型、计价方法，如甲供材料以什么价格结算、如何退款、如何抵扣工程款。还要弄清楚开工、竣工时间，实际工期与合同工期是否一致，因为这涉及到索赔及材料结算价格及信息价的确定。

（二）掌握资料

认真阅读工程预算书，仔细看懂施工图纸是控制投资较重要的一关，是施工阶段对承包商进行工程付款和工程结算的准备工作和依据，对合理使用人力、物力和资金都起着积极的作用。监理员在阅读和细看过程中，实际也是配合监理工程师对预算书或施工图纸的再审查，同时也是对自身技术知识的检验。这就要求监理员对工作内容、工程量、原单价及经过换算综合单价的来龙去脉等要迅速了解。不仅要看懂，还要吃透，发现预算书或施工图纸中错处、漏处和不符合实际的情况，及时指出，以避免给施工过程投资控制增加不必要的难度。

（三）明确目标

根据施工图预算（概算）或合同价确定投资控制目标，并细分目标值。投资分解是投资控制

的前提，监理员可与监理工程师一起会同建设单位及承包方仔细论证分析，对预算（概算）价或合同价，按各阶段、各子项进行由粗到细逐层分解，直至分解到各子项目，比如将某工程的计划投资额如表 4-2 所示分解。

某工程的计划投资额分解表　　　　　　　　　　　　表 4-2

×××工程		总目标值（万元）
土建工程	打桩工程	分目标值（万元）
	基础及地下室工程	分目标值（万元）
	主体结构工程	分目标值（万元）
水、电、暖、卫工程		分目标值（万元）
装饰工程		分目标值（万元）
设备工程		分目标值（万元）
其他（含总包管理费）		分目标值（万元）

施工准备阶段的投资控制实际是事前控制，如表 4-3 所示。

事前控制的内容和方法　　　　　　　　　　　　表 4-3

	控制内容	方法
事前控制	确定投资控制目标，分析分目标值	协商、制表
	审查施工组织设计和技术措施费用	审核、分析
	细读施工合同、招投标文件	阅读、研究
	熟悉工程概况、预（概）算书	熟悉、掌握
	工程风险分析，制定防范索赔措施	预测、分析
	督促协助建设单位履行合同义务	建议、提醒

二、施工阶段

尽管在施工阶段节约投资的可能性已经很小，但浪费资金的可能性却很大，故对该阶段的投资控制要引起足够的重视。

施工阶段投资控制的目的是在保证工程质量的前提下，合理使用资金，使工程款不能无故流失，也不能提前支付，从而促使加快工程进度。

施工阶段投资控制的依据是施工合同、招投标文件、预算书、工程变更联系单，有关定额、材料信息价等。

（一）进度款的控制

进度款的计量支付控制是施工阶段投资控制的中心工作，必须严格控制，认真审核。我国目前普遍的结算方式为按月付款，每月下旬由施工单位报给监理方上月实际完成工程量及付款申请，监理员接到申请，协助专业监理工程师，对上报工程质量确认合格后可进行现场计量，再对照原招投标书、施工合同、预算书等有关技术资料逐项审核工程量清单和工程款支付申请表。进度款经总监理工程师签字审定并报建设单位审批支付，同时监理方对每次进度款均应按台账统一登记，以避免多报、重报。在这里监理员要掌握好工程价款支付比例，施工期间，不论工期长短，其工程价款结算一般不得超过承包合同总价值的 95%（其中包括已审批的工程变更、联系单调整费用），其余 5% 作为质量保证金，按合同规定等工程竣工验收合格、保修期结束后清算。

（二）工程变更联系单的控制

在施工过程中，工程变更是经常发生的。工程变更联系单是施工单位的重要经济来源，也是投资控制极易疏漏的地方，因为它不完全受投标书及合同价的影响，也不一定受预算书的控制。工程变更越频繁，联系单亦越多，工程量就越容易混乱，工程造价不知不觉地会随着上升，各方面的矛盾也因此而生成。如：工程量无限增加，变更后的造价未扣除原施工图纸中的工程量；提高原材料价格；定额往高套等。故对工程变更联系单控制的主要方法是：严格按规定核实工程量，按照施工合同有关规定及近期信息价审核单价，及时调整工程量和单价，并进行正确无误的增减。

其中需要注意对工程变更单价的调整，原则上应遵循合同中有适用于变更工程的价格，按合同已有的价格计算变更的合同价款；合同中有类似于变更情况的价格，可以此作为参照，确定价格变更合同价款；合同中没有类似和适用的价格，由承包方提出适当的变更价格，经监理工程师及建设单位批准后执行。特别对于以上第三种情况要慎重，即对于无价材料价格的确认，监理人员应及时了解市场价格，根据工程的实际情况及施工期间的市场行情，一般无价材料由建设单位、监理、施工三方协商确定，并由此形成会议纪要。对于某些项目取费不能解决的可题，三方一起走访定额站，以定额站的解释作为依据。

（三）公正、合理的处理索赔

我国目前绝大多数的索赔为承包商向建设单位的索赔，称施工索赔。由于工程建设涉及面广和本身的复杂性，往往不可避免地发生各种索赔和合同争议，这是施工过程中产生的正常现象。处理费用索赔的依据为：(1) 国家有关的法律、法规和工程项目所在地的地方法规；(2) 工程的施工合同文件；(3) 国家、部门和地方有关的标准、规范和定额；(4) 施工合同履行过程中与索赔事件有关的凭证。费用索赔的条件是：(1) 索赔事件造成了承包单位直接经济损失；(2) 索赔事件是由于非承包单位的责任发生的；(3) 承包单位已按照施工合同规定的期限和程序提出费用索赔申请表，并附有索赔凭证材料。监理员遇到索赔事件应及时报告监理工程师，并配合收集有关索赔资料及证据，协助总监理工程师以完全独立的身份，客观公正地审查索赔报告。

施工阶段的投资控制实际上是事中控制，如表4-4所示。

事中控制内容和方法　　　　　　　　　　　　表4-4

	控 制 内 容	方 法
事前控制	·严格工程计量，合理支付进度款	审核、计算
	·严格控制工程变更及费用签证	分析、审核、计量
	·掌握有关定额及市场材料信息价格	市场调查、提供信息
	·做好协调工作，力求减少索赔	熟悉合同、参加会议
	·建立工程量台账	制表、对比、分析

（四）建立月完成工程量和工作量统计表

建立统计表的目的是便于及时对实际完成量与计划完成量进行比较、分析，判定投资是否超差，如果超差则需进行原因分析，制定调整措施，并通过监理月报向建设单位报告。监理员应在工程开始后，按不同的施工合同根据月支付工程款分别建立台账。

第三节　市政工程计量

工程计量是指根据设计文件及承包合同中关于工程量计算的规定，项目监理机构对承包商申

报的已完成工程的工程量进行的校验。工程价款的结算，必须通过项目监理机构对已完成的工程量进行计量。经过项目监理机构计量所确定的数量是向承包商支付任何款项的凭证。计量不仅是控制项目投资支出的关键环节，同时也是约束承包商履行合同义务、强化承包商合同意识的手段。在施工过程中，项目监理机构可以通过计量支付手段，控制工程按合同进行。

一、工程计量的程序

（一）施工合同（示范文本）的约定程序

按照施工合同（示范文本）规定，工程计量的一般程序是：承包人应按专用条款约定的时间，向监理工程师提交已完工程量的报告，监理工程师接到报告7天内按设计图纸核实已完工程量，并在计量前24h通知承包人，承包人为计量提供便利条件并派人参加。承包人收到通知后不参加计量，计量结果有效，作为工程价款支付的依据。监理工程师收到承包人报告后7天内未进行计量，从第8天起，承包人报告中开列的工程量即视为已被确认，作为工程价款支付的依据。监理工程师不按约定时间通知承包人，使承包人不能参加计量，计量结果无效。对承包人超出设计图纸范围和因承包人原因造成返工的工程量，监理工程师不予计量。

（二）市政工程监理规范规定的程序

1. 承包单位统计经专业监理工程师质量验收合格的工程量，按施工合同的约定填报工程量清单和工程款支付申请表；

2. 专业监理工程师进行现场计量，按施工合同的约定审核工程量清单和工程款支付申请表，并报总监理工程师审定；

3. 总监理工程师签署工程款支付证书，并报建设单位。

二、工程计量的依据

计量依据一般有质量合格证书、工程量清单前言、技术规范中的计量支付条款和设计图纸，也就是说，计量时必须以这些资料为依据。

（一）质量合格证书

对于承包商已完的工程，并不是全部进行计量，而只是对质量达到合同标准的已完工程才予以计量。所以工程计量必须与质量监理紧密配合，经过专业监理工程师检验，工程质量达到合格的标准后，由专业监理工程师签署报验申请表（质量合格证书），只有质量合格的工程才予以计量。所以说质量监理是计量监理的基础，计量又是质量监理的保障，通过计量支付，强化承包商的质量意识。

（二）工程量清单前言和技术规范

工程量清单前言和技术规范是确定计量方法的依据。因为工程量清单前言和技术规范的"计量支付"条款规定了清单中每一项工程的计量方法，同时还规定了按规定的计量方法确定的单价所包括的工作内容和范围。

（三）设计图纸

单价合同以实际完成的工程量进行结算，但被工程师计量的工程数量，并不一定是承包商实际施工的数量。计量的几何尺寸要以设计图纸为依据，监理工程师对承包商超出设计图纸要求增加的工程量和自身原因造成返工的工程量，不予计量。例如：某桩基施工监理中，灌注桩的工程量支付条款中规定按照设计图纸以延米计量，其单价包括所有材料即施工的各项费用，根据这个规定，如果承包商做了35m，而桩的设计长度为30m，则只计量30m，业主按30m付款。承包商多做了5m灌注桩所消耗的钢筋及混凝土材料，业主不予补偿。而且由此造成混凝土凿除工程量增加，承包商还应给予费用赔偿。

三、工程计量的方法

监理员在监理工程师的指导下一般只对以下三个方面的工程项目进行计量：

1. 工程量清单中的全部项目；
2. 合同文件中规定的项目；
3. 经总监理工程师批准后实施的工程变更项目。

根据 FIDIC 合同条件的规定，一般可按照以下方法进行计量：

（一）均摊法

所谓均摊法，就是对清单中某些项目的合同价款，按合同工期平均计量。如：为监理工程师提供宿舍、保养测量设备、保养气象记录设备、维护工地清洁和整洁等。这些项目都有一个共同的特点，即每月均有发生。所以可以采用均摊法进行计量支付。例如：保养气象记录设备，每月发生的费用是相同的，如本项合同款额为 2000 元，合同工期为 20 个月，则每月计量、支付的款额为 2000 元/20 月＝100 元/月。

（二）凭据法

所谓凭据法，就是按照承包商提供的凭证进行计量支付。如建筑工程险保险费、第三方责任险保险费、履约保证金等项目，一般按凭据法进行计量支付。

（三）估价法

所谓估价法，就是按合同文件的规定，根据监理工程师估算的已完成的工程价值支付。如为监理工程师提供办公设施和生活设施，提供用车，提供测量设备、天气记录设备、通信设备等项目。这类清单项目往往要购买几种仪器设备，当承包商对于某一项清单项目中规定购买的仪器设备不能一次购进时，则需采用估价法进行计量支付。其计量过程如下：

1. 按照市场的物价情况，对清单中规定购置的仪器设备分别进行估价。
2. 按下式计量支付金额：

$$F = A \cdot B/D$$

式中　F——计算支付的金额；

　　　A——清单所列该项的合同金额；

　　　B——该项实际完成的金额（按估算价格计算）；

　　　D——该项全部仪器设备的总估算价格。

从上式可知：

（1）该项实际完成金额 B 必须按估算各种设备的价格计算，它与承包商购进的价格无关。

（2）估算的总价与合同工程量清单的款额无关。

当然，估价的款额与最终支付的款额无关，最终支付的款额总是合同清单中的款额。

（四）断面法

断面法主要用于取土坑或填筑路堤土方的计量。对于填筑土方工程，一般规定计量的体积为原地面线与设计断面所构成的体积。采用这种方法计量，承包商在开工前需测绘出原地形的断面，并需经监理工程师检查，作为计量的依据。

（五）图纸法

在工程量清单中，许多项目采取按照设计图纸所示的尺寸进行计量，如混凝土构筑物的体积、钻孔桩的桩长等。

（六）分解计量法

所谓分解计量法，就是将一个项目根据工序或部位分解为若干子项。对完成的各子项进行计量支付。这种计量的方法主要是为了解决一些包干项目或较大的工程项目的支付时间过长，影响

承包商的资金流动等问题。

四、工程量的计算

无论是进度款的控制还是工程变更联系单的控制，均离不开工程量及工程量的计算。工程量是施工阶段投资控制的第一手重要数据，它的准确与否直接影响投资的准确性。因此，监理员必须在工程量计算上狠下工夫，才能保证工程计量的准确无误，使投资控制达到预期的效果。监理员在工程计量计算中既要坚持计量的法规性与原则性，又要坚持合同的严肃性，维护建设单位及承包方正当的经济利益，熟悉工程量的计算步骤、计算方法、计算规则等。

（一）计算工程量一般按以下步骤进行：

1. 根据工程内容列出计算工程量分部分项工程名称；
2. 根据一定的计算顺序和计算规则列出计算式；
3. 根据施工图纸上的设计尺寸及有关数据代入计算式进行数值计算；
4. 对计算结果的计量单位进行调整，使之与定额中相应的分部分项工程的计量单位保持一致，以便和预算书对照。

（二）工程量的计算方法

计算工程量是施工阶段投资控制中难度和工作量都比较大的一道工序，计算方法正确与否，对于投资控制的准确性影响很大。因此，监理员要学会工程量计算方法，掌握其计算规则。应用统筹原理计算工程量具有速度快、数据准确等优点，对初学者来说也比较容易掌握。统筹计算工程量要点：

1. 统筹程序，合理安排

统筹程序就是要找出计算程序上的客观规律，从全局出发，合理安排，避免重复和遗漏。

2. 利用基数，连续计算

利用基数就是要找出项目之间的共同计算基数，并利用它们连续计算不同分期的工程量。

3. 一次算出，多次使用

把常用的和定型的构配件工程量和常用的工程量系数事先算出，并编制成手册，多次使用。

4. 联系实际，灵活机动

第四节　竣工监理档案资料目录

1. 付款报审与支付；
2. 月付款报审与支付；
3. 工程竣工决算审核意见书；
4. 费用索赔报告及审核。

第五章 市政工程进度控制

第一节 概 述

一、市政工程进度控制的概念

市政工程进度控制是指对工程项目建设各阶段的工作内容、工作程序、持续时间和衔接关系根据进度总目标及资源优化配置的原则，编制计划并付诸实施，然后在进度计划的实施过程中经常检查实际进度是否按计划要求进行，对出现的偏差情况进行分析，采取补救措施或调整、修改原计划后再付诸实施，如此循环，直到建设工程竣工验收交付使用。建设工程进度控制的最终目的是确保建设项目按预定的时间使用或提前交付使用，建设工程进度控制的总目标是建设工期。

由于在工程建设过程中存在着许多影响进度的因素，这些因素往往来自不同的部门和不同的时期，它们对市政工程进度产生着复杂的影响，因此，监理员必须事先对影响市政工程进度的各种因素进行调查分析，预测它们对建设工程进度的影响程度，协助监理工程师确定合理的进度控制目标，编制可行性的进度计划，使工程建设工作始终按计划进行。

但是，不管进度计划的周密程度如何，其毕竟是人们的主观设想，在实施过程中，必然会因为新情况的产生、各种干扰因素和风险因素的作用而发生变化，使人们难以执行原定的进度计划。为此，监理员必须掌握动态控制原理，在计划执行过程中不断检查建设工程实际进展情况，并将实际状况与计划安排进行对比，从中得出偏离计划的信息。然后在分析偏差及其产生原因的基础上，协助监理工程师通过采取组织、技术、经济、合同等措施，维持原计划，使之能正常实施。如果采取措施后不能维持原计划，则需要对原进度计划进行调整或修正，再按新的进度计划实施。这样在进度计划的执行过程中进行不断地检查和调整，以保证建设工程进度得到有效控制。

二、施工阶段进度控制的任务

1. 编制施工总进度计划，并控制其执行；
2. 编制单位工程施工进度计划，并控制其执行；
3. 编制工程年、季、月实施计划，并控制其执行。

三、影响工程进度的因素

由于建设工程具有规模庞大、工程结构与工艺技术复杂、建设周期长及相关单位多等特点，决定了建设工程进度将受到许多因素的影响。要想有效地控制建设工程进度，就必须对影响进度的有利因素和不利因素进行全面、细致的分析和预测。这样，一方面可以促进对有利因素的充分利用和对不利因素的妥善预防；另一方面也便于事先制定预防措施，事中采取有效对策，事后进行妥善补救，以缩小实际进度与计划进度的偏差，实现对建设工程进度的主动控制和动态控制。

影响建设工程进度的不利因素有很多，如：人为因素、技术因素、设备、材料构配件因素、机具因素、资金因素、水文、地质与气象因素以及其他自然与社会环境等方面的因素。其中，人为因素是最大的干扰因素。从产生的根源看，有的来源于建设单位及其上级主管部门；有的来源于勘察设计、施工及材料、设备供应单位；有的来源于建设单位本身。在工程建设过程中，常见的影响因素如下：

（一）业主因素

如业主使用要求改变而进行设计变更；应提供的施工场地条件不能及时提供或所提供的场地不能满足工程正常需要；不能及时向施工承包单位或材料供应商付款等。

（二）勘察因素

如勘察资料不准确，特别是地质资料错误或遗漏。

（三）设计因素

如设计内容不完善，规范应用不恰当，设计有缺陷或错误；设计对施工的可能性未考虑或考虑不周，施工图纸供应不及时、不配套，或出现重大差错等。

（四）施工因素

如施工工艺错误，不合理的施工方案；施工安全措施不当；不可靠技术的应用等。

（五）监理因素

如不及时审批有关技术方案，错误地下达指令等。

（六）自然环境因素

如复杂的工程地质条件；不明朗的水文气象条件；地下埋藏文物的保护、处理；洪水、地震、台风等不可抗力等。

（七）社会环境因素

如外单位临近工程施工干扰；节假日交通、市容整顿的限制；临时停水、停电、断路；以及所在国的法律及制度变化、经济制裁、战争、骚乱、罢工、企业倒闭等。

上述各种因素，均会造成工程建设项目工期的延长，其中由于施工方（承包商）自身的原因造成的工期延长，称为工程延误。由于施工方（承包商）自身以外的原因造成的工期的延长，称为工程延期。

工程延误的损失由承包商承担；工程延期的责任原则上由建设单位承担，有时也有责任方承担。

监理工程师应根据合同和具体情况，客观公正地区分工程延误与工程延期，合理地批准工程延期的时间。

四、进度计划常用技术表示方法

工程上进度计划常用技术表示方法有两种：

（一）横道图

它通过把计划绘制成横道图及相应的资源曲线，且在计划实施过程中，在横道图上记录实际进度的进展情况，并与原订计划进行对比、分析，找出偏差，及时分析原因，采取对策，纠正偏差。

1. 横道图的绘制

横道图是以横线条图形式编制的施工进度计划，它以流水作业理论为基础进行编制。其优点是：时间直观，搭接关系清楚，基本不用计算，绘图简便，修改调整方便。用横道图编制控制性项目施工进度计划具有更显著的适用性。

某流水作业计划横道图如图 5-1 所示。

施工过程	进度(天)										
	1	2	3	4	5	6	7	8	9	10	11
支 模		1			2		3				
扎 筋					1		2			3	
混凝土									1	2	3

图 5-1 某流水作业计划横道图

在横道图的表达方式中，左边按照施工的先后顺序自上而下列出各施工过程（或工程对象）的名称，右边是施工进度线，用水平线段在时间坐标下面画出工作的进度线，用来表达各施工过程在时间和空间的进展情况，进度线的长短表示了该工作的施工持续时间。在实际应用中，在图的下方尚可相应画出每天所需劳动力（或其他资源）的动态变化曲线。

2. 流水作业

流水作业就是将各施工对象依次连续地投入施工，各专业工作队在各施工对象上连续有节奏地工作，并作最大限度搭接展开施工方式。

流水作业保证了各工作组的工作和物资资源消耗具有连续性和均衡性；科学地利用了工作面，争取了时间，工期较短；工作队实现了专业化施工，可使工人的操作技术熟练，更好地保证工程质量，提高劳动生产率，比一般的搭接施工能更好地发扬依次施工与平行施工的优点。它是在专业分工、施工专业化和相互协调的基础上产生的高级组织形式。

3. 流水作业组织示例

某基础工程由基槽挖土、垫层、基础、砌基础墙、回填土等五个施工过程所组成。现分成两

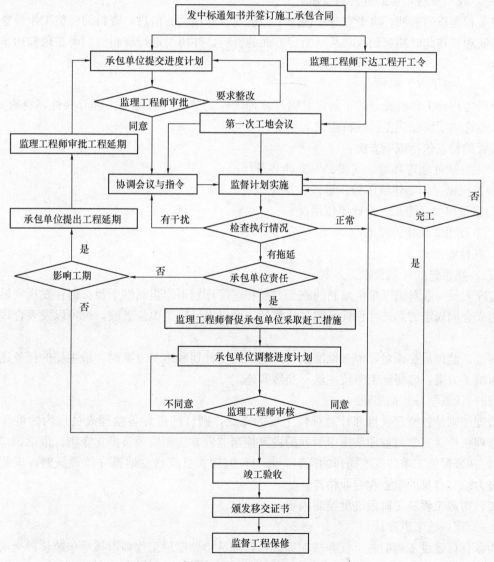

图 5-2　建设工程施工进度控制工作流程图

个施工段流水施工,每个施工过程,在各施工段的作业持续时间为 3 天,流水施工工期应为 18 天。

（二）网络图

建设工程进度计划用网络图来表示,可以使建设工程进度得到有效控制。网络计划技术是用于控制建设工程进度的最有效工具。无论是建设工程设计阶段的进度控制,还是施工阶段的进度控制,均可使用网络计划技术。具体内容参见全国监理工程师培训考试教材中建设工程进度控制。

五、建设工程进度控制工作流程

建设工程施工进度控制工作流程如图 5-2 所示。

第二节　市政工程进度控制内容及方法

一、市政工程准备阶段进度控制内容

（一）收集资料,协助进行调查研究

在工程建设的前期,为了充分掌握与工程进度目标相关的信息,资料的收集工作是繁复而琐碎的,监理员在此时期起到收集某一指定方面的资料,并协助进行资料的归类整理和初步分析的作用。

（二）详细了解工程特点

对所监理的工作有充分的了解,是做好监理工作的基础。而每个工程有共性,更有其个性,监理人员详细了解在建工程的特点尤为重要。

工程的特点包括以下方面：

1. 工程所处地理环境、气候、人文社会条件；
2. 工程概况,如建筑体量、形式、投资、用途等；
3. 建设单位、施工、设计单位情况；
4. 工程图纸及相关规范；
5. 其他特点。

（三）熟悉进度计划和施工方案

监理人员一般对施工单位编制的施工方案和进度计划不作强制性干预,但在发现明显不合理或与达成合同规定的总进度目标有明显违背处,可以提请施工单位更改,也可以发表合理的建设性意见。

不过,监理员在面对经审查批准执行的施工进度计划和施工方案时,最主要的任务还是熟悉计划和施工方案,监督施工单位一丝不苟地实施。

（四）认真学习监理细则

监理细则是各监理项目部针对具体工程的特点,制订的指导各监理人员行为的可操作性文件。监理员应认真学习监理细则中罗列的进度控制监理方法和监理员操作守则。俗话说"正人先正己",在督促施工单位规范操作的同时,每一位监理人员应自觉地遵守监理条例,规范监理行为,努力培养自身的敬业和专业精神。

二、市政工程施工阶段进度控制内容

（一）审核施工进度计划

为了保证建设工程的施工任务按期完成,监理员协助监理工程师审核承包单位提交的施工进度计划。

施工进度计划审核的主要内容有：

1. 进度安排是否符合工程项目建设总进度计划中总目标和分目标的要求，是否符合施工合同中开工、竣工日期的规定。

2. 施工总进度计划中的项目是否有遗漏，分期施工是否满足分批动用的需要和配套动用的要求。

3. 施工顺序的安排是否符合施工工艺的要求。

4. 劳动力、材料、构配件、设备及施工机具、水、电等生产要素的供应计划是否能保证施工进度计划的实现，供应是否均衡、需求高峰期是否有足够能力实现计划供应。

5. 总包、分包单位分别编制的各项单位工程施工进度计划之间是否相协调，专业分工与计划衔接是否明确合理。

6. 对于业主负责提供的施工条件（包括资金、施工图纸、施工场地、采供的物资等），在施工进度计划中安排得是否明确、合理，是否有造成因业主违约而导致工程延期和费用索赔的可能存在。

如果监理人员在审查施工进度计划的过程中发现的问题，应及时向承包单位提出书面修改意见（也称整改通知书），并协助承包单位修改，其中重大问题应及时向业主汇报。

应当说明，编制和实施施工进度计划是承包单位的责任。承包单位之所以将施工进度计划提交给监理工程师审查，是为了听取监理工程师的建设性意见。因此，监理工程师对施工进度计划的审查或批准，并不解除承包单位对施工进度计划的任何责任和义务。此外，对监理人员来讲，其审查施工进度计划的主要目的是为了防止承包单位计划不当，以及为承包单位保证实现合同规定的进度目标提供帮助。如果强制地干预承包单位的进度安排，或支配施工中所需要劳动力、设备和材料，将是一种错误行为。

尽管承包单位向监理工程师提交进度计划是为了听取建设性的意见，但施工进度计划一经监理工程师确认，即应当视为合同文件的一部分，它是以后处理承包单位提供的工程延期或费用索赔的一个重要依据。

（二）协助承包单位实施进度计划

监理人员要随时了解施工进度计划执行过程中所存在的问题，并帮助承包单位予以解决，特别是承包单位无力解决的内外关系协调问题。

（三）实施进度检查

在进度的事中控制中，其基础工作是监理员在现场定期或不定期地对施工进度计划的实际实施情况所作的认真检查和如实反映。

监理人员对工程进度的检查手段主要有：工程量测量、旁站（现场跟踪检查）和核查进度报表资料。前两种是外业手段，后一种是内业手段。

工程测量是指对施工方已完成的工程实物量进行现场计量、测算和确认，以证实施工方工程量报表的真实性。

旁站是监理工作的一种特殊手段，是指对工程重要部位、节点和工序的监理工作专人定岗。实施全过程、高密度的抽检监督，使之符合有关规范和要求的监理手段。对控制工程重要部位、节点和工序的质量有极明显的作用和效果。在进度控制工作中，旁站可以使监理方充分了解工程微观进程，人、料、机、工、法的具体投入。

核查资料主要目的是了解对照图纸的工程量完成及符合情况，以及承包商材料和机械设备投入情况和动态。

（四）发现偏差及原因

通过对比检查法，一般都能很容易地发现进度偏差。但在发现偏差的同时，更重要的是还必须调查研究、仔细分析产生进度偏差的原因。通常说来，原因分为主观原因（如承包商投入不足、工人怠工等等）和客观原因（如气候条件影响、机械设备意外损坏一时无法修复等）。

找出产生进度偏差的原因方能有针对性地采取有效的纠偏措施。

（五）采取有力的纠偏措施及计划调整

监理工程师在现场采取的纠偏措施包括：在现场严厉制止不符合施工方案、进度计划和施工正常程序的施工行为，在施工作业面就各工种、各工序的相互配合问题进行现场协调，在现场协调会上针对进度偏差提出意见和建议等。

通过检查分析，如果发现原有进度计划已不能适应实际情况时，为了确保进度控制目标的实现，或需要确定新的计划目标时，就必须对原有进度计划进行调整，以形成新的进度计划，作为进度控制的新依据。

施工进度计划的调整方法主要有两种：一是通过缩短某些工作的持续时间来缩短工期；二是通过改变某些工作间的逻辑关系来缩短工期。在实际工作中需根据具体情况选用上述方法进行进度计划的调整。

一般来说，不管采取哪种措施，都会增加费用。因此，在调整施工进度计划时，应利用费用优化的原理选择费用增加量最小的关键工作作为压缩对象。

（六）参加现场协调会

监理员协助监理工程师定期召开不同层级的现场协调会议，以解决工程施工过程中的相互协调配合问题。在每月召开的协调会上通报工程项目建设的重大变更事项，协商其后果处理。解决各个承包单位之间以及业主与承包单位之间的重大协调配合问题，在每月召开的管理层协调会上，通报各自的进度状况、存在的问题及下周的安排。解决施工中的相互协调、配合问题，通常包括：各承包单位之间的进度协调问题；工作面交接和阶段成品保护责任问题；场地与公用设施利用中的矛盾问题；某一方面断水、断电、断路、开挖要求对其他方面影响的协调问题以及资源保障、外部条件配合问题等。

在平行、交叉施工单位多，工序交接频繁且工期紧迫的情况下，现场协调会甚至需要每日召开，在会上通报和检查当天的工程进度，确定薄弱环节，部署当天的赶工任务，以便为次日正常施工创造条件。

对于某些未曾预料的突发变故或问题，由监理工程师发布紧急协调指令，督促施工单位采取应急措施，维护施工的正常程序。

（七）协助审批工程延期

造成工程进度款拖延的原因有两个方面，一是由于承包单位自身原因；一是由于承包单位以外的原因。前者所造成的进度拖延称为工程延期。

1. 工程延误。当出现工程延误时，监理工程师有权要求承包单位采取有效措施加快施工进度，如果经过一段时间后，实际进度没有明显改进，仍然拖后于计划进度，而且明显影响工程按期竣工时，监理工程师应要求承包单位修改进度计划，并提交给监理工程师重新确认。

2. 工程延期。如果由于承包单位以外的原因造成工期拖延，承包单位有权提出延长工期的申请。监理员协助监理工程师根据合同规定，审批工程延期时间。经监理工程师核实批准的工程延期时间，应纳入合同工期，作为合同工期的一部分。即新的合同工期应等于原定的合同工期加上监理工程师批准的工程延期时间。

监理工程师对于施工进度的拖延是否批准为工程延期，对承包单位和业主都十分重要。如果

承包单位得到监理工程师批准的工程延期，不仅可不赔偿由于工期延长需支付的误期损失费，而且还要由业主承担由于工期延长所增加的费用。因此，监理工程师应按照合同的有关规定，公正地区分工程延误和延期，并合理地批准工程延期时间。

（八）向业主提供进度报告

监理员应及时整理进度资料，并做好工程记录提交监理工程师，由监理工程师定期向业主提交工程进度报告。

（九）督促承包单位整理进度资料

监理员应根据工程进展情况，督促承包单位及时整理有关技术资料。

（十）配合签署工程竣工报验单、提交质量评估报告

当单位工程达到竣工验收条件后，承包单位在自行预检的基础上提交工程竣工报验单，申请竣工验收，监理员配合监理工程师对竣工资料及工程实体进行全面检查、验收，签署工程竣工报验单，并向业主提出质量评估报告。

（十一）整理工程进度资料

在工程完工以后，监理员协助监理工程师将工程进度资料收集起来，进行归类、编目和建挡，以便为今后在其他类似工程项目的进度控制提供参考。

三、市政工程施工进度控制方法

按进度控制的内容，工程进度控制的方法可分为规划、控制和协调。

（一）规划

根据工程项目的特点、项目执行者（承包人）的素质、监理工程师及组成人员的素质，结合项目的实际情况，规划工程项目总进度计划控制目标、重点工程进度计划控制目标以及年度进度控制目标等。

（二）控制

以控制循环理论为指导，充分发挥监理工程师、设计单位、承包人、建设单位等参与项目建设的各方面人员的主观能动性及积极性，对项目实施的全过程进行监控，通过比较计划进度和实际进度，发现偏差，及时查找原因，采取有效的纠偏措施，予以修改和调整，确保工程按期建成。

（三）协调

监理应充分发挥其作为"第三方"的特殊地位，及时处理和协调建设单位与项目执行者之间的关系，以便计划顺利进行。

第三节　竣工监理档案资料管理

建设工程监理文件档案资料管理，是建设工程信息管理的一项重要工作，它是监理工程师实施工程建设监理，进行目标控制的基础性工作。在监理组织机构中必须配备专门的人员负责监理文件和档案的收发、管理、保存工作。

一、建设工程监理文件档案管理的基本概念

（一）监理文件档案资料管理的基本概念

建设工程监理文件档案资料的管理，是指监理工程师受建设单位委托，在进行建设工程监理的工作期间，对建设工程实施过程中形成的与监理相关的文件和档案进行收集积累、加工整理、立卷归档和检索利用等一系列工作。建设工程监理文件档案资料管理的对象是监理文件档案资料，它们是工程建设监理信息的主要载体之一。

(二) 监理文件档案资料管理的意义

（1）对监理文件档案资料进行科学管理，可以为建设工程监理工作的顺利开展创造良好的前提条件。建设工程监理的主要任务是进行工程项目的目标控制，而控制的基础是信息。如果没有信息，监理工程师就无法实施有效的控制。在建设工程实施过程中产生的各种信息，经过收集、加工和传递，以监理文件档案资料的形式进行管理和保存，会成为有价值的监理信息资源，它是监理工程师进行建设工程目标控制的客观依据。

（2）对监理文件档案资料进行科学管理，可以极大地提高监理工作效率。监理文件档案资料经过系统、科学的整理归类，形成监理文件档案资料库，当监理工程师需要时，就能及时有针对性地提供完整的资料，从而迅速地解决监理工作中的问题。反之，如果文件档案资料分散管理，就会导致混乱，甚至散失，最终影响监理工程师的正确决策。

（3）对监理文件档案资料进行科学管理，可以对建设工程档案的归档提供可行保证。监理文件档案资料的管理，是把监理过程中各项工作中形成的全部文字、声像、图纸及报表等文件资料进行统一管理和保存，从而确保文件和档案资料的完整性。一方面，在项目建成竣工以后，监理工程师可将完整的监理资料移交建设单位，作为建设项目的工程监理档案；另一方面，完成的工程监理文件档案资料是建设工程监理单位具有重要历史价值的资料，监理工程师可从中获得宝贵的监理经验，有利于不断提高建设工程监理工作水平。

(三) 工程建设监理文件档案资料的传递流程

项目监理部的信息管理部门是专门负责建设工程项目信息管理工作的，其中包括监理文件档案资料的管理。因此，在工程全过程中形成的所有资料，都应统一归口传递到信息管理部门，进行集中加工、收发和管理。信息管理部门是监理文件文件档案资料传递渠道的中枢。

首先，在监理组织内部，所有文件档案资料都必须先送交信息管理部门，进行统一整理分类，归档保存，然后由信息管理部门根据总监理工程师或授权监理工程师的指令和监理工作的需要，分别将文件档案资料传递给有关的监理工程师。其次，在监理组织外部，在发送或接收建设单位、设计单位、施工单位、材料供应单位及其他单位的文件档案资料时，也应由信息管理部门负责进行，这样使所有的文件档案资料只有一个进出口通道，从而在组织上保证监理文件档案资料的有效管理。

文件档案资料的管理和保存，主要由信息管理部门中的资料管理人员负责。作为资料管理人员，必须熟悉各项监理业务，通过分析研究监理文件档案资料的特点和规律，对其进行系统、科学的管理，使其在建设工程监理工作中得到充分利用。除此之外，监理资料管理人员还应全面了解和掌握工程建设进展和监理工作开展的实际情况，结合对文件档案资料的整理分析，编写有关专题材料，对重要文件资料进行摘要综述，包括编写监理工作月报、工程建设周报等。

二、建设工程监理文件档案资料管理

建设工程监理文件档案资料管理的主要内容是：监理文件档案资料收、收文与登记；监理文件档案资料传阅；监理文件档案资料分类存放；监理文件档案资料归档、借阅、更改与作废。

(一) 监理文件和档案收文与登记

所有收文应在收文登记表上进行登记，应记录文件名称、文件摘要信息、文件的发放单位、文件编号以及收文日期，必要时应注明接收文件的具体时间，最后由项目监理部负责收文人员签字。

监理信息在有追溯性要求的情况下，应注意核查所填部分内容是否可追溯。如材料报审表中是否明确注明该材料所使用的具体部位，以及该材料质保证明的原件保存处等。

如不同类型的监理信息之间存在相互对照或追溯关系时（如监理工程师通知单和监理工程师

通知回复单），在分类存放的情况下，应在文件和记录上注明相关信息的编号和存放处。

资料管理人员应检查文件档案资料的各项内容填写和记录真实完整，签字认可人员应为符合相关规定的责任人员，并且不得以盖章和打印代替手写签认。文件档案资料以及存储介质质量应符合要求，所有文件档案必须使用符合档案归档要求的碳素墨水填写或打印生成，以适应长时间保存的要求。

有关工程建设照片及声像资料等应注明拍摄日期及所反映工程建设部位等摘要信息。收文登记后应交给项目总监或由其授权的监理工程师进行处理，重要文件内容应在监理日记中记录。

部分收文如涉及到建设单位的工程建设指令或设计单位的技术核定单以及其他重要文件，应将复印件在项目监理部专栏内予以公布。

（二）监理文件档案资料传阅与登记

由建设工程项目监理部总监理工程师或其授权的监理工程师确定文件、记录是否需传阅，如需传阅应确定传阅人员种类和范围，并注明在文件传阅纸上，随同文件和记录进行传阅。也可按文件传阅纸样式刻制方形图章，盖在文件空白处，代替文件传阅纸。每位传阅人员阅后应在文件传阅纸上签名，并且注明日期。文件和记录传阅期限不应超过该文件的处理期限。传阅完毕后，文件原件应交还信息管理人员归档。

（三）监理文件资料发文与登记

发文由总监理工程师或其授权的监理工程师签名，并加盖项目监理部图章，对盖章工作应进行专项登记。如果是紧急处理的文件，应在文件首页标注"急件"字样。

发文应留有底稿，并附一份文件传阅纸，信息管理人员根据文件签发人指示确定文件责任人和相关传阅人员。文件传阅过程中，每位传阅人员阅后应签名并注明日期。发文的传阅期限不应超过其处理期限。重要文件的发文内容应在监理日记中予以记录。

项目监理部的信息管理人员应及时将发文原件归入相应的资料柜中，并在目录清单中予以记录。

（四）监理文件档案资料分类存放

监理文件档案经收/发文、登记和传阅工作程序后，必须使用科学的分类方法进行存放，这样既可满足项目实施过程查阅、求证的需要，又方便项目竣工后文件和档案的归档和移交。项目监理部应备有存放监理信息的专用资料柜和用于监理信息分类归档存放的专用资料夹。在大中型项目中应采用计算机对监理信息进行辅助管理。

文件档案资料应保持清晰，不得随意涂改记录，保存过程中应保持记录介质的清洁和不破损。

项目建设过程中文件和档案的具体分类原则应根据工程特点制定，监理单位的技术管理部门可以明确本单位文件档案资料管理的框架性原则，以便统一管理并体现出特色。

（五）监理文件档案资料归档

监理文件档案资料归档内容、组卷方法以及监理档案的验收、移交和管理工作，应根据现行《建设工程监理规范》及《建设工程文件归档整理规范》并参考工程项目所在地区建设工程行政主管部门、建设监理行业主管部门、地方城市建设档案管理部门的规定执行。

对一些需连续产生的监理信息，如对其有统计要求，在归档过程中应对该类信息建立相关的统计汇总表格以便进行核查和统计，并及时发现错漏之处，从而保证该类监理信息的完整性。

监理文件档案资料的归档保存中应严格按照保存原件为主、复印件为辅和按照一定顺序归档的原则。如在监理实践中出现作废和遗失等情况，应明确地记录作废和遗失的原因、处理的过程。

如采用计算机对监理信息进行辅助管理的，当相关的文件和记录经相关责任人员签字确定、正式生效并已存入项目部相关资料夹中时，计算机管理人员应将储存在计算机中的相关文件和记录改变其文件属性为"只读"，并将保存的目录记录在书面文件上以便于进行查阅。在项目文件档案资料归档前不得将计算机中保存的有效文件和记录删除。

按照现行《建设工程文件归档整理规范》GB/T 5028—2001 监理文件有 10 大类 26 个，要求在不同的单位归档保存，现分述如下：

（1）监理规划
1）监理规划（建设单位长期保存，监理单位短期保存，送城建档案管理部门保存）；
2）监理实施细则（建设单位长期保存，监理单位短期保存，送城建档案管理部门保存）。

（2）监理月报中的有关质量问题（建设单位长期保存，监理单位长期保存，送城建档案管理部门保存）。

（3）监理会议纪要中的有关质量问题（建设单位长期保存，监理单位长期保存，送城建档案管理部门保存）。

（4）进度控制：
1）工程开工/复工审批表（建设单位长期保存，监理单位长期保存，送城建档案管理部门保存）；
2）工程开工/复工暂停令（建设单位长期保存，监理单位长期保存，送城建档案管理部门保存）。

（5）质量控制：
1）不合格的项目通知（建设单位长期保存，监理单位长期保存，送城建档案管理部门保存）；
2）质量事故报告及处理意见（建设单位长期保存，监理单位长期保存，送城建档案管理部门保存）。

（6）造价控制：
1）预付款报审与支付（建设单位短期保存）；
2）月付款报审与支付（建设单位短期保存）；
3）设计变更、洽商费用报审与签认（建设单位短期保存）；
4）工程竣工决算审核意见书（建设单位短期保存，送城建档案管理部门保存）。

（7）分包资质：
1）分包单位资质材料（建设单位长期保存）；
2）供货单位资质材料（建设单位长期保存）；
3）试验等单位资质材料（建设单位长期保存）。

（8）监理通知：
1）有关进度控制的监理通知（建设单位、监理单位长期保存）；
2）有关质量控制的监理通知（建设单位、监理单位长期保存）；
3）有关造价控制的监理通知（建设单位、监理单位长期保存）。

（9）合同与其他事项管理：
1）工程延期报告及审批（建设单位永久保存，监理单位长期保存，送城建档案管理部门保存）；
2）费用索赔报告及审批（建设单位、监理单位长期保存）；
3）合同争议、违约报告及处理意见（建设单位永久保存，监理单位长期保存，送城建档案

管理部门保存);

4) 合同变更材料(建设单位、监理单位长期保存,送城建档案管理部门保存)。

(10) 监理工作总结:

1) 专题总结(建设单位长期保存,监理单位短暂保存);

2) 月报总结(建设单位长期保存,监理单位短暂保存);

3) 工程竣工总结(建设单位、监理单位长期保存,送城建档案管理部门保存);

4) 质量评估报告(建设单位、监理单位长期保存,送城建档案管理部门保存)。

第二部分

市政工程资料编制范例

第六章 监理用表（A类 B类 C类表）

第一节 监理用表A类

A1

工程开工/复工报审表

工程名称：××工程　　　　　　　　　　　　　　　　　　　　　编号：

致：××监理公司　　　　（监理单位）
　　我方承担的　××　工程，已完成了以下各项工作，具备了开工/复工条件，特此申请施工，请核查并签发开工/复工指令。
附：1. 开工报告
　　2.（证明文件）
　　（1）建设工程施工许可证；（2）施工组织设计；（3）施工测量放射线；（4）现场主要管理人员和特殊工种人员资格证、上岗证；（5）现场管理人员、机具、施工人员进场；（6）工程主要材料已落实；（7）施工现场道路、水、电、通信等已达到开工条件。

　　　　　　　　　　　　　　　　　　　　　　　承包单位（章）××工程公司
　　　　　　　　　　　　　　　　　　　　　　　项目经理　　××
　　　　　　　　　　　　　　　　　　　　　　　日　　期　　

审查意见：
　　（1）经查《建设工程施工许可证》已办理；（2）施工现场主要管理人员和特殊工种人员资格证、上岗证符合要求；（3）施工组织设计已批准；（4）主要人员已进场，部分材料已落实；（5）施工现场道路、水、电、通信已达到开工要求。
　　综上所述，工程已符合开工条件，同意开工。

　　　　　　　　　　　　　　　　　　　　　　　项目监理机构××监理公司
　　　　　　　　　　　　　　　　　　　　　　　总监理工程师　　××
　　　　　　　　　　　　　　　　　　　　　　　日　　期　　

解析：1. 本表用于开工时，将表头中的"/复工"划掉。如整个项目一次开工，可只填一次。一般当一个项目有多个单位工程组成，应分别填写"工程开工报审表"，应当与建设工程质量报监的单位工程个数相呼应，有多少报监子项，就填多少张"工程开工报审表"。
　　2. 证明文件应能说明具备开工条件的相关资料，主要应有：（1）"三通一平"条件；（2）施工组织设计（方案）或施工施工项目管理规划已获得批准；（3）主要施工机具的到位率和完好率满足开工需要；（4）主要施工材料的进场和检验已完成，符合施工需要；（5）已建立施工质量保证体系和安全生产管理体系。
　　3. 本表也用于因各种原因导致的工程暂定的复工申请，此时应将"开工/"划掉。附1的"开工报告"应改为"复工报告"，附2的"证明材料"应有详尽的具备复工条件的相关资料，首先应列举工程暂停指令的编号及签发单位，当导致暂停的原因是危及结构安全或使用功能的话，整改完成后，应有建设单位、设计单位、监理单位各方共同认可的整改完成文件，其中"建设工程鉴定意见"必须由有资质的检测单位出具。
　　4. 本表用于被质监站查处而暂停的状况。整改完成后，首先应向质监站申报，待质监站批复后，再向监理机构申报。
　　5. 审核注意事项：（1）项目经理应当按照协议书约定的开工日期开工时。项目经理不能按时开工时，应当不迟于协议书约定的开工日期前7d，以书面形式向工程师提出延期开工的理由和要求。工程师应当在接到延期开工申请后的48h内以书面形式答复项目经理。工程师在接到延期开工申请后48h内不答复，视为同意项目经理的要求，工期相应顺延。工程师不同意延期要求或项目经理未在规定时间内提出延期开工要求，工期不予顺延；（2）因发包人原因不能按照协议书约定的开工日期开工时，工程师应以书面形式通知项目经理，推迟开工日期。发包人赔偿项目经理因延期开工造成的损失，并相应顺延工期。

A2

施工组织设计（方案）报审表

工程名称：××工程　　　　　　　　　　　　　　　　　　　　　编号：

致：××监理公司　　（监理单位）
　　我方已根据施工合同的有关规定完成了<u>××工程</u>工程施工组织设计（方案）的编制，并经我单位上级技术负责人审查批准，请予以审查。
附：施工组织设计（方案）

承包单位（章）××工程公司
项目经理＿＿＿＿＿＿
日　　期＿＿＿＿＿＿

专业监理工程师审查意见：
　　施工组织设计（方案）合理、可行、且审批手续齐全，拟同意承包单位按该施工组织设计（方案）组织施工，请总监理工程师审核。

专业监理工程师＿＿＿＿＿＿
日　　期＿＿＿＿＿＿

总监理工程师审核意见：
　　同意专业监理工程师审查意见，同意承包单位按该施工组织设计（方案）组织施工。

项目监理机构××监理公司
总监理工程师＿＿＿＿＿＿
日　　期＿＿＿＿＿＿

解析：1. 本表用于整个项目的施工组织设计（方案）或项目施工管理规划的报审，也用于单位工程的施工组织设计（方案）或项目施工管理规划的报审。
2. 在施工过程中，当承包单位对已批准的施工组织设计（方案）或项目施工管理规划进行调整、补充或变动时，应重新报审，也填写本表，在证明文件中应详细说明变更的理由和依据，应经专业监理工程师审查，并应由总监理工程师签认。
3. 100m² 以上的楼屋面支模方案也用本表报审。
4. 本表还用于对危及结构安全或使用功能的分项工程整改方案的报审，在证明文件中应有建设单位、设计单位、监理单位各方共同认可的书面意见。
5. 重点部位、关键工序的施工工艺和确保工程质量的措施，填写本表报审。
6. 采用新材料、新工艺、新技术、新设备时，采用本表将相应的施工工艺措施和证明材料报审，经组织专题论证并审定后予以签认。
7. 审核注意事项：（1）项目经理应按合同约定的日期，将施工组织设计和工程进度计划提交工程师，工程师按合同约定的时间预以确认或提出修改意见，逾期不确认也不提出书面意见的，视为同意；（2）群体工程中单位工程分期进行施工的，项目经理应按照发包人提供图纸及有关资料的时间，按单位工程编制内容具体的进度计划，向监理工程师申报；（3）项目经理必须按工程师确认的进度计划组织施工，接受工程师对进度的检查、监督。工程实行进度与经确认的进度计划不符时，项目经理应按工程师的要求提出改进措施，经工程师确认后执行。因项目经理的原因导致实际进度与进度计划不符，项目经理无权就改进措施提出追加合同价款。

A3

分包单位资格报审表

工程名称：××工程　　　　　　　　　　　　　　　　　　　　　　编号：

致：××监理公司　　（监理单位） 　　经考察，我方认为拟选择的××工程公司（分包单位）具有承担下列工程的施工资质和施工能力，可以保证本工程项目按合同的规定进行施工。分包后，我方仍承担总包单位的全部责任。请予以审查和批准。 附：1. 分包单位资质材料；2. 分包单位业绩材料。	

分包工程名称（部位）	工程数量	拟分包工程合同额	分包工程占全部工程
合计			

　　　　　　　　　　　　　　　　　　　　　　　承包单位（章）××工程公司
　　　　　　　　　　　　　　　　　　　　　　　项目经理_____
　　　　　　　　　　　　　　　　　　　　　　　日　　期_____

专业监理工程师审查意见：
　　该分包单位具备分包条件，拟同意分包，请总监理工程师审核。

　　　　　　　　　　　　　　　　　　　　　　　专业监理工程师_____
　　　　　　　　　　　　　　　　　　　　　　　日　　期_____

总监理工程师审核意见：
　　同意（不同意）分包。

　　　　　　　　　　　　　　　　　　　　　　　项目监理机构××监理公司
　　　　　　　　　　　　　　　　　　　　　　　总监理工程师_____
　　　　　　　　　　　　　　　　　　　　　　　日　　期_____

解析：1. 分包单位资质材料应注意新老资质就位的新要求，切实防止越级分包。
　　　2. 附2的"分包单位业绩材料"，应将项目业主或监理单位和人员的通信地址列出，以便于监理人员进行核实，分包单位资格在注意队伍业绩的同时更要重点注意经营负责人的个人素质，有些质安状况尚可，但管理机制不善的，应不予向总监理工程师推荐。
　　　3. 项目经理应详细填写分包明细表中的各项内容，监理工程师应仔细核准。
　　　4. 审核注意事项：(1) 项目经理按合同约定分包所承包的部分工程，并与分包单位签订合同。非经发包人同意，项目经理不得将工程的任何部分分包；(2) 项目经理不得将其承包的全部工程转包给他人，也不得将其承包的全部工程肢解以后以分包的名义分别转包给他人；(3) 工程分包不能解除项目经理的任何责任与义务。项目经理应在分包场地派驻相应管理人员，保证合同的履行。分包单位的任何违约行为或疏忽导致工程损害或给发包人造成其他损失，项目经理承担连带责任；(4) 分包工程价款由项目经理与分包单位结算。发包人未经项目经理同意不得以任何形式向分包单位支付各种工程款项。

A4

_____ 报验申请表

工程名称：××工程　　　　　　　　　　　　　　　　　　　编号：

致：××监理公司　　　（监理单位）

我单位已完成××工程××隐蔽（检验批、分项、分部）工程的施工工作，现报上该工程报验申请表，请予以审查和验收。

附：

《隐蔽工程报验申请表》应附有《隐蔽工程验收记录》和有关分项（检验批）工程质量验收及测试资料等内容。

《检验批工程报验申请表》应附有《检验批质量验收记录表》、施工操作依据和质量检查记录等内容。

《分项工程报验申请表》应附有《分项工程质量验收记录》等内容。

《分部（子分部）工程报验申请表》应附有《分部（子分部）工程质量验收记录》及工程质量验收规范要求的质量控制资料、安全和功能检验（检测）报告、观感质量验收资料等内容。

承包单位（章）××工程公司

项目经理_____

日　期_____

审查意见：

（1）所报附件材料真实、齐全、有效。

（2）所报隐蔽（检验批、分项、分部）工程施工质量可评为合格。

（对未经监理人员验收或验收不合格的、需旁站而未旁站或没有旁站记录、或旁站记录签字不全的隐蔽工程、检验批，监理工程师不得签认，承包单位严禁进行下一道工序的施工。）

项目监理机构××监理公司

总/专业监理工程师_____

日　期_____

解析：1. 隐蔽工程报验申请表。
2. 定位放线报验申请表。
3. 桩基分项工程报验申请单。
4. 基础分部、主体分部、装饰中验和单位工程竣工初验也填写本表进行报验。
5. 审核注意事项：（1）工程质量应当达到合同约定的质量标准，质量标准的评定以国家或行业的质量检验评定标准为依据。因项目经理的原因使工程质量达不到约定的质量标准，项目经理承担违约责任。（2）双方对工程质量有争议时，由双方同意的工程质量检测机构鉴定，所需费用及因此造成的损失，由责任方承担。双方均有责任，由双方根据其责任分别承担。（3）检查和返工时，项目经理应认真按照标准、规范和设计图纸要求以及监理工程师依据合同发出的指令施工，随时接受监理工程师的检查检验，为检查检验提供便利条件。（4）工程质量达不到约定标准的部分，监理工程师一经发现，应要求项目经理拆除和重新施工，项目经理应按监理工程师的要求拆除和重新施工，直到符合约定标准。因项目经理的原因达不到约定标准，由项目经理承担拆除和重新施工的费用，工期不予顺延。（5）工程师的检查检验不应影响施工正常进行。如影响施工正常进行，检查检验不合格时，影响正常施工的费用由项目经理承担。除此之外影响正常施工的追加合同价款由发包人承担，相应顺延工期。（6）因监理工程师指令失误或其他非项目经理原因发生的追加合同价款，由发包人承担。（7）隐蔽工程和中间验收工程具备隐蔽条件或达到合同约定的中间验收部位，项目经理进行自检，并在隐蔽或中间验收前48h以书面形式通知监理工程师验收。通知包括隐蔽和中间验收的内容、验收时间和地点。项目经理准备验收记录，验收合格，监理工程师在验收记录上签字后，项目经理可进行隐蔽和继续施工。验收不合格，项目经理在监理工程师限定的时间内修改后重新验收。（8）监理工程师不能按时进行验收，应在验收前24h以书面形式向项目经理提出延期要求，延期不能超过48h。监理工程师未能按以上时间提出延期要求，不进行验收，项目经理可自行组织验收，监理工程师应承认验收记录。（9）经监理工程师验收，工程质量符合标准、规范和设计图纸等要求，验收24h后，监理工程师不在验收记录上签字，视为监理工程师已经认可验收记录，项目经理可进行隐蔽或继续施工。

A5

工程款支付申请表

工程名称：××工程　　　　　　　　　　　　　　　　　　　　　　编号：

致：××监理公司　　　（监理单位）

我方已完成了××工程 K0＋300～K2＋500 路基填筑　　　工作，按施工合同的规定，建设单位应在×× ××年×月××日前支付该工程款共（大写）×××元整（小写：　　），现报上　××　工程付款申请表，请予以审查并开具工程款支付证书。

附件：

1. 工程量清单；

（略）

2. 计算方法。

（略）

承包单位（章）××工程公司

项目经理＿＿＿＿＿＿

日　　期＿＿＿＿＿＿

解析：1. 工程量清单注意应该是合格工程量的清单，也就是说要附各阶段的合格证明文件。

2. 本表用于合同外的工程费用支付申请时，附件还要求提交依据性材料。

3. 审核注意事项：(1) 在确认计量结果后 14d 内，发包人应向项目经理支付工程款（进度款）。按约定时间发包人应扣回的预付款，与工程款（进度款）同期结算；(2) 按合同确定调整的合同价款，工程变更调整的合同价款及其他合同约定的追加合同价款，应与工程款（进度款）同期调整支付；(3) 发包人超过约定的支付时间不支付工程款（进度款），项目经理可向发包人发出要求付款的通知，发包人收到项目经理通知后仍不能按要求付款，可与项目经理协商签订延期付款协议，经项目经理同意后可延期支付。协议应明确延期支付的时间和从计量结果确认后第 15d 起计算应付款的贷款利息；(4) 发包人不按合同约定支付工程款（进度款），双方又未达成延期付款协议，导致施工无法进行，项目经理可停止施工，由发包人承担违约责任。

A6

监理工程师通知回复单

工程名称：××工程　　　　　　　　　　　　　　　　　　　　　　编号：

致：××监理公司　　　（监理单位）

我方接到编号为　××　的监理工程师通知后，已按要求完成了<u>路基填筑过程质量问题的整改</u>工作，现报上，请予以复查。

详细内容：

我项目部收到编号为××的《监理工程师通知单》后，立即组织有关人员对现场已完成的路基填筑工程进行了全面的质量复查，共发现此类问题3处，并立即进行了整改处理：

1. 对路基填筑材料夹杂的树根、垃圾已进行清理。
2. 对填筑材料粒径超过设计要求的，已人工分解。
3. 对部分"弹簧"段已返工处理。

经自检达到了工程质量验收规范要求，同时对施工人员进行了质量意识教育，并保证在今后的施工过程中严格控制施工质量，确保工程质量目标的实现。

　　　　　　　　　　　　　　　　　　　　　　承包单位（章）××工程公司
　　　　　　　　　　　　　　　　　　　　　　项目经理_____
　　　　　　　　　　　　　　　　　　　　　　日　　期_____

审查意见：

经对编号为××《监理工程师通知单》提出的问题的复查，项目部已按《监理工程师通知单》整改完毕，经检查符合要求。

（如不符合要求，应具体指明不符合要求的项目或部位，签署"不符合要求，要求承包单位继续整改"的意见）

　　　　　　　　　　　　　　　　　　　　　　项目监理机构××监理公司
　　　　　　　　　　　　　　　　　　　　　　总/专业监理工程师_____
　　　　　　　　　　　　　　　　　　　　　　日　　期_____

解析：1. 本表用于对监理工程师通知单的回复，在写详细内容之前首先应写明所针对的监理工程师通知单的编号。

2. 项目经理认为监理工程师指令不合理时，应在收到指令后24h内采用本表向工程师提出修改指令的书面报告，监理工程师在收到项目经理报告后24h内作出修改指令或继续执行原指令的决定，并以书面形式通知项目经理。紧急情况下，监理工程师要求项目经理立即执行的指令或项目经理虽有异议，但决定仍继续执行的指令，项目经理应予以执行。因指令错误发生的追加合同价款和给项目经理造成的损失由发包人承担，延误的工期相应顺延。

3. 请监理工程师认真对待上述第2类回复单。以免由监理单位和监理工程师自身承担不必要的经济等责任。

A7

工程临时延期申请表

工程名称：××工程　　　　　　　　　　　　　　　　　　　　编号：

致：××监理公司　　　　　（监理单位）

根据施工合同条款第××条的规定，由于<u>建设单位在我项目部进场施工后，未能及时拆除红线范围内住宅，导致无法施工</u>原因，我方申请工程延期，请予以批准。

附件：
1. 工程延期的依据及工期计算
（1）因房屋拆迁未到位，导致工程无法实施。
（2）合同中的相关约定。
（3）影响施工进度网络计划。
（4）工期计算：（略）。

合同竣工日期：2009年10月1日
申请延长竣工日期：2009年11月1日
2. 证明材料
（略）

承包单位××工程公司
项目经理_____
日　　期_____

解析：项目经理按发包人认可的施工组织设计（施工方案）和监理工程师依据合同发出的指令组织施工。在情况紧急且无法与工程师联系时，项目经理应当采取保证人员生命和工程、财产安全的紧急措施，并在采取措施后48h内向工程师送交报告。责任在发包人或第三人的，由发包人承担由此发生的追加合同价款，相应顺延工期；责任在项目经理的，由项目经理承担费用，不顺延工期。

A8

费用索赔申请表

工程名称：××工程　　　　　　　　　　　　　　　　　　　编号：

致：××监理公司　　　　（监理单位）

根据施工合同条款×条的规定，由于道路平侧石已按原设计图施工完毕，设计单位变更通知修改，按洽商附图施工的原因，我方要求索赔金额（大写）贰拾玖万叁仟伍佰元，请予以批准。

索赔的详细理由及经过：

道路平侧石已按原设计图施工完毕，设计单位变更通知修改，以核发的新设计图为准，因材料发生重大的变化，造成我方直接经济损失。

索赔金额的计算：

（根据实际情况，依照工程概预算定额计算）

附：证明材料
工程记录及附图
（证明材料主要包括：合同文件、监理工程师批准的施工进度计划、合同发行过程中的来往函件、施工现场记录、工地会议纪要、工程照片、监理工程师发布的各种书面指令、工程进度款支付作证、检查和试验记录、汇率变化表、种类财务作证、其他有关资料。）

　　　　　　　　　　　　　　　　　　　　承包单位××工程公司
　　　　　　　　　　　　　　　　　　　　项目经理_____
　　　　　　　　　　　　　　　　　　　　日　　期_____

解析：1. 可调价格合同中合同价款的调整因素包括：（1）法律、行政法规和国家有关政策变化影响合同价款；（2）工程造价管理部门公布的价格调整；（3）一周内非项目经理原因停水、停电、停气造成的停工累计超过8h；（4）双方约定的其他因素。
2. 项目经理应当在上述情况发生后14d内，将调整原因、金额以书面形式通知监理工程师，监理工程师确认调整金额后作为追加合同价款，与修改意见，视为已经同意该项调整。
3. 当一方向另一方提出索赔时，要有正当索赔理由，且有索赔事件发生时的有效证据。
4. 发包人未能按合同约定履行自己的各项义务或发生错误以及应由发包人承担责任的其他情况，造成工期延误和（或）项目经理不能及时得到合同价款及项目经理的其他经济损失，项目经理可按合同约定的程序以书面形式向发包人索赔：（1）索赔事件发生后28d内，向监理工程师发出索赔意向通知；（2）发出索赔意向通知后28d内，向监理工程师提出延长工期和（或）补偿经济损失的索赔报告及有关资料；（3）监理工程师在收到项目经理送交的索赔报告有关资料后，于28d内给予答复，或要求项目经理进一步补充索赔理由和证据；（4）监理工程师在收到项目经理送交的索赔报告和有关资料后28d内未予答复或未对项目经理作进一步要求，视为该项索赔已经认可；（5）当该索赔事件持续进行时，项目经理应当阶段性向工程师发出索赔意向，在索赔事件终了后28d内，向监理工程师送交索赔的有关资料和最终索赔报告。
5. 项目经理未能按合同约定履行自己的各项义务或发生错误，给发包人造成经济损失，发包人可按合同确定的时限向项目经理提出索赔。

市政工程监理实务和资料编制范例

A9

工程材料/构配件/设备报审表

工程名称：××工程　　　　　　　　　　　　　　　　　　　　　编号：

致：××监理公司　　　（监理单位）

我方于××××年×月××日进场的工程材料/构配件/设备数量如下（见附件）。现将质量证明文件及自检结果报上，拟用于下述部位：××桥梁工程　　　　　　　　　　　　请予以审核。

附件：

1. 数量清单

　光圆钢筋　　　　HPB235/≤φ8××t 取样报审表编号××××

　热轧带肋钢筋　　HRB335/≤φ20××t 取样报审表编号××××

2. 质量证明文件

　（1）出厂合格证 2 页（如出厂合格证无原件，有抄件或原件复印件亦可。但抄件或原件复印件上要注明存放单位，抄件人和抄件、复印件单位签名并盖公章）。

　（2）厂家质量检验报告 2 页。

　（3）进场复试报告 2 页（复试报告一般应提供原件）。

3. 自检结果

工程材料质量证明资料齐全，观感质量及进场复试检验结果合格。

　　　　　　　　　　　　　　　　　　　　　　　承包单位（章）××工程公司

　　　　　　　　　　　　　　　　　　　　　　　项目经理_____

　　　　　　　　　　　　　　　　　　　　　　　日　　期_____

审查意见：

　经检查上述工程材料/构配件/设备，符合/不符合设计文件和规范的要求，准许/不准许进场，同意/不同意使用于拟定部位。

　　　　　　　　　　　　　　　　　　　　　　　项目监理机构××监理公司

　　　　　　　　　　　　　　　　　　　　　　　总/专业监理工程师_____

　　　　　　　　　　　　　　　　　　　　　　　日　　期_____

解析：1. 项目经理负责采购材料设备的，应按照合同条款约定及设备和有关标准要求采购，并提供产品合格证明，对材料设备质量负责。项目经理在材料设备到货前 24h 通知工程师清点。

2. 项目经理采购的材料设备与设计或标准要求不符时，承包应按监理工程师要求的时间运出施工场地，重新采购符合要求的产品，承担由此发生的费用，由此延误的工期不予顺延。

3. 项目经理采购的材料设备在使用前，项目经理应按监理工程师的要求进行检验或试验，不合格的不得使用，检验或试验费用由项目经理承担。

4. 监理工程师发现项目经理采购并使用不符合设计或标准要求的材料设备时，应要求由项目经理负责修复、拆除或重新采购，并承担发生的费用，由此延误的工期不予顺延。

5. 项目经理需要使用代用材料时，应经监理工程师认可后才能使用，由此增减的合同价款双方以书面形式议定。

6. 由项目经理采购的材料设备，发包人不得指定生产厂或供应商。

A10

工程竣工报验单

工程名称：××工程　　　　　　　　　　　　　　　　　　　编号：

致：××监理公司　　　（监理单位）

我方已按合同要求完成了××工程工程，经自检合格，请予以检查和验收。

附件：

1. 《单位（子单位）工程质量控制资料核查记录》。
2. 《单位（子单位）工程安全和功能检验资料核查及主要功能抽查记录》。
3. 《单位（子单位）工程观感质量检查记录》。

承包单位（章）××工程公司

项目经理＿＿＿＿＿＿

日　　期＿＿＿＿＿＿

审查意见：

经初步验收，该工程

1. 符合/不符合我国现行法律、法规要求；
2. 符合/不符合我国现行工程建设标准；
3. 符合/不符合设计文件的要求；
4. 符合/不符合施工合同的要求。

综上所述，该工程初步验收合格/不合格，可以/不可以组织正式验收。

项目监理机构××监理公司

总监理工程师＿＿＿＿＿＿

日　　期＿＿＿＿＿＿

解析：1. 当工程具备备案制度规定的10项条件中的第（一）、（二）、（五）、（七）、（十）项条件，即（一）完成工程设计和合同约定的各项内容，达到竣工标准；（二）施工单位在工程完工后，对工程质量进行了全面检查，确认工程质量符合法律、法规和工程建设强制性标准规定，符合设计文件及合同要求，并提出工程竣工报告；（五）有完整的工程项目建设全过程竣工档案资料；（七）施工单位和建设单位签署了工程质量保修书；（十）建设行政主管部门及其委托的建设工程质量监督机构等有关部门要求整改的质量问题全部整改完毕后项目经理可填写本报验单，经监理机构对资料进行审核并对工程实物进行预验收，合格后连同监理评估报告一起，转交给建设单位，由建设单位准备（三）、（四）、（六）、（八）、（九）项并组织验收。

2. 工程具备竣工验收条件，项目经理按国家工程竣工验收有关规定，向发包人提供完整的竣工资料及竣工验收报告。如约定由项目经理提供竣工图的，应当按合同约定的日期和份数提供。

3. 发包人收到竣工验收报告后28d内组织有关单位验收，并在验收后14d内给予认可或提出修改意见。项目经理按要求修改，并承担由自身原因造成修改的费用。

4. 发包人收到项目经理送交的竣工验收报告后28d内不组织验收，或验收后14d内不提出修改意见，视为竣工验收报告已被认可。工程竣工验收通过，项目经理送交竣工验收报告的日期为实际竣工日期。工程按发包人要求修改后通过竣工验收的，实际竣工日期为项目经理修改后提请发包人验收的日期。

5. 发包人收到项目经理验收报告后28d内不组织验收，从第29d起承担工程保管及一切意外责任。

6. 中间交工工程的范围和竣工时间，应按双方在合同内约定，其验收程序按合同约定和工程建设的法律、法规和行政规章的规定办理。

7. 因特殊原因，发包人要求部分单位工程或工程部位甩项竣工的，双方另行签订甩项竣工协议，明确双方责任和工程价款支付方法。

8. 工程未经竣工验收或竣工验收未通过的，发包人不得使用。发包人强行使用时，由此发生的质量问题及其他问题，由发包人承担责任。

第二节 监理用表 B 类

B1

监理工程师通知单

工程名称：××工程　　　　　　　　　　　　　　　　　　　　　　　编号：

致：××工程公司

事由：
用于拌制混凝土和砂浆的水泥未按规定执行见证取样和送检。

内容：
依照有关文件和现行建筑工程施工质量验收规范及标准的要求，用于拌制混凝土和砂浆的水泥必须严格执行见证取样和送检。见证组数为总组数的30%，10组以下不少于2组，同时注意取样的连续性和均匀性，避免集中。
为此特发此通知，要求施工单位针对此项目的问题进行认真检查，并将检查结果报项目监理部。

　　　　　　　　　　　　　　　　　　　　　　项目监理机构××监理公司
　　　　　　　　　　　　　　　　　　　　　　总/专业监理工程师_____
　　　　　　　　　　　　　　　　　　　　　　日　　　　期_____

解析：1. 监理工程师代表在监理工程师授权范围内向项目经理发出的任何局面形式的函件，与监理工程师发出的函件具有同等效力。项目经理对监理工程师代表向其发出的任何书面形式的函件有疑问时，可将此函件提交监理工程师，监理工程师应进行确认。监理工程师代表发出指令有失误时，监理工程师应进行纠正。

2. 除监理工程师或监理工程师代表外，发包人派驻工地的其他人员均无权向项目经理发出任何指令。

3. 监理工程师的指令、通知由其本人签字后，以书面形式交给项目经理，项目经理的回执上签署姓名和收到时间后生效。确有必要时，监理工程师可发出口头指令，并在48h内给予书面确认，项目经理对监理工程师的指令应予执行。监理工程师不能及时给予书面确认的，项目经理应于监理工程师发出口头指令后7d内提出书面确认要求，监理工程师在项目经理提出确认要求48h内不予答复的，视为口头指令已被确认。

4. 监理工程师口头指令的确认、原采用"监理备忘录"方式处理的问题也可使用本表。

5. 由监理工程师代表发出的指令和通知也使用本表。

B2

工 程 暂 停 令

工程名称：××工程　　　　　　　　　　　　　　　　　　　编号：

致：××工程公司　　　　（承包单位）

由于<u>桥梁基坑未按批准的方案组织施工，基坑土体产生坍塌</u>，造成安全隐患原因，现通知你方必须于××<u>××</u>年×月××日××时起，对本工程的<u>桥梁基坑</u>部位（工序）实施暂停施工，并按下述要求做好各项工作：

1. 对该基坑进行全面的安全检查并做好记录。
2. 对基坑临边及时进行围护，确保工程安全。
3. 加强施工人员质量、安全教育及相关交底工作。
4. 完成上述内容后，填报《工程复工报审表》到项目监理部。

项目监理机构××监理公司

总监理工程师　　　　　　

日　　期　　　　　　

解析：1. 监理工程师认为确有必要暂停施工时，应当以书面形式要求项目经理暂停施工，并在提出要求后48h内提出书面管理意见。项目经理应当按监理工程师的要求停止施工，并妥善保护已完工程。项目经理实施监理工程师作出的管理意见后，可以书面形式提出复工要求，监理工程师应当在48h内给予答复。监理工程师未能在规定时间内提出管理意见，或收到项目经理复工要求后48h内未予答复，项目经理可自行复工。因发包原因造成停工的，由发包人承担所发生的追加合同价款，赔偿项目经理由此造成的损失，相应顺延工期；因项目经理原因造成停工的，由项目经理承担发生的费用，工期不予顺延。

2. 监理工程师的工程暂停令由其本人签字后，以书面形式交给项目经理，项目经理在回执上签署姓名和收到时间后生效。

B3

工程款支付证书

工程名称：××工程　　　　　　　　　　　　　　　　　　编号：

致：××建设中心　　　（建设单位）

　　根据施工合同的规定，经审核承包单位的付款申请和报表，并扣除有关款项，同意本期支付工程款共（大写）××元整（小写：¥　　）。请按合同规定及时付款。

其中：
1. 承包单位申报款为：××元整
2. 经审核承包单位应得款为：××元整
3. 本期应扣款为：××元整
4. 本期应付款为：××元整

附件：
1. 承包单位的工程付款申请表及附件；
2. 项目监理机构审查记录。

　　　　　　　　　　　　　　　　　　　　　　　项目监理机构××监理公司
　　　　　　　　　　　　　　　　　　　　　　　总监理工程师_____
　　　　　　　　　　　　　　　　　　　　　　　日　　期_____

解析：1. 项目经理应按合同约定的时间，向监理工程师提交已完合格工程的报告。监理工程师接到报告后7天内按设计图纸核实已完工程量（以下称计量），并在计量前24h通知项目经理，项目经理应为计量提供便利条件并派人参加。项目经理收到通知后不参加计量，计量结果有效，作为工程价款支付的依据。
2. 监理工程师收到项目经理报告后7天内未进行计量，从第8天起，项目经理报告中开列的工程量即视为被确认，作为工程价款支付的依据。监理工程师不按约定时间通知项目经理，致使项目经理未能参加计量，计量结果无效。
3. 对项目经理超出设计图纸范围和因项目经理自身原因造成返工的工程量，监理工程师不予计量。

B4

工程临时延期审批表

工程名称：××工程　　　　　　　　　　　　　　　　　　　　　　编号：

致：××工程公司　　　　（承包单位）

　　根据施工合同条款×条的规定，我方对你方提出的××工程工程延期申请（第××号）要求延长工期30日历天的要求，经过审核评估：

　　□ 暂时同意工期延长30日历天。使竣工日期（包括已指令延长的工期）从原来的__年__月__日延迟到__年__月__日。请你方执行。

　　□ 不同意延长工期，请按约定竣工日期组织施工。

说明：

　　工程延期事件发生在已批准的网络进度计划的关键线路上，经建设单位与承包单位协商，暂同意延长工期30天。

项目监理机构××监理公司

总监理工程师_____

日　　期_____

解析：1. 因以下原因造成工期延误，经监理工程师确认工期相应顺延：(1) 发包人未能按专用条款的约定提供图纸及开工条件；(2) 发包人未能按约定日期支付工程预付款、进度款，致使施工不能正常进行；(3) 监理工程师未按合同约定提供所需指令、批准等，致使施工不能正常进行；(4) 设计变更和工程量增加；(5) 一周内非项目经理原因停水、停电、停气造成停工累计超过 8h；(6) 不可抗力；(7) 专用条款中约定或监理工程师同意工程期顺延的其他情况。

　　　2. 项目经理在上述情况发生后14天内，就延误的工期以书面形式向监理工程师提出报告。监理工程师在收到报告后14天内予以确认，逾期不予确认也不提出修改意见，视为同意顺延工期。

B5

工程最终延期审批表

工程名称：××工程　　　　　　　　　　　　　　　　　　　编号：

致：××工程公司　　　　（承包单位）

根据施工合同条款××条的规定，我方对你方提出的××工程工程延期申请（第×号）要求延长工期30日历天的要求，经过审核评估：

☐ 最终同意工期延长30日历天。使竣工日期（包括已指令延长的工期）从原来的2009年10月1日延迟到2009年11月1日。请你方执行。

☐ 不同意延长工期，请按约定竣工日期组织施工。

说明：
因建设单位在承包单位进场后，未能按合同要求及时拆除道路红线范围内的房屋，导致部分路段施工进度滞后，经甲乙双方协商，同意延长工期。

　　　　　　　　　　　　　　　　　　　　项目监理机构××监理公司
　　　　　　　　　　　　　　　　　　　　总监理工程师_____
　　　　　　　　　　　　　　　　　　　　日　　期_____

解析：本表用于工程延期事件结束后，工程项目监理部根据承包单位报送的"工程临时延期申请表"（A7）及延期事件发展期间陆续报送的有关资料，对申报情况进行调查、审核与评估后，向承包单位下达的最终是否同意工程延期日数的批复。本表由总监理工程师签发，签发前应征得建设单位同意。

B6

费用索赔审批表

工程名称：××工程　　　　　　　　　　　　　　　　　　　　　　　编号：

致：××工程公司　　　（承包单位）

根据施工合同条款××条的规定，你方提出的<u>因工程设计变更而造成的</u>费用索赔申请（第<u>×</u>号），索赔（大写）<u>××元整</u>，经我方审核评估：

☐ 不同意此项索赔。

☐ 同意此项索赔，金额为（大写）××元整。

同意/不同意索赔的理由：

1. 费用索赔属于非承包方的原因。
2. 费用索赔情况属实。

索赔金额的计算：

1. 同意平侧石拆除重做的费用。
2. 同意工程设计变更增加的合同外的施工项目的费用。

项目监理机构××监理公司

总监理工程师＿＿＿＿＿＿

日　　期＿＿＿＿＿＿

解析：本表用于收到施工单位报送的"费用索赔申请表"（A8）后，工程项目监理部针对此项索赔事件，进行全面的调查了解、审核与评估后，做出的批复。本表由专业监理工程师审核后，报总监理工程师签批，签批前应与建设单位、承包单位协商确定批准的赔付金额。

第三节 监理用表C类

C1

监理工作联系单

工程名称：××工程　　　　　　　　　　　　　　　　　　　　编号：

致：××监理公司（单位） 事由 ××桥梁C30混凝土试配。   内容 C30混凝土配合比申请单，通知单（编号：××）已由××试验室签发（附混凝土配合比申请、通知单）。请予以审查和批准使用。   　　　　　　　　　　　　　　　　　　　　　　项目监理机构××监理公司 　　　　　　　　　　　　　　　　　　　　　　总监理工程师＿＿＿＿＿＿＿＿＿ 　　　　　　　　　　　　　　　　　　　　　　日　　期＿＿＿＿＿＿＿＿＿

解析：本表为参与各方进行联系的用表，原监理专题报告也可使用本表。

C2

工 程 变 更 单

工程名称：××工程　　　　　　　　　　　　　　　　　　　　　编号：

致：××监理公司　　（监理单位）				
由于为与周边环境配套，增加道路美观的原因，兹提出废除原混凝土预制平侧石，更改为大理石平侧石工程变更（内容见附件），请予以审批。 附件： 　　工程洽商记录（编号××）。 　　　　　　　　　　　　　　　　　　　　　　　　　　　　提出单位××设计院 　　　　　　　　　　　　　　　　　　　　　　　　　　　　代表人　×× 　　　　　　　　　　　　　　　　　　　　　　　　　　　　日　　期××××年×月×日				
一致意见： 同意废除原混凝土预制平侧石，更改为大理石平侧石。				
建设单位代表 （签名） ××× 日期××××年×月×日	设计单位代表 （签名） ××× 日期××××年×月×日	项目监理机构代表 （签名） ××× 日期××××年×月×日	承包单位代表 （签名） ××× 日期××××年×月×日	

解析：
1. 监理工程师发现工程设计不符合法律法规和工程建设强制性标准，应当通知建设单位，要求设计单位改正。
2. 施工中发包人需对原工程设计进行变更，应提前14天以书面形式向项目经理发出变更通知。变量超过原设计标准或批准的建设规模时，发包人应报规划管理部门和其他有关部门重新审查批准，并由原设计单位提供变更的相应图纸和说明。项目经理按照监理工程师发出的变更通知及有关要求，进行下列需要的变更：（1）更改工程有关部分的标高、基线、位置和尺寸；（2）增减合同中约定的工程量；（3）改变有关工程的施工时间和顺序；（4）其他有关工程变更需要的附加工作。
3. 因变更导致合同价款的增减及造成的项目经理损失，由发包人承担，延误的工期相应顺延。
4. 施工中项目经理不得对原工程设计进行变更。因项目经理擅自变更设计发生的费用和由此导致发包人的直接损失，由项目经理承担，延误的工期不予顺延。
5. 项目经理在施工中提出的合理化建议涉及到对设计图纸或施工组织设计的更改及对材料、设备的换用，须经监理工程师同意。未经同意擅自更改或换用时，项目经理承担由此发生的费用，并赔偿发包人的有关损失，延误的工期不予顺延。
6. 监理工程师同意采用项目经理的合理化建议，所发生的费用和获得的收益，发包人与项目经理按合同约定分担或分享。
7. 其他变更合同履行中发包人要求变更工程质量标准及发生其他实质性变更，由监理工程师对双方进行协商。

第七章 监理竣工档案移交书

市政基础设施工程竣工档案移交书

归档编号	序号	归档文件	原件（张数）	复印件（张数）	备注
		第二部分：监理文件			
	一	监理规划			
37*	1	监理规划			
38*	2	监理实施细则			
39*	二	监理月报中的有关质量问题			
40*	三	监理会议纪要中的有关质量问题			
	四	进度控制			
41*	1	工程开工/复工审批表			
42*	2	工程开工/复工暂停令			
	五	质量控制			
43*	1	不合格项目通知			
44*	2	质量事故报告及处理意见			
	六	造价控制			
45*	1	工程竣工决算审核意见书			
	七	合同与其他事项管理			
46*	1	工程延期报告及审批			
47*	2	合同争议、违约报告及处理意见			
48*	3	合同变更材料			
	八	监理工作总结			
49*	1	工程竣工总结			
50*	2	质量评价意见报告			

注：带 * 号为必须保证项目。

第一节 监理规划

归档编号：37

文件内容：监理规划

总张数：　　　张

其中：原　件　　张
　　　复印件　　张

一、监理规划

××市××路工程

监 理 规 划

编制：　　　　　　　　　　　　审批：

××监理有限公司
二〇〇九年十月

第二部分　市政工程资料编制范例

监理规划目录

一、工程项目概况
二、监理目标
三、监理工作范围与监理工作依据
四、监理工作内容
五、项目监理组织机构
六、监理工作方法、程序及措施
七、监理设施
八、监理工作制度

一、工程项目概况：

××路位于××市主城东北面的××区和××区交界处，西起××路，北至××路，全长约4.8km。本次实施范围为××路至××路，长约3.3km。沿路现状主要贯穿城北仓储用地和农田，并与××路、××路、××路和××路等主次干道相交。此外，××路还需穿越重机厂铁路专用线、××铁路和铁路联络线等三条铁路线（桩号K1+050－K1+670），并上跨××路。

（一）桥梁工程

××路工程沿着道路前进方向依次跨越××河、××专运线、××铁路、联络线、××河、××路、××河，共计建造5座桥梁，桥梁名称分别为××桥、××立交、××桥、××桥、××桥；另外在北侧非机动车道下穿规划道路处设置一箱涵。本次跨铁路立交桥中的K1+236～K1+407.4段由铁路部门实施，不在本工程范围内。

1. ××桥：采用一跨20m简支梁+5.5m拱形桥台方案，全长为31m，两侧的各5.5m的拱形桥台起到了一定的装饰作用。主要结构为20m预应力混凝土空心板梁，梁高0.9m。圆弧形拱圈厚度为0.25m，半径为1.95m。钻孔灌注桩基础的桩径为1.0m。

2. ××桥：在跨铁路立交桥（含上跨长浜河）下面两侧的地面辅道和人行道各修建一座桥梁，北侧桥、南侧桥均采用一跨10m预应力空心板简支梁桥，桥梁全长为11.732m。主要结构为一跨10m预应力空心板梁，梁高0.50m；下部采用薄壁桥台，钻孔灌注桩基础，钻孔灌注桩基础的桩径为1.0m。

3. ××桥：桥梁全长为27.6m，上部采用一跨20m预应力空心板梁，梁高0.9m；下部采用重力式桥台，双排钻孔灌注桩基础，桩径为1.0m。

4. ××桥：拟在拆除现状桥梁的基础上新建××桥，桥梁为四跨一联简支梁，跨径组合为17.062m+17.062m+17.062m+20m，桥梁全长为71.186m。桥梁布跨主要受石桥路横断面和石桥路西面的1.2m污水干管的限制，桥墩布置在石桥路的中央分隔带和机非隔离带上，西侧桥台为避免桥梁施工对污水干管的影响适当加大了跨径。上部采用预应力混凝土空心板梁，梁高0.9m，宽1.25m；采用预应力混凝土盖梁，桩柱式桥墩，柱直径为1.2m，钻孔灌注桩的桩径为1.5m；桥台采用柱式桥台，直径为1.0m的钻孔灌注桩。

5. ××立交桥（K1+236～K1+407.4由铁路部门实施）：由××开发总公司实施的桥梁布置总计两联：4×25m=100m四孔一联连续箱梁，29+30+25+22+25×3=177m七孔三联连续梁。桥梁总长277m。

上部结构分别为：等截面预应力混凝土连续箱梁，箱梁横截面为单箱三室斜腹板结构。为减少铺装层的厚度，箱梁顶板设横坡使铺装层等厚。箱梁顶板宽15.62m，底板宽10m，两侧悬臂各2.31m，梁高1.6m；上跨铁路联为长25m、30m等截面预应力简支梁，箱梁下部桥墩立柱为花瓶式，简支梁下桥墩为隐式盖梁独柱式桥墩。钻孔灌注桩直径为1.5~1.8m，承台高2.5m。桥台采用桩接盖梁形式，盖梁高1.5m，盖梁为钢筋混凝土结构，钻孔灌注桩基础，直径为1.2m。

6. 箱涵：拟建的箱涵位于北侧非机动车道，下穿规划道路，箱涵为普通钢筋混凝土结构，箱涵净跨6.5m，净高4.4m，横断面宽31.8m，斜交70°。箱涵顶板和底板厚均为0.5m，侧墙厚为0.5m。

（二）道路、排水

1. 道路工程

（1）本工程道路路幅宽30m，道路全长3311.022m，其中铁路立交段长620m，采用机动车道上跨铁路，非机动车道和人行道下穿铁路（一天一地）的形式穿越3股铁路。由××市城市基

础设施开发总公司实施的部分为 K0+000～K1+236 段和 K1+407.4～K3+311.022 段。道路横断面为 3.0m 人行道＋3.0m 的非机动车道＋1.5m 绿化带＋15m 的机动车道＋1.5m 的绿化带＋3.0m 的非机动车道＋3.0m 的人行道，铁路立交段，道路横断面结合实际情况进行适当的加宽和调整。

(2) K0+000～K1+050 段和 K1+670～K3+311.022 段道路路面结构：

车行道：4cm AC13I 细粒式沥青混凝土＋8cm AC30I 粗细式沥青混凝土＋1cm 沥青表处下封层＋30cm 5％水泥稳定碎石层＋20cm 级配碎石垫层。

非机动车道：3cm AC13I 细粒式沥青混凝土＋5cm AC25I 粗细式沥青混凝土＋20cm 5％水泥稳定碎石层＋15cm 级配碎石垫层。

人行道：6cm 荷兰砖＋2cm M10 砂浆卧底＋20cm 5％水泥稳定碎石层＋15cm 级配碎石垫层。

(3) K1+050～K1+670 段道路路面结构：

上跨机动车道和地面辅道：4cm AC13I 细粒式沥青混凝土＋8cm AC30I 粗细式沥青混凝土＋1cm 沥青表处下封层＋30cm 5％水泥稳定碎石层＋20cm 级配碎石垫层。

下穿非机动车道：20cm C30 水泥混凝土面层＋20cm C10 混凝土基层＋15cm 级配碎石垫层。

人行道：6cm 荷兰砖＋2cm M10 砂浆卧底＋10cm 5％水泥稳定碎石层＋15cm 级配碎石垫层。

支路车行道：4cm AC13I 细粒式沥青混凝土＋6cm AC30I 粗细式沥青混凝土＋1cm 沥青表处下封层＋25cm 5％水泥稳定碎石层＋15cm 级配碎石垫层。

支路人行道：6cm 荷兰砖＋2cm M10 砂浆卧底＋15cm 5％水泥稳定碎石层＋10cm 级配碎石垫层。

2. 排水工程

采用雨、污水分流制。

雨水：雨水管位于道路中心线处，根据雨水汇水范围及排水方向，××路雨水管道共设 6 个系统收集道路及两侧地块雨水，分散就近排入东新河、长滨河及农灌河。设计管径 D225～D1500，其中 D225～D400：埋深≤5m 的采用 UPVC 管，橡胶圈接口；埋深＞5m 的采用国标承插式钢筋混凝土Ⅱ级管，橡胶圈接口。D500 以上采用国标承插式钢筋混凝土Ⅱ级管，橡胶圈接口。

道路下穿段排水采取盲管系统，下穿段道路路面雨水和地下水收集后接入雨水泵房排出。雨水泵房采用地下式，不设上部建筑，尽量减少泵房对周边环境的影响。

污水：污水管位于道路中心线以南 10.5m 处。共设 3 个系统收集两侧地块污水，分别排入东新路现状已建 D600 污水管、石桥路现状 D1200 污水管及杨家路规划污水管。设计管径为 D300～D600。

二、监理目标

工程确保合格。

三、监理工作范围与监理工作依据

(一) 监理工作范围

××路施工图（桩号 K1+236～K1+407.4 段除外）范围内的道路、排水、桥梁等工程，配套管线协调工作。

(二) 监理依据

1. 设计图纸和其他设计文件；
2. 工程地质勘探报告；
3. 工程建设合同、协议书、招投标书和工程概预算书；
4. 监理委托合同及监理招投标书；
5. 市政工程质量检验评定标准及其他有关文件和规定；
6. 市政工程建设标准强制性条文；
7. ××市市政建设工地安全生产、文明施工管理实施细则；
8. 建设单位的有关指示文件；
9. 有关工程建设及设计质量的法律、法规、规定等；
10. 有关工程建设的设计、施工技术规范、规程、标准、定额等。

工程技术标准和验收规范一览表

序号	类别	名称	代号
1	行业标准	城镇道路工程施工与质量验收规范	CJJ 1—2008
2	行业标准	城市桥梁工程施工与质量验收规范	CJJ 2—2008
3	国家标准	给水排水管道工程施工及验收规范	GB 50268—2008
4	国家标准	给水排水构筑物工程施工及验收规范	GBJ 141—90
5	行业标准	埋地聚氯乙烯排水管道工程技术规程	CECS 122：2001
6	行业标准	公路桥涵施工技术规范	JTJ 041—2000
7	国家标准	建设工程监理规范	GB 50319—2000
8	国家标准	沥青路面施工及验收规范	GB 50092—96

四、监理工作内容

1. 协助业主组织施工图的会审和技术交底工作，提出合理可行的监理意见。
2. 协助业主做好开工准备，编制开工报告，签发开工令，复核灰线等。
3. 审核承建商提出的施工组织设计、施工技术方案、施工进度计划、质量保证体系及施工安全防护措施。
4. 督促、检查承建商严格执行工程合同和国家工程技术规范、标准，协调业主和承包商之间的关系。
5. 审核承建商或业主提供的材料、构配件和设备的数量以及无定额材料的单价。
6. 组织和参加定期召开的工程协调会议并做纪要，调解有关工程建设各种合同的有关争议，协助业主处理索赔事项。
7. 监督、检查承建商落实施工安全技术；检查并监督控制工程进度、质量和投资。
8. 组织各分项工程和隐蔽工程的检查、验收，签发工程付款凭证。
9. 协助业主审核施工单位合同文件，审查技术档案资料及竣工验收资料。
10. 定期编制监理报告，及时提供完整的监理档案。
11. 协助业主组织工程初步验收；参加工程竣工验收，提出交工或竣工验收申请报告。
12. 负责检查保修阶段的工程状况，督促承建商回访监督保修直至达到规定质量标准。

五、项目监理组织机构

（一）组织机构如下图：

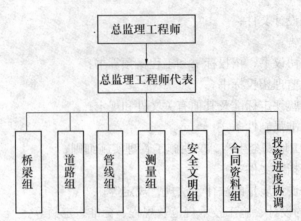

为了使监理落到实处，在总监理工程师的统一领导下，各专业监理工程师组成监理部的管理层，专业监理工程师明确责任，对整个施工段实行统一管理，同时为了保证全线旁站到位，安排监理员对各个关键工序实行24h旁站监理。

（二）派驻本工程监理人员

根据工程实际进展情况，安排人员进场。

（三）监理人员岗位职责

1. 总监理工程师职责

（1）确定项目监理机构人员的分工和岗位职责；

（2）主持编写项目监理规划、审批项目监理实施细则，并负责管理项目监理机构的日常工作；

（3）审查分包单位的资质，并提出审查意见；

（4）检查和监督监理人员的工作，根据工程项目的进展情况可进行人员调配，对不称职的人员应调换其工作；

（5）主持监理工作会议，签发项目监理机构的文件和指令；

（6）审定承包单位提交的开工报告、施工组织设计、技术方案、进度计划；

（7）审核签署承包单位的申请、支付证书和竣工结算；

（8）审查和处理工程变更；

（9）主持或参与工程质量事故的调查；

（10）调解建设单位与承包单位的合同争议、处理索赔、审批工程延期；

（11）组织编写并签发监理月报、监理工作阶段报告、专题报告和项目监理工作总结；

（12）审核签认分部工程和单位工程的质量检验评定资料，审查承包单位的竣工申请，组织监理人员对待验收的工程项目进行质量检查，参与工程项目的竣工验收；

（13）主持整理工程项目的监理资料。

2. 总监理工程师代表的职责和权利

（1）负责总监理工程师指定或交办的监理工作；

（2）按总监理工程师的授权，行使总监理工程师的部分职责和权利。

3. 总监理工程师不得将以下工作委托总监理工程师代表

（1）主持编写项目监理规划、审批项目监理实施细则；

（2）签发工程开工/复工报审表、工程暂停令、工程款支付证书、工程竣工报验单；

（3）审核签认竣工结算；

（4）调解建设单位与承包单位的合同争议、处理索赔、审批工程延期；

（5）根据工程项目的进展情况进行监理人员的调配，调换不称职的监理人员。

4. 专业监理工程师的职责和权利

（1）负责编制本专业的监理实施细则；

（2）负责本专业监理工作的具体实施；

（3）组织、指导、检查和监督本专业监理员的工作，当人员需要调整时，向总监理工程师提出建议；

（4）审查承包单位提交的涉及本专业的计划、方案、申请、变更，并向总监理工程师提出报告；

（5）负责本专业分项工程验收及隐蔽工程验收；

（6）定期向总监理工程师提交本专业监理工作实施情况报告，对重大问题及时向总监理工程师汇报和请示；

（7）根据本专业监理工作实施情况做好监理日记；

（8）负责本专业监理资料的收集、汇总及整理，参与编写监理月报；

（9）核查进场材料、设备、构配件的原始凭证、检测报告等质量证明文件及其质量情况，根据实际情况认为有必要时对进场材料、设备、构配件进行平行检验，合格时予以签认；

（10）负责本专业的过工程计量工作，审核工程计量的数据核原始凭证。

5. 监理员的职责和权利

（1）在专业监理工程师的指导下开展现场监理工作；

（2）检查承包单位投入工程项目的人力、材料、主要设备及其使用、运转状况，并做好检查记录；

（3）复核或从施工现场直接获取工程计量的有关数据并签署原始凭证；

（4）按设计图及有关标准，对承包单位的工艺过程或施工工序进行检查和记录，对加工制作及工序施工质量检查结果进行记录；

（5）担任旁站工作，发现问题及时指出并向专业监理工程师报告；

（6）做好监理日记和有关的监理记录。

六、监理工作方法、程序及措施

（一）监理工作程序（见下图）

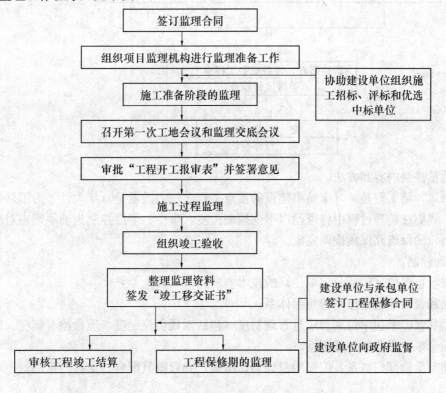

（二）监理工作的方法和措施

××路位于××市主城东北面的××区和××区交界处，本次施工范围为××路至××路，长约3.3km。沿路现状主要贯穿城北仓储用地和农田，并与××路、××路、××路和××路等主次干道相交。此外，××路还需穿越重机厂铁路专用线、宣杭铁路和铁路联络线等三条铁路线，并上跨××路。由于本工程所处地质条件较差，工期要求也紧，为了××路工程的质量，我们在监理过程中要狠抓质量，在监理过程中将严格按照有关规范进行监理。

1. 工程质量控制的方法和措施

（1）质量控制流程（见下图）

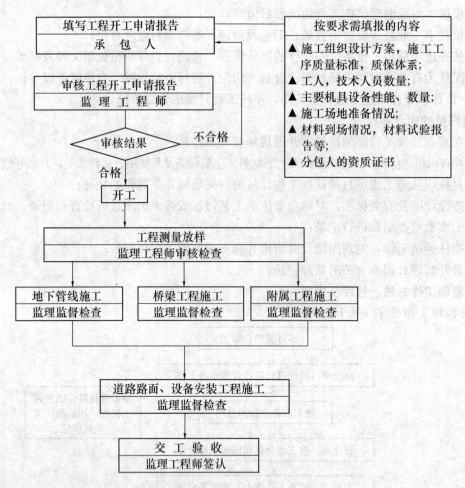

（2）质量控制内容和方法

××市××路工程是××市城市建设的重点工程之一，质量是百年大计。为了确保本工程的质量控制，我们在监理过程中将遵循以事前控制为主，事中、事后控制为辅原则，对质量进行全过程的控制，确保道路保质按期完成。

1）事前控制

①审查承包单位（包括分包单位）的技术资料；

②协助和督促承包单位完善质保体系；

③协助和督促承包单位完善质量管理制度（包括现场会议制度、质量检验制度、质量统计报表制度和质量事故报告和处理制度）；

④主动与质检部门联系，汇报质量计划、措施，并取得其配合、支持与帮助；

⑤组织参加设计交底和图纸会审；
⑥审查承包单位提交的施工组织设计（方案），保证工程质量具有可靠的技术措施；
⑦审核工程中采用的新材料、新结构、新工艺、新技术的技术签定书；
⑧对使用于工程的原材料、构配件和设备的质量进行检查与控制；
⑨对施工现场进行检查和验收，复核承包单位提交的原始基准点、基准线和参考标高等测量控制点，复测施工测量控制网；
⑩把好开工关，对现场各准备工作检查合格后，签发开工令，停工的工程未签发复工令者不得开工。

2) 事中控制
①协助和督促承包商完善工序控制。工程质量是在工序中产生的，工序控制对工程质量起着决定性作用，应把影响工序质量的因素都纳入管理状态中，建立质量管理点，及时检查和审核承包单位提交的质量统计分析资料和控制图表。
②严格工序间检查。主要工序作业（包括隐蔽工程）需要按有关验收规定，经现场监理人员检查验收后方可进行下道工序的施工。
③进行试验或技术复核并实行旁站监理。重要工程部位或专业工程部位（如混凝土工程）需亲自在工作面测定有关的技术参数，监督取样制作混凝土试块。
④审查质量事故处理方案，并对处理效果进行检查。
⑤对完成的工序、部位按相应的质量评定标准和办法进行检查验收。
⑥组织定期或不定期的质量会议，及时分析、通报工程质量情况，协调有关单位间的业务活动。

3) 事后控制
①审查承包单位提供的质量检验报告及有关技术文件；
②审核承包单位提交的竣工图；
③按规定的质量评定标准和办法，对完成的分项、分部及单位工程进行检查验收；
④组织项目竣工初验，参与工程竣工验收。

4) 质量控制方法
①对有关技术文件、报告和质量报表的审核；
②通过"目测（看、摸、敲、照）、实测（靠、吊、量、套）、试验（通过一定的检测方法对质量进行判断的检查方法）"等方法，对工程实物进行检查验收和评定。

(3) 质量控制措施
1) 组织措施
①落实监理班子的质量控制人员与职责；
②督促和协助完善承包单位内部的质量体系。

2) 技术措施
①审核设计变更及承包单位提交的技术文件、报告和报表；
②利用专业知识和现场经验，对工程实物质量进行控制；
③必要时组织专家对技术方案、工程质量事故进行论证；
④根据质量评定标准对工程质量进行验收、评定。

3) 管理措施
①建立质量控制基本程序；
②建立工序（工艺）质量检查验收程序，特别是建立工程质量的预控措施；

③建立质量统计信息的管理办法和质量信息的分析制度;
④合理、科学的建立质量管理的奖罚制度。

4) 质量控制点的设置

质量控制点是施工质量控制的重点,根据该工程项目的实际情况和特点,应按以下质量控制点进行工序质量控制:钻孔灌注桩、承台、立柱、盖梁、预制空心板梁和现浇梁板等混凝土浇筑,箱涵施工、管道闭水、土方回填、路基、基层施工、路面沥青铺设、附属工程施工等。

控制手段:观察、量测、测量、旁站、试验。

2. 工程进度控制

进度是工程按期完成的重中之重,在监理过程中要牢牢抓住工程的节点,编制切实可行的工程控制计划,并在监理过程中随时进行监督和调整,确保提前完成。

(1) 进度控制内容和方法

1) 编制施工阶段进度控制工作实施细则:根据监理规划,按每个工程项目编制工作细则,包括目标分解图、进度控制内容、深度、流程、时间、人员分工等;

2) 审核施工组织设计;

3) 审核或编制施工进度计划:审核进度安排是否符合建设项目总进度计划中总目标和分解目标的要求,是否符合施工合同中开工日期的规定;审核施工总进度计划中的项目是否有遗漏,分期是否满足分批投产和配套投产的需要;

4) 发布开工令:检查承建单位各项准备工作,确认建设单位的配合条件已经齐备;

5) 协助承建单位了解进度计划:随时了解施工进度计划存在的问题;协助其解决特别是承建单位无力解决的内、外关系协调问题;

6) 对进度计划实施过程跟踪检查:及时检查承建单位报送的进度报表和分析资料并实地检查、进行核实,杜绝虚报;对进度资料进行整理并与计划比较,如有偏差,找出原因,提出纠正措施;

7) 组织协调:定期或不定期召开不同层次的协调会,通报重大变更事项,解决承包商与业主之间的重大配合问题;解决施工中的相互配合问题及近外层关系的配合问题;

8) 签发进度款付款证书:核实承包商申报的已完成的分项工程量,在质量监理通过检查验收后,签发进度款付款凭证;

9) 向业主提供进度报告表:随时整理资料、做好工程记录,定期向业主提供工程进度报告表;

10) 督促承包商整理工程技术资料:要根据工程进度情况,督促承包商及时整理有关部门的技术资料;

11) 审批竣工申请报告、协助组织竣工验收:审批承包商在竣工后自行预检基础上提交的初验申请报告;组织建设单位和设计单位进行初验;填写申请书并协助建设单位组织竣工验收;

12) 处理争议和索赔:在结算过程中,监理工程师要处理有关争议和索赔问题;

13) 工程移交:监理工程师要督促承包商办理移交手续,颁发工程移交证书。

(2) 进度控制的措施

1) 组织措施

①落实监理组内部的监督控制人员,明确任务和职责,建立信息收集、反馈系统;

②进行项目和目标的分解(按项目实施阶段,单位或单项工程);

③建立进度协调组织(业主、监理、承包人等组织体系)和进度协调工作制度。

2) 技术措施

①审批承包人所拟订的各项加快工程进度的措施；
②向业主和承包商推荐先进、科学、合理、经济的技术方法和手段，以加快工程进度。
3）经济措施
①按合同规定的期限给承包商进行项目检验、计量和签发支付证书；
②监督业主按时支付工程款。
4）合同措施
①利用合同文件赋予的权力，督促承包商按期完成工程项目；
②利用合同文件规定，采取各种手段和措施，监督承包商加快工程进度。

3. 工程造价控制

（1）造价控制的内容
1）确定施工阶段投资控制的目标和任务；
2）编制施工阶段投资控制的工作流程和投资计划；
3）审核工程量，并与已完成的实物工程量比较；
4）审核工程进度款清单；
5）在项目施工进展过程中，进行投资跟踪；
6）定期向业主提供投资控制报表；
7）编制施工阶段详细的费用支出计划，复核一切付款账单；
8）对工程变更进行技术经济合理性分析；
9）预测工程风险，制定防范措施，避免或减少索赔；
10）及时掌握价格信息和工程造价的有关规定，协助业主合理处理工程费用的签证；
11）审核竣工结算。

（2）投资控制的措施
1）组织措施
①在项目管理班子中落实投资控制的人员、任务分工和职能分工；
②编制阶段性的投资控制计划。
2）经济措施
①进行已完实物工程量的计量复核和未完工程量的预测；
②工程价款预付、工程进度付款、工程款结算、备料款和预付款的合理回扣等审计签署；
③对工程投资进行动态控制和分析预测，对投资目标计划值按费用构成、工程构成、实施阶段、计划进度分解；
④定期向业主提供工程费用分析报表；
⑤及时办理和审核工程结算；
⑥制定行之有效的、节约控制的激励机制和约束机制。
3）技术措施
①对设计进行严格把关，并对设计变更进行技术经济分析和审查认可；
②进一步寻找通过设计、施工工艺材料、设备、管理等多方面挖掘节约投资的可能，组织"三查四定"，并对查出的问题进行整改，组织审核降低造价的技术措施；
③加强设计交底和施工图会审工作，把问题解决在施工之前。
4）合同措施
①根据合同，参与处理索赔事宜；
②参与合同的修改、补充工作，并分析研究对投资控制的影响；

③监督、控制、处理工程建设中的有关问题时以合同为依据。
④根据合同协助业主审核进度款、控制变更费用、处理对施工单位的索赔。

4. 合同管理

(1) 合同管理的内容

监理单位在工程建设监理过程中,合同管理主要是根据监理合同的要求,对工程承包合同的签订、履行、变更和解除进行监督检查,对合同双方的争议调解和处理,以保证合同的依法签订和全面履行。

1) 合同结构图(见下图)

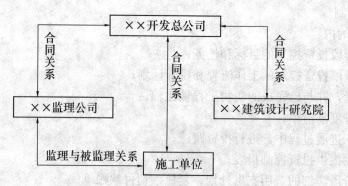

2) 合同管理重点

①合同分析:对各类合同条款进行分门别类的认真研究和解释,提出合同的缺陷和弱点,以发现和提出需要解决的问题;同时,更重要的是对引起合同变化的事件进行分析研究,以便采取相应措施。对合同中的词意表达"含混"的字句提出正确解释。

②建立合同目录、编码和档案。

③合同履行的监督检查。

④做好索赔管理。

(2) 合同管理的措施

1) 拟订本工程项目合同体系及合同管理制度包括合同草案的拟订、会签协商、修改、审批、签署、保管等工作制度及流程。

2) 协助业主拟订项目的各类合同条款,并参与各类合同的商谈。

3) 合同执行情况的分析和跟踪管理。

4) 协助业主处理与项目有关的索赔事宜,调解合同纠纷。

5) 弄清合同中的每一项内容,明确各方面的责、权、利,正确处理三方关系。

6) 书面指示或文件代替口头指示。

7) 处理问题要灵活,管理工作要做在前面,如需某项资料应提前发出索取信函。

8) 工程进行中细节的文件资料包括:信件、会议记要、建设单位的规定、指示、总监理工程师的决定、施工单位的请示报告单、监理的指令、记录、信函以及各种报表资料等,有关方一旦发生争执,监理工程师以此资料作为调解问题的依据。

(3) 索赔管理

为了维护合同双方的合法利益,保证合同顺利实施,避免索赔与反索赔事件的发生,应加强以下方面的工作:

1) 审查业主与各方签订的合同,将合同条款中不明确的概念予以明确,减少索赔事件发生的可能性。

2) 督促各方严格按合同办事，最终实现投资、进度、质量控制目标。

3) 在合同实施过程中，严格控制工程变更，特别要严格控制有可能引起索赔的工程变更。

4) 对于有可能引起索赔的工程变更单，要事先征得业主的同意，才予以签认。

5) 处理索赔要及时。工程（或分部工程）完成以后，进行工程决（结）算，本着"合理合法，实事求是"的原则，划清索赔界线，处理好索赔争议。

5. 组织协调

由于本工程涉及到道路、桥梁、管线等各分项工程之间方方面面的协调工作，工程建设是一项复杂的系统工程，在系统中活跃着建设单位、承包单位、设计单位、监理单位、材料供应商以及政府建设管理部门等许多单位，这些单位各有自己的特点、组织形式、活动方式及活动目标。各单位之间是互相联系的也是互相制约的。为使这些单位能够有序地组成一个具有特定功能和目标的统一体，就需要监理组织进行高效地组织和协调，这也是监理工作优质服务的一项重要内容。

（1）组织协调工作内容

1) 监理组织内部的协调：监理班子内部各监理人员之间、各专业之间及各层次之间的协调；监理单位各监理部之间的关系协调；通过这些内部协调有利于加强监理班子的团结，提高工作效率；有利于互相学习取长补短，提高监理服务水平。

2) 监理组织与建设单位的协调：通过协调和沟通，取得业主的信任和理解，有利于高效地开展各项监理工作。

3) 监理组织与设计单位的协调：监理单位与设计单位之间虽只是业务联系关系，但双方在技术、业务上有着密切的关系；取得设计单位的理解有利于协助业主做好设计变更工作。

4) 监理组织与承包单位之间的协调：协调好与承包单位之间的关系，取得其理解和配合，是实现工程目标最佳状态的重要保证。

5) 监理组织与政府建设工程监督部门之间的协调：取得政府质量监督部门的配合，充分利用其对承包单位的威慑作用，对规范施工单位的质量行为有时效果非常明显。

6) 协调业主、承包单位、设计单位及材料供应单位之间的关系：特别是业主与其近外层单位的协调显得尤其重要。工程建设项目是一个典型的开放系统，各单位都有各自的目标和任务，只有通过组织协调才能使每个单位都从整体利益出发，理解和履行自己的职责，才能使整个工程处于有序的良性状态。

（2）组织协调的措施

由于在工程项目的监理过程中，协调工作贯穿于各个阶段，有的无章可循，这就要求监理组织的协调方法要因人、因地、因条件等不同因素而采用不同的方法。通过总结，一般有以下几种常用的方法：

1) 召开协调会议：定期或不定期地召开各种形式的专项、专题会议；在充分讨论的基础上取得一致，使问题得到解决；这种方式效率高、速度快。

2) 运用信息，加强协商：监理组掌握信息后，要合理运用，其主要方式就是协商。

3) 交流思想、联络感情：总监理工程师主动利用各种条件与各有关单位人员，特别是领导层人员交流思想，取得其支持和配合。

4) 分析矛盾主因，抓住主要矛盾，并全力予以解决：工程建设过程中参与单位多、人员多，并且由于职责分工、工作衔接、利益分配等方面的认识水平不同，不可避免地会出现各种矛盾，如处理不当，矛盾往往会激化，影响工程的顺利进行。为此总监理工程师应抓住主要矛盾全力予以解决。

5)明确合同中的职责,使协调程序化:为防止大量不协调现象的出现,总监理工程师应在各种合同签订时,仔细分清各方的责、权、利,了解各方目标,并经各方认可列入合同条款,这是最好的预控不协调、减少协调工作的方法。

6. 安全文明施工监理措施

××路沿线经过××村、××村、××村、××村,两侧还有××小区、××北园等小区,沿线有多家轻、××业厂区、多家大型仓库,同时现状还有78路、41路、605路、826路、618C路共五路公交车在运营。现状交通非常繁忙,且重型、大型车辆占有很大比例。所以在施工过程中的交通安全、人身安全,环境控制等都非常重要。安全问题、文明施工必须提到很高的要求,要确保施工人员和机械的安全,又要确保道路沿线单位、行人的安全。

本次实施的跨铁路桥K1+236~K1+407.4段的下穿部分和铁路密切联系,宣杭铁路和沪杭铁路运输四通八达,承担着华东地区重要客运任务。因此,必须采取可靠有效的防护措施,确保铁路运营安全是安全生产、文明施工的重中之重。

要让参建的地方施工单位懂得铁路养护维修的特点,了解铁路限界的要求。监理单位首先要协同施工单位和铁路运营部门的相关单位签订施工期间保证铁路安全的协议和其他有关手续。其次根据本工程跨铁路防护的施工图设计和结合施工单位的设备与经验,编制棚架隔离防护的专项施工方案,并经总监理工程师审查之后执行。再者,为了做好日常的防护落实检查,将安排一名责任心强、有经验的监理负责这项工作,结合承建方的安全保证体系进行长效管理。

除了保障铁路的安全运营,作为在市区建设的市政工程,在施工过程中交通安全、人身安全、环境控制等都非常重要,安全问题、文明施工必须提到很高的要求,要确保施工人员和机械的安全,又要确保道路沿线单位、行人的安全。

根据国务院393号令《建设工程安全生产管理条例》的第十四条精神,工程监理单位和监理工程师应当按照法律、法规和工程建设强制性标准实施监理,并对建设工程安全生产承担监理责任。在《××市工程建设监理规定》、《××市建筑工程施工安全管理规定》(市政府××号令)和《××市建筑工程施工管理规定》等法规、文件的规定中,都有相应的条款规定监理负有监督管理责任和义务。

监理对安全施工负有监督管理的责任,在施工过程中主要要做好以下几个方面的工作:

(1)施工安全控制的主要内容

1)控制施工作业人员的不安全行为;

2)控制物的不安全状态;

3)加强施工作业环境的保护。

(2)文明施工控制的主要内容

文明施工程度,体现了一个施工单位的管理水平,督促施工单位文明施工是监理应尽的职责。由于本工程地处××开发区,文明施工必须提高认识,必须严格按照省市有关施工现场标准化管理规定的内容及相关文件进行布置及管理。在施工过程中重点将做好以下几个方面的工作:

1)整个施工活动过程中,督促现场施工人员的文明行为教育,使他们树立起主人翁思想;

2)科学合理地组织生产,保证施工有序;

3)协调参与建设各方之间的配合,减少不协调因素;

4)加强管理,减少对周边环境的影响和干扰。

(3)安全生产的监控措施

1)协助施工单位从组织上加强安全生产的科学管理规章和安全操作规程,实行专业管理和群众管理相结合的监督检查管理制度。

2）安全生产要严格执行国家、××省和××市相关规定，使工作标准化、规范化、制度化。

3）审查施工单位上报的施工组织设计，核对各项安全技术措施是否健全。

4）审核电工、焊工、机械操作工等特殊作业人员花名册，所有这些人员须持证上岗。

5）检查安全设施、个人防护、安全用电，发现隐患，应督促有关人员限期解决，否则立即制止。

6）审查消防管理制度，作业区与生活区划分明确并配置足够的消防设施，杜绝火灾事故的发生。

7）检查施工单位执行《建设工程现场供电安全规程》，施工用电箱必须有门、锁、防漏盖板及设置危险标志，破皮、老化的电缆不得使用，所有电器必须安装漏电开关，所有电器设备、金属外壳全部与接零线相连接。

8）现场施工机械必须有安全防护装置，并且要求严格按照操作规程进行操作，且实行专人负责制。

9）在安全控制中应重点预防和控制"人的不安全行为"和"物的不安全状态"，以人为核心时进行安全控制，在安全管理中严格实行"三定一落实"的制度。

10）在监理过程中，除了要求施工单位严格按照有关规程做好施工用电、高空作业等安全工作外，还要求施工单位必须坚持"以人为本"的理念，做好施工人员的劳保工作，督促检查施工单位劳动用品的发放，保证工人的人身安全，同时要求施工单位做好工人的冬天保暖，夏天防署工作，改善工人的生活条件，提高劳动效率，杜绝伤亡事故苗头。

（4）文明施工的监控措施

对文明施工必须严格要求，文明施工反映施工企业综合素质的重要标志，表现在工程生活设施、生产设施、安全保卫、交通围护、环境保护等各个方面。因此，在工程施工期间，要加强文明施工，认真执行《××省文明施工安全标准化现场管理规定》的有关内容，做好环境保护及文明施工，项目经理对工程的环境保护及文明施工负全责。

1）整个工程实行围护封闭施工，工地设立"五牌一图"，即施工单位及项目名称牌、安全纪律宣传牌、防火须知牌、安全天计数牌、项目主要管理人员名单牌、施工总平面图和工程效果图。

2）按施工总平面布置和交通组织方案要求，设置文明施工护栏、临时排水系统、机动车临时便道（通行道路）及临时电力照明系统，确保沿线单位和居民的正常排水、进出及照明。

3）管理人员和特殊工种人员实行挂牌施工，自觉接受建设单位、监理及有关部门的监督。

4）检查临时活动房。生活区、施工区应该分明，生活区整洁，施工区建材、机具设备堆放整齐，有条不紊。在施工区力求保护施工现场的平坦，施工人员安全作业。

5）加强职业道德教育，提高职工素质，施工期间开展便民活动。

6）控制夜间施工，督促办理夜间施工许可证。

7）督促办好外来施工人员的临时暂住证件。

8）加强对全体施工人员的文明施工教育，创建文明工地。

9）加强现场施工管理，每道工序做到现场落手清，加快施工进展，做到工完场清，不留尾巴。

10）要求施工现场设文明施工员，加强文明施工管理。

11）工地卫生是体现一个施工单位的总体精神面貌，是提高职工素养确保工程优质、快速顺利进展的必备条件。施工现场做好清除坑洼积水，消灭蚊蝇等工作。生活区做到"五小"设施齐全，浴室、厕所和公共场所每天有专人打扫。不准随地大小便。

12）为保护河道和水资源，禁止向河中抛建筑垃圾和生活垃圾，实行垃圾集中堆放，集中外运。在外运建筑垃圾前，向管理部门办理手续，车厢要采取封闭，防止垃圾外洒。生活垃圾将委托环卫部门收集后外运。

七、监理设施

为了搞好本工程的监理工作，独立公正进行实验和检测，拟投入足够的试验和检测设备。

投入本工程检测仪器、配备汇总表

序号	仪器、设备名称	规格型号	数量	备注	序号	仪器、设备名称	规格型号	数量	备注
1	经纬仪	SJ3	1		4	便携式钢卷尺	5m	6	
2	水准仪	DSZ2	1		5	常规检测工具包		1	
3	钢卷尺	50m	3		6	照相机		1	

八、监理工作制度

1. 总监理工程师负责制

工程项目实行总监理工程师负责制，全权代表监理单位履行委托监理合同，承担合同中所规定的监理单位的责任和任务，总监理工程师对外向业主负责，对内向社会监理单位负责，带领项目监理部全体人员开展监理工作，确保建设监理委托合同的全面履行。

2. 工程开工申请制度

当单位工程的主要施工准备工作已完成时，施工单位可提出"工程开工报告书"，经监理工程师现场落实后报请业主同意下达开工令。

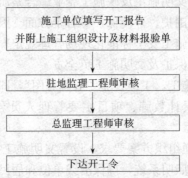

3. 施工图会审及设计交底制度

图纸会审是减少图纸错误、提高设计质量的重要手段，也是保证施工顺利进行的有效措施。对于分批分阶段提供的设计图纸还需分次组织会审。正式图纸会审前，施工单位应组织有关技术人员预审。监理工程师应参与施工单位的"内部审查"，以便从技术经济角度分析图纸的准确性、合理性和可施工性，形成统一意见。正式图纸会审由总监理工程师主持。设计交底由监理工程师主持，设计单位主讲，施工单位的项目负责人、各专业技术负责人参加。在工程施工或每使用一份新图纸之前由设计人员对建筑特点、结构特点、施工技术和施工工艺等方面作详细介绍，便于施工单位做到心中有数，从而科学地组织施工和合理安排工序，避免发生技术指导错误和操作错误。

4. 施工组织设计和施工方案报审制度

单位工程施工组织设计时由工程承包单位根据施工图纸及实际施工条件负责编制。它直接影响施工进度、施工质量和施工的经济效益。施工方案是施工组织设计的核心，分为施工部署和方案两方面，着重介绍整个工程或分部工程中某项施工的具体方法，包括施工顺序、使用的机械及

相应的保证措施。施工单位在每一个工程开工前都必须向监理工程师申报施工组织设计，在每一个分部工程和主要分项工程和重要部位以及采用新材料、新工艺组织施工时均应报审施工方案。施工组织设计和施工方案未经监理工程师审查同意，施工单位不得擅自施工。

5. 工程材料、半成品质检制度

审查主要建筑材料、设备订货和核定其性能。订货前，施工单位应提出样品、厂家资质证明和单价，经监理工程师会同设计、业主研究同意后方可订货；到货后，及时将出厂合格证及有关参数资料报送监理审核；主要材料进场必须有出厂合格证和材质化验单，如有疑问，施工单位补做检验，并经监理工程师验证，否则不准用于工程；运输、安装原因出现的构件质量问题，应分析研究采取措施，经监理工程师同意后方可实施；对进口设备必须有海关商检书。

6. 隐蔽工程验收制度

隐蔽工程验收，必须经施工单位自检合格后，填好隐检单（并附有出厂合格证、试验报告单），并经监理工程师现场验收后方可进入下一道工序（施工单位应在验收 48h 前通知监理验收内容、时间和地点）。

7. 工程变更签证制度

如因设计图错漏或发现实地情况与设计不符时，由提议单位提出变更设计申请，经施工、设计、监理三方会勘同意后进行变更设计，设计完成后由设计单位填写变更设计通知单，项目监理部审核无误后签发（设计变更指令）。

8. 工程款支付签审制度

施工单位按合同上报月度工程量及月度工程款，经监理工程师审查核定后签发付款凭证，并经业主审定后支付。监理工程师应认真核实月进度款的工程量和单价，对修改设计和合同外项目，更应重点审核。

9. 工程质量事故处理制度

如施工中出现重大质量事故，监理工程师应督促承包商按国家有关规定以最快的方式向上级报告，并及时呈报出书面报告。承包商必须严格保护事故现场，采取有效措施抢救人员和防止事故扩大，需要移动现场物件时，应当做出标志，绘制现场简图并做出书面记录，妥善保存现场重要痕迹、物证，应拍照或录象。对出现重大质量事故的工程，监理工程师要协助有关部门调查处理。

对多次出现不合格的工程，监理工程师将依据合同中所规定的权力和义务来处理，必要时可以下停工令，令其停止施工。对不合格的工程，在承包商按规定修补或返工重做，达到合格标准之后，监理工程师才能予以验收和计量；否则，应继续指令其返工，直至建议撤销其承包资格。由承包商责任造成的工程质量事故，修补和返工所发生的费用由承包商自负。

10. 工程质量检查制度

监理工程师对施工单位的施工质量有监督管理的权利与责任。

（1）监理工程师在检查工程中发现一般的质量问题，应随时通知施工单位及时整改，并做好记录。检查不合格时可发出"监理工程师通知单"，限时改正。

（2）如施工单位不及时改正，情节较严重时，监理工程师可在报请总监理工程师批准后，发出"工程部分暂停指令"，指令部分工程、单项工程或全部工程暂停施工，待施工单位改正后，报监理工程师进行复验，合格后发出"复工令"。

（3）工序、部位、单项工程或分段全部工程完工后，经自检合格，可填写各种工程报验单，经监理工程师现场查验后，发给"分项分部工程检验认可书"或"竣工证书"。

（4）施工单位应逐月填写"工程质量检验评定统计表"，监理工程师填写"工程质量月报

表"。

(5) 监理工程师需要施工单位执行的事项,除口头通知外,可使用"监理通知",催促施工单位执行。

11. 施工进度监督及报告制度

(1) 监督施工单位严格按照合同规定的计划进度组织实施,监理部每月以月报的形式向建设单位报告各项工程实际进度及计划的对比和形象进度情况。

(2) 审查施工单位编制的实施性施工组织设计,要突出重点,并使各单位、各工序进度密切衔接。

12. 投资监督制度

(1) 监理部进场后立即督促施工单位报送与承包合同相适应的分段、分工点的概算台账资料并随时补充变更设计资料。经常掌握投资变动情况,按期统计分析。

(2) 对重大变更设计或因采用新材料、新技术而增减较大投资的工程,监理部应及时掌握并报建设单位,以便控制投资。

13. 监理日记、监理月报制度

(1) 监理工程师应逐日将所从事的监理工作写入监理日记,内容包括施工活动情况记载、存在问题及处理情况、夜间施工情况记录及其他工程事宜。对特殊控制过程应按公司要求填写旁站记录。

(2) 监理部应逐月编写"监理月报",报建设单位。年度报告或"监理月报"内容应以具体数字说明施工进度、施工质量、资金使用以及重大安全、质量事故、有价值的经验等。

14. 总监理工程师例会制度

监理公司在每月的第一个星期六召开"项目总监理工程师例会",以加强项目监理部与公司各职能部门的联系和沟通,以便项目监理部之间的经验交流,沟通情况,总结经验,不断提高监理业务水平,并协助解决监理服务过程中遇到的问题。会议由总经理主持,公司工程管理部组织总经理、副总经理、总工程师、公司各职能部门负责人及各项目总监理工程师参加。

第二节 监理实施细则

归档编号：38

文件内容：道路工程监理实施细则、桥梁工程监理实施细则、排水工程监理实施细则、安全文明施工监理实施细则、旁站监理细则、见证取样实施细则

总张数： 张

其中：原 件 张
　　　复印件 张

××市××路道路工程

监

理

实

施

细

则

编制：　　　　　　　　　　　　　审批：

××监理有限公司
××路工程项目监理部
××××年××月

目 录

- 一、工程概况
- 二、监理依据
- 三、道路工程监理工作流程
- 四、监理工作检查项目及质量控制要点
- 五、施工监理用表

第二部分 市政工程资料编制范例

一、工程概况

××路位于××市主城东北面的××区和××区交界处，西起××路，北至××路，全长约4.8km。本次实施范围为××路至××路，长约3.3km。沿路现状主要贯穿城北仓储用地和农田，并与××路、××路、××路和××路等主次干道相交。此外，××路还需穿越重机厂铁路专用线、××铁路联络线等三条铁路线（桩号K1+050～K1+670），并上跨××路，在北侧非机动车道下穿规划道路处设置一箱涵。本次跨铁路立交桥中的K1+236～K1+407.4段由铁路部门实施，不在本工程范围内。

1. 本工程道路路幅宽30m，道路全长3311.022m，其中铁路立交段长620m，采用机动车道上跨铁路，非机动车道和人行道下穿铁路（一天一地）的形式穿越3股铁路。由××市城市基础设施开发总公司实施的部分为K0+000～K1+236和K1+407.4～K3+311.022。道路横断面为：3.0m的人行道+3.0m的非机动车道+1.5m的绿化带+15m的机动车道+1.5m的绿化带+3.0m的非机动车道+3.0m的人行道，铁路立交段，道路横断面结合实际情况进行适当的加宽和调整。

2. K0+000～K1+050和K1+670～K3+311.022段道路路面结构

车行道：4cm AC13I细粒式沥青混凝土+8cm AC30I粗细式沥青混凝土+1cm沥青表处下封层+30cm 5%水泥稳定碎石层+20cm级配碎石垫层。

非机动车道：3cm AC13I细粒式沥青混凝土+5cm AC25I粗细式沥青混凝土+20cm 5%水泥稳定碎石层+15cm级配碎石垫层。

人行道：6cm荷兰砖+2cm M10砂浆卧底+20cm 5%水泥稳定碎石层+15cm级配碎石垫层。

3. K1+050～K1+670段道路路面结构

上跨机动车道和地面辅道：4cm AC13I细粒式沥青混凝土+8cm AC30I粗细式沥青混凝土+1cm沥青表处下封层+30cm 5%水泥稳定碎石层+20cm级配碎石垫层。

下穿非机动车道：20cmC30水泥混凝土面层+20cmC10混凝土基层+15cm级配碎石垫层。

人行道：6cm荷兰砖+2cm M10砂浆卧底+10cm 5%水泥稳定碎石层+15cm级配碎石垫层。

K1+460处支路车行道：4cm AC13I细粒式沥青混凝土+6cm AC30I粗细式沥青混凝土+1cm沥青表处下封层+25cm 5%水泥稳定碎石层+15cm级配碎石垫层。

K1+460处支路人行道：6cm荷兰砖+2cm M10砂浆卧底+15cm 5%水泥稳定碎石层+10cm级配碎石垫层。

二、监理依据

（一）本工程建设监理合同和业主与承包人签订的工程建设承包合同。

（二）国家和地方有关工程建设监理的文件及规定。

（三）本工程设计文件及有关工程变更洽商记录。

（四）××市质量安全监督总站相关文件。

（五）本工程主要技术标准和验收规范

序号	类别	名称	代号
1	行业标准	城镇道路工程施工与质量验收规范	CJJ 1—2008
2	行业标准	城市道路路基工程施工及验收规范	CJJ 44—91
3	行业标准	粉煤灰、石灰类道路基层施工及验收规范	CJJ 4—97
4	国家标准	沥青路面施工及验收规范	GB 50092—96
5	国家标准	公路路面基层施工技术规范	JTJ 034—2000

续表

序 号	类 别	名 称	代 号
6	国家标准	公路沥青路面施工及验收规范	JTG 40—2004
7	国家标准	建设工程监理规范	GB 50319—2000
8	国家标准	建设工程文件归档整理规范	GB 50328—2001
9	部门规章	工程建设监理规定	建监（1995）737号

三、道路工程监理工作流程

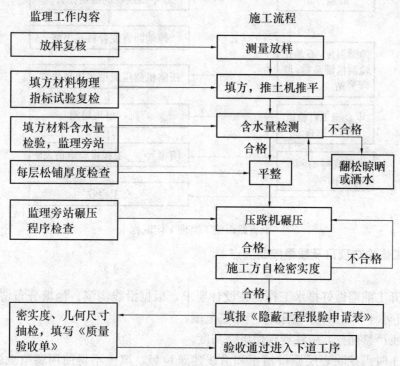

路基施工监理工作流程

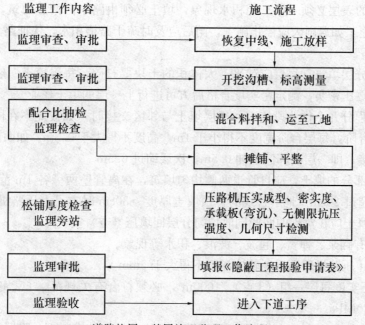

道路垫层、基层施工监理工作流程

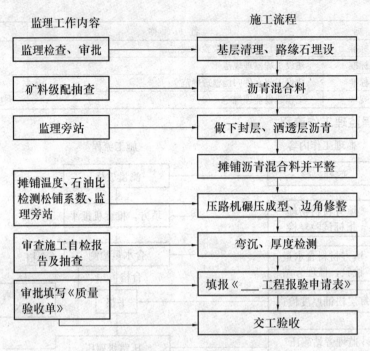

沥青路面施工监理工作流程

四、监理工作检查项目及质量控制要点

（一）路基

1. 土路基开工前需做好排水工作，按设计要求，根据沿线沟滨、池塘分布情况开挖排水边沟，沟底纵坡不小于0.3%，严禁排水至路基范围。

2. 路基挖土严禁超挖，应注意预留沉降高度。

3. 路基填土时需挖除表层原耕植土和沿线建筑垃圾，填土不得使用腐植土、生活垃圾土、淤泥等不良土，并不含草、树根等杂物，大的土块（＞10cm）应打碎，填土前不得有积水。

4. 填土路段的表层必须干燥、无积水现象，填土必须由路中向两边填筑，填筑时一定要保证一定的横坡，施工如遇雨天应停止施工，雨后应及时疏干路槽积水，保证路基填土含水量及密实度。

5. 填土时应分层填筑，每层应铺平，大体积的土块要打碎，每层填土一般松铺厚度不超过30cm，经压路机碾压密实，测定密实度合格后方可进行上一层的填土作业。

6. 若填土工程分几个作业段施工，每层填土与邻区交接时，如彼此不在同一时间填筑，先填地段应向外留台阶，每层台阶宽度不得小于1m，高度不得大于0.3m。如两区同时填筑，则应分层相互交叠衔接，即一层向邻区延伸0.5m，次层缩进0.5m。

7. 管道沟槽部分的填土，应自管道两侧均匀填筑，在离管壁两旁各1m范围内应薄铺轻夯，每层填土松厚不超过20cm。地下管线的管顶填土厚度＞30cm时方可上压路机，沟槽、检查井、雨水口周围的回填土应在对称的两侧同时均匀分层回填压（夯）实。

8. 路床不得有翻浆、弹簧、起波、波浪、积水等现象。

9. 用12～15t压路机碾压后，轮迹深度不得大于5mm。

10. 路基土压实度每层一组（3点）/1000m²，必须符合有关规范。（密实度试验），土基顶面回弹模量应≥20MPa。

11. 路基工程完工后，施工单位进行全道路中心线、标高、横断面、附属结构和地下管线的

位置及标高的竣工测量，监理应审核其测量成果，检测土基回弹模量，其值满足设计要求。

(二) 塘碴垫层

1. 垫层施工前应对路基进行检测，符合要求。
2. 垫层铺设时仍应保持设计的纵横坡度。
3. 碾压后表面必须坚实、平整，用 12t 以上压路机碾压轮迹深度不大于 5mm。
4. 严格控制碎石粒径大小和颗粒的级配及含泥量。
5. 碾压完成后进行密实度和回弹模量的测试，其值满足设计要求。

(三) 水泥稳定碎石层

1. 水稳层所用原材料（石灰、水泥等）必须经试验合格后方可使用，材料进场前，必须具有三证，（生产厂家资质证、产品使用认可证、出厂合格证）。
2. 水稳层摊铺前应对垫层进行复测，合格后方可进行摊铺。
3. 运到工地的混合材料应及时摊铺，及时碾压，有特殊原因时，堆放时间不得超过 2 天。
4. 本工程水泥稳定碎石层厚 15～30cm，分两层摊铺，每层厚度不大于 15cm，摊铺时应控制好松铺厚度（松铺系数一般为 1.2～1.4）。
5. 摊铺速度≤4m/min，以保证压实度。
6. 在摊铺过程中按"宁高勿低，宁刮勿补"的原则进行施工，严禁贴薄层找补，低凹处应翻松后修整，翻松深度不小于 10cm。
7. 若遇降雨应将摊铺好的混合料至少普压一遍，以利排水，天晴后待混合料含水量适当时再补压。
8. 摊铺尽量减少纵横向接缝，如果无法避免纵横接缝均匀错开，横缝错距不小于 1m，纵缝错距不小于 0.3m。
9. 碾压时间应掌握在接近最佳含水量时进行，判别时以"手捏成团，落地能散"为度，碾压原则为"先轻后重，先慢后快，先边后中"。碾压路线一般为先轻轮两遍初压，轮迹重叠 30cm 以上，18t 以上中压 6～8 遍，轻轮后压两遍，消灭轮迹。
10. 摊铺面层无明显的粗细颗粒离析现象，用 12t 压路机碾压后，轮迹深度不大于 5mm，并无浮料、脱皮、松散现象。
11. 碾压完成后应开始湿治养生，严禁在刚压实和正在碾压的路段上作压路机或送料车的转弯和调头、刹车等，以保证基层质量。
12. 摊铺面层前必须测定压实度、弯沉值，并对水稳层的标高进行严格复测，在验收规范允许范围内按"宁低勿高"的原则进行控制，以确保沥青面层厚度。
13. 水泥稳定碎石的无侧限抗压强度每 2000m² 和每工作班不少于 6 个，7 天无侧限浸水抗压强度不应小于 3.0MPa。车行道基层顶面验收弯沉值为 0.053cm，非机动车道基层顶面验收弯沉值为 0.09cm。
14. 级配碎石的质量控制主要抓好粒径、粒石和砂的比例、含泥量和密实度几个方面，级配碎石作为基层时，其最大粒径不应超过 40mm，一般不宜大于 50mm，碎石中不应有黏土块、植物等有害物质，级配碎石的颗粒组成和塑性指数应满足国家有关规范规定，砂宜采用中砂、粗砂，含泥量不宜超过 3%，级配碎石的干压密实度应符合规范要求。在监理过程中，对级配碎石要定期定量进行检测，每 200 延米检测一点，每 200 延米测其密度一次。检验方法采用灌砂法，检验的程序为施工监理双方共同取样，进行试验，经专业监理工程师认可试验合格后才能进入下道工序。

(四) 沥青混凝土面层

1. 在水泥稳定碎石基层顶面必须洒布透层油。透层油应紧接在基层碾压成型后表面稍微变

干燥，但尚未硬化的情况下喷洒。要求透层油透入基层的深度不小于5mm，并能与基层连结成为一体。考虑到基层铺筑后可能不能及时铺筑沥青面层而通行施工车辆，因此宜在喷洒透层油后铺筑下封层。封层采用沥青表处，厚度1cm，摊铺后用6~8t钢筒式压路机稳压一遍。

2. 审核施工单位施工方案、质量控制标准、使用材料及沥青混凝土的试验报告等。

3. 对基层检测，各项指标符合要求，做到表面平整，密实，路拱度和面层一致。控制边线高程、路面高程及平整度。

4. 检查已验收合格的基层及侧石、缘石、雨水井、窨井等附属构筑物的安砌是否符合要求；检查施工机械的性能、规格及试运转情况；检查面层作业的条件是否已全部具备和落实。

5. 检测现场沥青混凝土的外观质量，颜色应均匀一致，无花白石子、无结固及颗粒离析现象，级配组合应满足设计规定，车上温度（不低于130℃）不合格拒绝卸料，被雨淋湿的混合料不得用于铺筑。

6. 检查摊铺、碾压等各道工序的施工工艺流程。

7. 检查控制碾压温度（初压100℃，终了温度不低于70℃），碾压遍数，碾压密实度及外观质量，初压不得产生摊移，挤裂现象。

8. 检查接茬、夯边施工质量。

9. 沥青面层不连续施工或已施工的沥青面层表面被污染时，施工上一面层前需要对已施工的面层表面进行清扫，并设置黏层沥青后再摊铺。黏层沥青采用优质乳化沥青，用量为0.4~0.5L/m²。

10. 控制松铺厚度。摊铺松厚度应为设计厚度乘以松铺系数，松铺系数：机械为1.15~1.3；人工为1.2~1.4。

11. 气温低于10℃时不宜摊铺沥青混凝土。

12. 外观检查与外型尺寸、压实度应符合设计和规范要求。车行道沥青面层验收弯沉值为0.039cm，非机动车道沥青面层验收弯沉值为0.065cm。

13. 道路面层成型后，应及时对面层外观及外行各部尺寸进行检查，面层和路缘石及其他构筑物应接顺，不得有积水现象，发现问题及时进行修补，使之符合设计规定，合格签字认可。

（五）附属构筑物

1. 侧石、平石

（1）预制侧石、平石，表面不得有蜂窝、漏石、脱皮、裂缝等现象，外形尺寸允许偏差为±5mm。混凝土抗压强度不低于设计规定。

（2）侧石、平石安装必须稳定牢固，并应成直、弯顺、无折角，顶角应平整，侧石勾缝应严密，平石不得阻水。

2. 人行道

（1）人行道基层检测合格，道板铺砌平整、稳定，灌缝饱满，无翘动现象。人行道面层与其他构筑物接顺，无积水现象。

（2）预制人行道板应符合有关规定。

3. 收水井、支管

（1）收水井内壁抹面必须平整，不得起壳裂缝。

（2）井框、井箅必须完整无损，安装应平稳。

（3）井内严禁有垃圾等杂物，井周及支管回填必须满足路基要求。

（4）支管必须直顺，不得有错口，管头应与井壁齐平。

4. 挡土墙

(1) 砌体砂浆必须嵌填饱满、密实。
(2) 灰缝应整齐均匀，缝宽符合要求，勾缝不得有空鼓、脱落。
(3) 砌体分层砌筑必须错缝，其相交处的咬扣必须紧密。
(4) 沉降缝必须直顺贯通。
(5) 预埋件、泄水孔、反滤层、防水设施等必须符合设计规范的要求。
(6) 干砌石不得有松动、叠砌和浮塞现象。

道路工程质量监理项目汇总表

工序名称	检查项目 目测	检查项目 实测	检查频率	检查方法	允许偏差（mm）
土方	填土经碾压夯实后有否翻浆、弹簧现象，填土中是否有淤泥、腐植土、有机物等	压实度	1000m² 每层一组（3点）	环刀法	填方：路床以下（cm） 0~80≥95% 80~150≥93% >150≥87% 挖方：≥93%
路床	路床有否翻浆、弹簧、起皮、波浪、积水等现象，12~15t 压路机碾压轮迹深度不大于5mm	△压实度	1000m²（3点）	环刀法	重型击实≥95%
		中线高程	20m 1点	水准仪	±20
		平整度	20m 3点	3m直尺	20
		宽度	40m 1点	用尺量	+200, 0
		横坡	20m 6点	水准仪	±20，且不大于±0.3%
		回弹模量	1000m²（1点）		大于20MPa
塘碴垫层	表面是否坚实、平整，用12t以上压路机碾压轮迹深度不大于5mm	厚度	1000m²（1点）	用尺量	±20
		平整度	20m 3点	3m直尺	15
		宽度	40m 1点	用尺量	不小于设计
		中线高程	20m 1点	水准仪	±20
		横坡	20m 6点	水准仪	±20且不大于0.3%
		△压实度	1000m²（1点）	灌沙法	≥2.0t/m³
		回弹模量	1000m²（1点）	回弹仪	大于35MPa
水泥稳定碎石基层	拌和是否均匀、含水量是否合适、是否按要求分层摊铺，每次摊铺厚度、纵横接缝是否错开，有否贴薄层现象，用12t以上压路机碾压轮迹深度不大于5mm，无浮料脱皮松散现象	△压实度	1000m²（1点）	灌砂法	重型击实≥95%
		平整度	20m 1点	3m直尺	10
		厚度	50m 1点	用尺量	±10
		宽度	40m 1点	用尺量	不小于设计
		中线高程	20m 1点	水准仪	±20
		横坡	20m 6点	水准仪	±20且不大于±30%
沥青混凝土路面	混合料是否拌和均匀、色泽一致；三渣层顶是否清扫干净；摊铺时上下层接缝是否涂刷沥青黏层油；表面是否平整、坚实，是否有脱皮、掉渣、裂缝推挤、烂边、粗细料集中等现象，用10t以上压路机碾压不得有明显轮迹，与平石及井盖等是否接顺	△压实度	2000m² 1点	灌砂法	≥95%
		△厚度	2000m² 1点	用尺量	+20, -5
		弯沉值	9~15m 4点	用弯沉仪	小于设计规定
		平整度	20m 2点	3m直尺	5
		宽度	40m 1点	用尺量	-20
		中线高程	20m 1点	水准仪	±20
		横坡	20m 4点	水准仪	±10且不大于±0.3%
		井框与路面高差	每座1点	用尺量最大值	5

续表

工序名称	检查项目 目测	检查项目 实测		检查频率	检查方法	允许偏差（mm）
平侧石	进场平侧石表面是否一致，有无缝窝麻面、露石、脱皮、裂缝等；平石与侧石是否错缝，相邻平侧石接缝是否平齐，侧石背后回填是否密实	直顺度		100m 1点	用20m小线取最大值	10
平侧石		相邻块高差		20m 1点	用1m直尺	3
平侧石		接缝宽		20m 1点	用尺量	直线段±3mm 曲线段±5mm
平侧石		直线段断裂数		每10m	目测	≤1块
平侧石		侧石顶高程		20m 1点	水准仪	±10mm
人行道	预制人行道板表面是否有蜂窝、麻面、露石、脱皮、破裂等现象；土基与垫层是否有虚空现象；缝隙是否均匀、灌浆是否密实。面层与其他构筑物是否接顺，有无积水现象	压实度	基层	100m 2点	环刀法	≥95%（轻型）
人行道		压实度	路床	100m 2点	环刀法	≥90%（轻型）
人行道		平整度		20m 1点	3m直尺	5
人行道		横坡度		20m 1点	水准仪	±0.3%
人行道		相邻板块高差		20m 1点	用尺量	3
人行道		与侧石顶高差		20m 1点	用尺量	+5，0
人行道		与井框高差		每座1点	用尺量	5
人行道		纵缝顺直		40m 1点	拉20m小线取最大值	10
人行道		横缝顺直		40m 1点	沿道宽拉小线取最大值	10
收水井、支管	收水井内壁抹面必须平整，不得起壳裂缝。井框、井篦必须完整无损，安装应平稳。井内严禁有垃圾等杂物，井周及支管回填必须满足路基要求。支管必须直顺，不得有错口，管头应与井壁齐平	框与壁吻合		每座1点	用尺量	10
收水井、支管		井口高程		每座1点	与井周路面比较	+10　−30
收水井、支管		井位与路边线吻合		每座1点	用尺量	20
收水井、支管		井内尺寸		每座1点	用尺量	+20　0
挡土墙	砌体砂浆必须嵌填饱满、密实。灰缝应整齐均匀，缝宽符合要求，勾缝不得有空鼓、脱落。砌体分层砌筑必须错缝，其相交处的咬扣必须紧密。沉降缝必须直顺贯通。预埋件、泄水孔、反滤层、防水设施等必须符合设计规范的要求。干砌石不得有松动、叠砌和浮塞现象	断面尺寸		20m 2点	用尺量	不小于规定
挡土墙		基底高程		20m 2点	水准仪	±100
挡土墙		顶面高程		20m 2点	水准仪	±15
挡土墙		轴线位移		20m 2点	经纬仪	15
挡土墙		墙面垂直度		20m 2点	垂线	0.5%H且≤30
挡土墙		平整度		20m 2点	2m直尺	30
挡土墙		墙面坡度		20m 1点	坡度板	小于设计规定

注：除注明外均为重型击实。监理检查采取跟踪或平行检查，试验项目抽查。

五、施工监理用表

1. 施工记录表

（1）施工测量放线记录；

（2）隐蔽工程检查记录表；

（3）工序质量评定表；

（4）分项、分部工程质量评定表；
（5）相关试验资料。

2. 监理记录表

（1）监理日记、安全日记；
（2）关键工序质量控制——旁站记录；
（3）验收记录表；
（4）其他监理管理台账。

××市××路桥梁工程

监理实施细则

编制： 审批：

××监理技术咨询有限公司
××路工程项目监理部
××××年××月

目　　录

一、工程概况

二、监理依据

三、监理工作的流程

四、施工阶段的监理

五、检查项目、检验频率及方法

六、监理工作的方法及措施

七、施工及监理记录表

第二部分　市政工程资料编制范例

一、工程概况

××路位于××市主城东北面的××区和××区交界处，西起××路，北至××路，全长约4.8km。本次实施范围为××路至××路，长约3.3km。沿路现状主要贯穿城北仓储用地和农田，并与××路、××路、××路和××路等主次干道相交。此外，××路还需穿越重机厂铁路专用线、宣杭铁路和铁路联络线等三条铁路线（桩号K1+050～K1+670），并上跨××路。

××路工程沿着道路前进方向依次跨越××河、××专运线、××铁路、联络线、长浜河、石桥路、农灌河，共计建造5座桥梁，桥梁名称分别为××桥、××立交、××河桥、××路桥、××河桥；另外在北侧非机动车道下穿规划道路处设置一箱涵。本次跨铁路立交桥中的K1+236～K1+407.4段由铁路部门实施，不在本工程范围内。

1. ××桥：采用一跨20m简支梁+5.5m拱形桥台方案，全长为31m，两侧各5.5m的拱形桥台起到了一定的装饰作用。主要结构为20m预应力混凝土空心板梁，梁高0.9m。圆弧形拱圈厚度为0.25m，半径为1.95m。钻孔灌注桩基础的桩径为1.0m。

2. ××河桥：在跨铁路立交桥（含上跨长浜河）下面两侧的地面辅道和人行道各修建一座桥梁，北侧桥、南侧桥均采用一跨10m预应力空心板简支梁桥，桥梁全长为11.732m。主要结构为一跨10m预应力空心板梁，梁高0.50m；下部采用薄壁桥台，钻孔灌注桩基础，钻孔灌注桩基础的桩径为1.0m。

3. ××河桥：桥梁全长为27.6m，上部采用一跨20m预应力空心板梁，梁高0.9m；下部采用重力式桥台，双排钻孔灌注桩基础，桩径为1.0m。

4. ××路桥：拟在拆除现状桥梁的基础上新建石桥路桥，桥梁为四跨一联简支梁，跨径组合为17.062m+17.062m+17.062m+20m，桥梁全长为71.186m。桥梁布跨主要受石桥路横断面和石桥路西面的1.2m污水干管的限制，桥墩布置在石桥路的中央分隔带和机非隔离带上，西侧桥台为避免桥梁施工对污水干管的影响适当加大了跨径。上部采用预应力混凝土空心板梁，梁高0.9m，宽1.25m；采用预应力混凝土盖梁，桩柱式桥墩，柱直径为1.2m，钻孔灌注桩的桩径为1.5m；桥台采用柱式桥台，直径为1.0m的钻孔灌注桩。

5. ××立交桥（K1+236～K1+407.4由铁路部门实施）由××市城市基础设施开发总公司实施的桥梁布置总计两联：4×25m=100m四孔一联连续箱梁，29+30+25+22+25×3=177m七孔三联连续梁。桥梁总长277m。

上部结构分别为：等截面预应力混凝土连续箱梁，箱梁横截面为单箱三室斜腹板结构。为减少铺装层的厚度，箱梁顶板设横坡使铺装层等厚。箱梁顶板宽15.62m，底板宽10m，两侧悬臂各2.31m，梁高1.6m；上跨铁路联为长度25m、30m等截面预应力简支梁，箱梁下部桥墩立柱为花瓶式，简支梁下桥墩为隐式盖梁独柱式桥墩。钻孔灌注桩直径为1.5～1.8m，承台高2.5m。桥台采用桩接盖梁形式，盖梁高1.5m，盖梁为钢筋混凝土结构，钻孔灌注桩基础，直径1.2m。

6. 箱涵

拟建的箱涵位于北侧非机动车道下穿规划道路，箱涵为普通钢筋混凝土结构，箱涵净跨6.5m，净高4.4m，横断面宽31.8m，斜交70°。箱涵顶板和底板厚均为0.5m，侧墙厚为0.5m。

二、监理依据

1. 设计图纸和其他设计文件；
2. 工程地质勘探报告；
3. 工程建设合同、协议书、招投标书和工程概预算书；
4. 监理委托合同及监理招投标书；
5. 市政工程质量检验评定标准，及其他有关文件和规定；

6. 市政工程建设标准强制性条文；
7. ××市市政建设工地安全生产、文明施工管理实施细则（试行）。
8. 建设单位的有关指示文件。

工程技术标准和验收规范一览表

序 号	类 别	名　　　称	代　号
1	行业标准	公路桥涵施工技术规范	JTJ 041—2000
2	行业标准	城市桥梁工程施工与质量验收规范	CJJ 2—2008
3	行业标准	建筑桩基技术规范	JGJ 94—2008

三、监理工作的流程

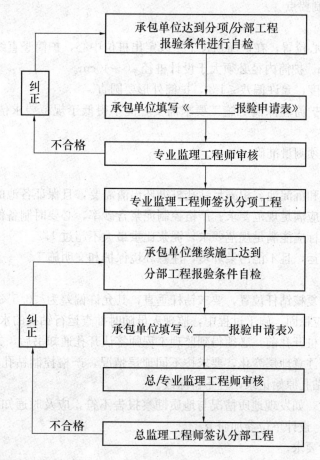

四、施工阶段的监理

（一）钻孔灌注桩

1. 施工准备阶段的监理

（1）审核承包单位项目经理部提交的钻孔灌注桩施工技术方案，包括钻孔、清孔、水下混凝土灌注等主要施工工序流程，生产组织安排等，签认审核结论。

（2）审核承包单位项目经理部所编制的灌注桩施工进度计划。

（3）查验施工测量放线成果，复核水准点和桩位定位轴线，桩号应进行反复校核。

（4）对进场的钢筋等原材料和进场设备机具的规格型号，性能及完好率进行查验，要求施工单位填写材料/构配件/设备报验单。

(5) 施工单位必须配备现场试验检测仪器，并保证能够对工序及时快速进行验证。如泥浆比重计、含砂率、黏度计、测绳、50m长钢尺等。

(6) 审查混凝土配合比报告单。

(7) 检查记录各钻机的钻头长度、直径、钻杆长度、编号等。

(8) 审核分包合同单位资质及其有关资料。

(9) 监理参加施工单位的技术交底和安全交底会，审查安检准备工作情况。

(10) 检查各类专业人员的合格证或上岗证，包括质检、试验、电焊、机驾等人员。

(11) 探明桩位处是否有管线穿过，注意邻近管线的保护措施及老桥和相邻建筑物的保护措施。

(12) 批准开工报告。

2. 监理工作的控制要点

(1) 护筒埋设

1) 检查护筒的中心位置，在护筒顶拉十字线定出桩位中心，护筒竖直线应与桩中心线重合，其平面允许偏差≤5cm。护筒内径必须大于设计桩径20～40cm。

2) 检查护筒垂直度，允许偏差≤1%，护筒外形要圆直。

3) 护筒顶标高及护筒埋深满足施工要求需要，但不得低于规范要求值，护筒埋设应牢固，不漏水。

4) 护筒顶标高必须测量准确。

(2) 泥浆系统

1) 砌筑的泥浆池和沉淀池容积满足钻孔桩循环出渣需要，且保证各池的功能正常发挥。

2) 钻孔泥浆指标应满足规范要求。严格控制泥浆含砂率，必要时制备优质泥浆换浆。

3) 清孔后泥浆指标应能满足规范要求，泥浆比重最大不超过1.2。

4) 废浆要及时清运，且不能污染环境，注意环境保护和文明施工。

(3) 钻孔

1) 钻孔就位后，复核钻杆位置，要求钻杆垂直，其允许偏差为＜0.5%，现场应用水平尺检查转盘水平度，底盘应稳固。施工过程中，监理人员随时抽查运行钻机的水平与垂直情况。

2) 每根钻孔灌注桩开孔前，必须得到监理工程师签认开孔通知书后，方能开孔。

3) 钻孔过程中应注意地层变化，要求按不同地层情况，严格控制钻孔进尺速度，及时调整泥浆比重，如实填写钻孔原始记录，且不得涂改。

4) 钻孔桩施工时，如发现地质情况与地质勘察报告不符，应及时通知监理工程师，必要时写出书面材料由建设、设计单位参加研究。

5) 孔深符合设计要求。

6) 终孔验收：

①钻孔至设计标高，施工单位自检确认后报监理工程师审核，然后进行下步工序。

②监理工程师对终孔进行检查验收，复核测绳长度与钻杆长度，测孔深推算桩长，桩长不应小于设计要求。

③用探孔器检查孔径。探孔器长度为孔径的4～6倍，探孔器直径同钻头直径相同，探孔器应能顺利下放到孔底，方可认为该孔径合格。

④成孔检查合格，监理工程师签字认可；否则应采取措施以满足设计和规范要求。

(4) 钢筋笼的制作安装

1) 按常规检查钢筋笼的规格（包括各筋规格、间距、长度、直径等）、焊接情况、保护层垫

块等,监理人员的检查一般应在施工单位专职质检员自检合格后进行。

2) 钢筋笼下放,两节钢筋笼焊接后,现场监理员应对焊接长度,焊缝质量,接头位置进行检查,单面焊缝长度≥10d,(d 为钢筋直径),垂直度偏差1‰,接头位置错开35d以上。

3) 钢筋笼下放遇阻,难以下落时,不得强行下放以避免造成钢筋笼扭曲变形。要注意判断是否已发生缩孔或斜孔现象,如遇缩孔必须提起钢筋笼进行扫孔,斜孔严重必须回填重钻。

4) 钢筋笼焊接、下沉应尽快完毕,并要检查钢筋笼的顶面高程和中心位置,位置调整正确后固定好。钢筋笼制作安装合格后现场监理人员签认隐检记录。

(5) 导管下放、清孔

1) 导管直径为20~25cm,导管长度应能满足水下混凝土的灌注,底管长度≥4m,导管接头连接应平直、密封、不能漏水。下导管时,不能碰到钢筋笼。导管下放后,下口距孔底悬高30~50cm为宜。

2) 导管下放应抓紧进行,尽量缩短提钻至灌注混凝土之间的时间,严防坍孔缩孔。

3) 导管就位后进行第二次清孔,把孔内沉渣清理出来。在灌注混凝土前,现场监理人员要检查孔底沉渣厚度不得大于设计及规范要求。用测绳测量清孔深度与终孔深度相吻合,清孔深与终孔深之差为沉渣厚度,对所用的测绳要用钢尺进行校正正确。泥浆比重严格控制不得大于1.2。检测指标值不能满足设计要求时须继续进行清孔,待重新检查后满足要求,方可进行下道工序施工。

(6) 水下混凝土灌注全过程旁站

1) 提前检测初灌混凝土储料斗容量,保证首批混凝土数量能埋管不少于1.0m高度。

2) 在灌注过程中要记录灌注混凝土的数量和混凝土顶面标高,导管埋深2~6m,每次拆导管前必须测算出导管埋深,严防导管埋深少于2m,产生夹层。一次拆管长度不多于6m。注意检查钢筋笼是否上浮。如发现钢筋笼上浮,必须立即进行处理。

3) 随机检查混凝土坍落度,混凝土坍落度宜为18~20cm。

4) 灌注混凝土末期,保证漏斗底高出水面4~6m。混凝土灌注应按设计要求,桩顶超灌1D。(D 为桩径),测定混凝土顶标高,算出成桩混凝土充盈系数大于1。

5) 见证试块取样制作过程并进行标识。

(7) 做好交接手续,记好监理日志和有关原始资料。

(8) 安全文明施工:

1) 钻孔桩施工必须在围护场地内施工,现场做好用电安全管理。

2) 现场施工人员均须配戴安全帽和上岗证,文明施工。

3) 现场原材料,工具堆放整齐,泥浆管、泥浆池不能漏浆,防止造成两侧道路环境的污染。

4) 钻机、电焊等作业制定操作规程,严禁违规作业。

5) 安全员每天对施工现场进行检查,认真负责,严防麻痹思想。

6) 施工中发现有安全隐患的,必须停工解除隐患。

(二) 承台

1. 施工准备阶段的监理

(1) 审核批准施工单位编制的承台施工组织设计(方案)。

(2) 检查原材料、混凝土搅拌机、振动器、手推车、模板及人员等是否满足施工需要。

(3) 钢材必须有产品质保单,且钢材抽验合格,商品混凝土有质保单和混凝土配合比,砂石符合规范要求,水泥有产品质保单。

(4) 承台下最后一根钻孔灌注桩完成7天后,可以开挖基坑,采用1∶0.33放坡,土质松软

处要进行围护支撑，对所有桩头进行凿除。

（5）成桩动测合格，经监理人员跟踪复核成桩位置后，对成桩进行验收（混凝土强度以28天龄期抗压强度为准）。

（6）基坑开挖后，必须用经纬仪精确放样，监理人员跟踪复核检查。在监理工程师确认基底平整无积水，各部尺寸及标高符合设计要求，签字认可后，方可进行下道工序施工。

2. 监理工作的控制要点

（1）在浇筑垫层混凝土前监理人员复核其尺寸和侧模标高，符合要求后方可按照已调整的混凝土配合比进行拌合浇筑，砂、碎石材料每拌过磅称量。监理人员旁站混凝土拌制、浇筑过程做好施工监理记录，并见证混凝土制件取样。当不采用垫层时，应保持基底原状土不受扰动、浸泡。

（2）垫层混凝土完成后，必须在垫层上重新放样，监理工程师检查复核，承台轴线及长宽尺寸满足设计要求后，方可进行下道工序施工。

（3）垫层验收之后，就可以安装承台钢筋和模板。对钢筋、模板先由承包方进行自检，符合设计及规范要求后，将自检资料提交给监理工程师，监理工程师检查复核并确认钢筋、模板及各部尺寸和标高等符合设计要求后，签认同意进行下道工序施工。

（4）承台商品混凝土每车放入模板内之前，要检测其坍落度，控制值为6～10cm，合格后进行混凝土浇筑。混凝土浇筑必须按施工规范要求分层浇筑，混凝土分层厚度控制在30cm内，相邻两层混凝土浇筑时间间隔不超过1h。混凝土入模须从四周放入，严禁用振动棒输送混凝土，混凝土振捣至无沉陷，无气泡冒出，而且不得漏振。监理人员旁站混凝土浇捣全过程，并见证混凝土试件取样。

（5）承台与立柱接触面应拉毛，并有部分石笋，无松散混凝土。预埋筋外露部分应清洁无混凝土残渍。而且要保证其上的立柱模板位置四边水平高差一致，偏差不超过2mm，以保证立柱模板的垂直度。

（6）承台模板需待混凝土达到2.5MPa后方可拆除，模板拆除时一定要认真细致，防止造成混凝土缺角少边。

（7）承台收浆初凝后，即用湿麻袋覆盖养生；24h后，洒水养生不少于14天，每天保持混凝土面湿润。

（8）模板拆除后，承包方对承台进行质量检验评定，自检评定资料经监理工程师检查复核。当承台质量评定为合格且监理工程师签认后，才能进行下道工序施工。

（三）墩身

1. 施工准备阶段的监理

（1）墩身施工前，承包单位应至少提前1周的时间提交有关台身的施工技术方案给监理工程师审查，经审查同意后按方案组织实施。

（2）承台完成后，应对预埋钢筋进行清理、除锈，复核预埋筋位置和长度，台身尺寸范围混凝土凿毛处理，并清理打扫干净。

（3）墩身必须用经纬仪精确放样。首先在承台上放出纵横轴线（或立柱中心），然后在承台上弹出台身四周边线，监理工程师检查复核中心点和边线直至满足设计要求。

（4）墩身整体式模板必须在安装前检查其表面平整度，拼缝高低差，有效长宽高尺寸是否符合设计尺寸，钢模表面检查有否除锈。脱模剂是否涂刷均匀；监理工程师在承包方自检基础上进行检查复核，并对模板质量检查评定中相关项目给予认可，在监理日记中做好记录。

（5）墩身混凝土输送设备一般采用混凝土输送泵车，条件许可时可以采用吊车配合料斗、导

管（串筒）。导管（串筒）要有足够长度以保证混凝土不离析，其长度以底口不超过混凝土面2m为宜。混凝土输送泵车必须当年安检合格，否则不得用于本工程。施工单位必须提供有关安检证书的资料给监理工程师审核。

（6）施工脚手架必须牢固，并具有足够的工作操作台面，确保施工人员安全。

2. 监理工作的控制要点

（1）进行钢筋验收，主筋绑扎垂直，箍筋按照设计要求设置弯钩，确保保护层厚度，监理人员复核检验合格后方可立模。

（2）模板安装必须严格控制垂直度，其允许偏差为≤6mm。模板安装必须采取稳固措施，保证模板在混凝土浇筑中不移位、不松动，支撑牢固不倾斜。监理工程师要高度重视模板的安装，严格检查模板各项指标，重点检查模板垂直度、顶面标高和模板的稳固性。

（3）首盘混凝土浇灌前，须经监理人员同意。监理人员应检查混凝土强度等级、混凝土配合比和坍落度是否符合要求。商品混凝土自卸输送，其坍落度宜为6±2cm，泵送混凝土则为12±1cm。

（4）墩身混凝土浇筑必须是有经验的振捣工操作，振捣工及监振员应在施工前熟悉本工程操作程序。混凝土必须分层浇筑，层厚不超过30cm，前批混凝土未振捣充分，后批混凝土不得入模。要严格控制振捣时间，确保混凝土振捣密实，严禁漏振，振捣不足及过振。浇筑完成时，如发现混凝土表面泌水较多，须在不扰动已浇混凝土的条件下采取收浆措施。

（5）监理人员旁站混凝土浇筑全过程，发现问题及时口头通知承包方，承包方接到监理人员口头通知后，要分析原因，采取措施及时处理，严防出现质量事故。

（6）监理人员见证混凝土试件取样，做好监理日志及施工记录。

（7）混凝土浇筑达到设计标高收浆后，应及时覆盖湿麻袋养生，雨天时应在台身混凝土上悬空覆盖防雨设备。待混凝土强度达到2.5MPa时方可拆除模板，并及时洒喷水，薄膜包裹养生，时间不少于7天。

（8）拆模后应及时检查混凝土外观质量，如发现混凝土表面局部有蜂窝麻面，要求承包方及时修补。

（四）台帽、盖梁

1. 施工准备阶段的监理

（1）审核承包单位提交的台帽、盖梁施工组织设计方案报审表。

（2）审查台帽、盖梁混凝土配比报告。台帽、盖梁顶部钢筋较密，施工混凝土碎石颗粒配比要适当，以防止由于过大石子嵌塞钢筋间距，引起混凝土不均匀、不密实。

（3）原材料检验，检查进场钢筋规格、外观，是否有质保单等，及按规范要求进行复试。台帽、盖梁底模采用竹编胶合板，要求模板静弯曲强度≥90MPa，弹性模量≥$6.0×10^3$MPa，耐高温、耐沸水。

（4）台帽、盖梁整体式模板在安装前必须检查其表面平整度，拼缝高差和长宽高尺寸是否符合设计要求，钢模表面有否除锈，脱模剂涂刷是否均匀。

（5）施工脚手架必须牢固，必须有足够的工作操作台面，确保施工人员安全。

2. 监理工作的控制要点

（1）复核台帽、盖梁中心线、平面位置及支承面高程。施工时应严格控制盖梁顶标高，确定钢管支架高度。

（2）检查台帽基坑回填土是否填至四周原地面标高，以确保地坪承载力。铺设槽钢作钢管支架垫板，以免支架产生不均匀沉降。

(3) 检查支架搭设的整体性及稳定性，钢管立杆，纵横步距不大于 0.7m 为宜。增加横杆扣结点，减小横杆步距，要求不大于 2m，四侧布置剪力撑，检查扣件螺栓是否牢固。

(4) 钢筋骨架在地面先成型，后进行安装。为防止台帽钢筋骨架与台身主筋搁住，要求在地面上对台身、盖梁主筋平面位置进行翻样，注意钢筋净保护层的控制。

(5) 模板验收：底模采用竹胶板，侧模采用定型钢模，要求模板接缝密实不漏浆，模板内无污染物，以使盖梁混凝土表面美观。检查侧模对拉螺杆是否牢固，以防浇筑混凝土时发生变形。

(6) 钢筋、预应力盖梁钢绞线

1) 监理人员要认真检查钢筋、钢绞线的型号、尺寸和数量是否同设计图纸要求一致，钢筋连接均用双面焊连接，焊接要连续饱满，搭接长度要符合规范要求。

2) 钢筋、钢绞线安装要求位置正确，绑扎牢固，绑扎结点不少于结点数的 80%，间距均匀，注意检查防撞栏杆及伸缩缝预埋件。

(7) 混凝土浇筑：台帽、盖梁分层进行浇筑，层厚不大于 30cm，浇筑顺序是先浇跨中，再由跨中向支点扩展，以减少支架沉降影响。混凝土振捣要密实、无气泡，既不能过振，更不能漏振。

(8) 拆模及养护。侧模为非承重模板，当混凝土强度达到 2.5MPa 时方可拆模。底模为承重模板，混凝土强度达到设计强度的 70% 方可拆除（以混凝土抗压强度试验值为依据）。侧模拆除后应及时进行养护，用薄膜遮盖，经常洒水保持湿润状态。

(五) 预制空心板梁（预应力）

1. 施工准备阶段的监理

(1) 审核承包单位提交的箱梁施工组织设计（方案）报审表。

(2) 要求施工单位有专项的支架搭设方案及其受力分析，审核合格后，方可立架。并按设计要求进行支架预压，确定施工预拱度。

(3) 审查箱梁混凝土配合比报告，泵送混凝土坍落度控制在 12±2cm 范围内。箱梁钢筋较密，宜采用 2cm 碎石混凝土。

(4) 工程材料的检查及复试。

(5) 模板的检查。模板要求性能指标值能保证其强度及稳定性。

(6) 施工中所用各种机械设备的报验单（振动器，混凝土输送泵车或吊车，压浆机等），要求所用机具必须满足工程施工需要。

(7) 橡胶支座在进货前，应检查产品合格证书中有关技术性能指标，不符合要求，不得使用，安装前按有关规定进行复试，复试合格方能使用。

2. 监理工作的控制要点

(1) 场地清理、硬化

满堂支架场地清理整平，对遭破坏的路面采用素混凝土硬化，确保地基承载力满足施工要求。

(2) 模板

1) 检查模内尺寸和模板各部件之间相互位置的准确性，保证结构的设计形状、尺寸，控制模板的周转次数。斜交梁板的斜交角度及梁长应特别注意。

2) 检查模板表面是否光滑平整，接缝严密，确保混凝土在强烈振动下不漏浆。

3) 检查底模台座是否按图纸要求预留上拱度，上拱度尺寸是否准确。

(3) 钢筋、钢绞线

1) 监理人员要认真检查钢筋、钢绞线的型号、尺寸和数量是否同设计图纸要求一致，钢筋

连接均用双面焊连接，焊接要连续饱满，搭接长度要符合规范要求。

2) 钢筋、钢绞线安装要求位置正确，绑扎牢固，绑扎结点不少于结点数的 80%，间距均匀，注意检查防撞栏杆及伸缩缝预埋件。

（4）混凝土浇筑

1) 工作缝的设置。桥墩为刚性支撑，桥跨下的支架为弹性支撑，为防止在浇筑混凝土时，上部结构在桥墩分界处产生不均匀沉降引起裂缝，通常在桥墩上设置临时工作缝，待梁体混凝土浇筑完成，支架稳定，上部构造沉降停止后，再将此工作缝填筑起来。但为保证混凝土整体质量，建议采取一定的措施，不设工作缝为好。

2) 按设计要求分阶段浇筑，第一阶段浇注底板和腹板，第二阶段浇筑顶板，故腹板之间必须设置施工缝，施工缝的处理应凿除前层混凝土表面的水泥砂浆和松弱层，并铺一层厚为 10～20mm 的 1:2 的水泥砂浆。

3) 浇筑好底板混凝土，要待底板混凝土有一定的凝结力，方可进行腹板混凝土浇筑，浇筑工艺采用斜向分层浇筑。

4) 商品混凝土入模前，旁站监理人员必须检查混凝土坍落度，查看随车混凝土配比通知单，确认无误后，准许混凝土入模浇筑，见证试块取样制件，记好旁站记录。

5) 控制好振动器的振动时间，确保混凝土振捣密实，防止过振和漏振。

6) 混凝土养护。混凝土表面收浆工作结束后即用草帘或湿麻袋等物覆盖，并应经常在模板及草帘上洒水，以使混凝土表面保持湿润状态，洒水养护的时间，一般在常温下应不少于 7 昼夜。

7) 拆模要求施工单位提交一份切实可行的拆模落架方案予以报审。

8) 拆落模板期限的控制。底模应待混凝土达到设计强度后方能拆除。侧向模板的拆除应等到混凝土的强度能保证其表面及棱角不因拆除模板而受损坏。

五、检查项目、检验频率及方法

钻孔灌注桩的检测项目、检验频率及方法

项目		质量标准及允许偏差	检验认可			
			检验频率	检验方法	检验程序	认可程序
桩位偏差	群桩	按图纸要求允许±10cm	逐桩	钢尺量	承包人自检	专业监理工程师认可
	单桩	按图纸要求允许±5cm				
护筒	直径	内径比孔径大 20～40cm	逐桩	钢尺量	承包人自检	专业监理工程师认可
	顶高	高出地面 30cm，高出地下水位 2m				
	埋深	冲刷线 1m 以下，≥1m				
	偏位	允许 5cm				
钻孔	孔深	0～+50cm	逐桩	测锤	承包人自检	专业监理工程师认可
	孔径	不小于设计桩径		探孔器		
	倾斜度	<1%		探孔器		
	沉淀层	不大于设计规定		测锤		
泥浆	清孔后	相对密度：1.03～1.20 黏度：17～20Pa·S 含砂率：<2% 胶体率：>98%	每桩 3～4 次	试验	承包人自检	专业监理工程师认可

续表

项 目		质量标准及允许偏差	检 验 认 可			
			检验频率	检验方法	检验程序	认可程序
钢筋笼	主筋间距	±10mm	逐桩	钢尺量	承包人自检	专业监理工程师认可
	箍筋间距	±20mm				
	钢筋笼直径	±10mm				
	钢筋笼长度	±100mm				
导管	导管悬高	30～50cm	逐桩	测锤导管长累加	承包人自检	专业监理工程师认可
	导管埋深	首批1m以上，后续灌注2m以上	拆导管后检查	测锤	承包人自检	专业监理工程师认可
混凝土	坍落度	18～20cm	随时抽检	试验	承包人自检	专业监理工程师认可
	强度	符合设计规范要求	逐桩	试件	承包人自检和指定测试机构	专业监理工程师认可
	桩头	混凝土良好，无松散残余混凝土	逐桩	自检	承包人自检	专业监理工程师认可
检验	测桩	Ⅰ类桩：≥95%，且至少为Ⅱ类桩	≥50%桩数	低应变测试	指定专业测试单位	

钢筋的检测项目、检验频率及方法

序号	项 目	允许偏差(mm)	检验频率(点)	检 验 方 法	承包人检验	监理检查
1	受力钢筋成型长度	±5，-10	1	用钢尺量，抽查10%，且不小于5件	自检	抽检10%不小于5点
2	箍筋尺寸	0，-5	2	用尺量，宽高各计一点，抽查10%，且不小于5件	自检	抽检10%不小于5点
3	钢筋冷弯抗拉强度	符合材料性能指标		每批各3件送样检验	自检	按规定送检
4	接头弯折	不大于4	1	用刻槽直尺和楔形塞尺量抽10%，且不小于10件	自检	抽检2点
5	接头处钢筋轴线的偏移	≤0.1d且不大于2.0m	1	用钢尺量、任意一截面的平均值为1点	自检	抽检2点
6	受力钢筋间距	±10	4	用钢尺量、任意截面的平均值为1点	自检	抽检2点
7	箍筋间距	±20	5	用钢尺量、连续5档的平均值为1点	自检	抽检2点
8	同一截面内焊接受拉钢筋接头截面积占总截面积	不大于50%		观察	自检	观察每一截面
9	保护层厚度	±5	6	用尺量	自检	抽检2点

模板的检测项目、检验频率及方法

序号	项目		允许偏差(mm)	检验频率(点)	检验方法	承包人检验	监理检查
1	相邻两板表面高低差		2	4	用尺量	自检	抽检4点
2	表面平整度		3	4	用2m直尺检验	自检	抽检4点
3	模内尺寸	宽	0,−8	1	用尺量长宽高各1点	自检	抽检高宽各1点
		高	0,−5				
		长	0,−5				
4	侧向弯曲		≤10	1	拉线量取最大	自检	平行或跟踪检查
5	轴线位移		±5	2	用经纬仪	自检	检查1点
6	预留孔洞位置		10	1	每个孔洞用尺测量1点	自检	检查1点

混凝土浇筑的检测项目、检验频率及方法

序号	项目		允许偏差(mm)	检验频率(点)	检验方法	承包人检验	监理检查
1	混凝土抗压强度		符合规范要求	不小于1组	试验试压	试验试压	抽总数的20%试压
2	断面尺寸	宽	+5,−8	5	用尺量	自检	抽检各2点
		高	+5,−8	5	用尺量		
		长	+10,0	4	用尺量		
3	顶面高程		±10	4	用水准仪测量	自检	平行或跟踪抽查2点
4	位置		8	1	用经纬仪和尺量	自检	平行或跟踪抽查1点
5	垂直度		0.15%H,且不大于10	2	用垂线或经纬仪测量	自检	抽检2点
6	麻面		每侧不得超过该侧面积的1%	1	用尺量麻面面积	自检	抽检1点
7	侧向弯曲		5	2	用2m直尺或小线量取量大尺高	自检	抽查2点

张拉的检测项目、检验频率及方法

序号	项目		允许偏差	检验频率		检验方法
				范围	点数	
1	张拉应力值		±5%	每根(束)	1	用压力表测量或查张拉记录
2	△预应力筋断裂或滑脱数	先张法	5%总根数,且每米不大于2丝	每个构件	1	观察
		后张法	3%总根数,且每米不大于2丝			
3	△每端滑移量		符合设计规定	每束(根)	1	用尺量
4	△每端滑丝量		符合设计规定		1	
5	先张法预应力筋中心位移		5mm	每个构件	1	

六、监理工作的方法及措施

监理工作的措施:

(1) 对施工完成的任一工序,先由施工单位质检人员自检合格,然后会同监理人员检查

验收。

(2) 实行监理24h值班,定期不定期地现场巡视监督,发现问题及时提出整改,整改合格后,方可进行下步工序。

(3) 如发现一些带普遍性的问题或施工方整改不利时,可在有关会议(如工地例会、专题会议)上提出或签发"监理工程师通知",要求施工单位进行整改。

七、施工及监理记录表

(一)施工记录表

1. 施工测量放线记录及图;
2. 隐蔽工程质量检查记录表;
3. 混凝土灌注记录表;
4. 预应力张拉记录表。

(二)工序质量评定表

1. 钢筋工序质量评定表;
2. 混凝土浇筑工序质量评定表。

(三)监理记录表

1. 资料汇总表;
2. 特殊过程控制计划表;
3. 旁站记录;
4. 监理日志;
5. 其他监理管理台账。

××市××路排水工程

监理实施细则

编制：　　　　　　　　　　　　　审批：

××监理技术咨询有限公司
××路工程项目监理部
××××年××月

目 录

一、工程概况
二、监理依据
三、施工准备阶段的监理
四、排水工程各分项施工、监理工作示意图
五、排水工程各分项的质量控制要求
六、施工记录表
七、监理记录表

一、工程概况

××路位于××市主城东北面的××区和××区交界处,西起××路,北至××路,全长约 4.8km。本次实施范围为××路至××路,长约 3.3km。工程沿着道路前进方向依次跨越××河(颜家河)、重机厂专运线(远期费家塘路)、××铁路、联络线、××河、石桥路、××河,共计建造 5 座桥梁,另外在北侧非机动车道下穿规划道路处设置一箱涵。

本工程的排水工程采用雨、污水分流制。

雨水:雨水管位于道路中心线处,根据雨水汇水范围及排水方向,××路雨水管道共设 6 个系统收集道路及两侧地块雨水,分散就近排入东新河、长滨河及农灌河。设计管径 $D225 \sim D1500$,其中 $D225 \sim D400$:埋深≤5m 的采用 UPVC 管,橡胶圈接口;埋深>5m 的采用国标承插式钢筋混凝土Ⅱ级管,橡胶圈接口。$D500$ 以上采用国标承插式钢筋混凝土Ⅱ级管,橡胶圈接口。

道路下穿段排水采取盲管系统,下穿段道路路面雨水和地下水收集后接入雨水泵房排出。雨水泵房采用地下式,不设上部建筑,尽量减少泵房对周边环境的影响。

污水:污水管位于道路中心线以南 10.5m 处,共设 3 个系统收集两侧地块污水,分别排入东新路现状已建 $D600$ 污水管、石桥路现状 $D1200$ 污水管及杨家路规划污水管。设计管径 $D300 \sim D600$。

二、监理依据

1. 本工程建设监理合同和业主与承包人签订的工程建设承包合同。
2. 《市政排水管渠工程质量检验评定标准》CTJ 3—90;《城镇道路工程施工与质量验收规范》CJJ 1—2008、《给水排水管道工程施工及验收规范》GB 50268—2008;《埋地聚氯乙烯排水管道工程技术规程》CICS 122:2001。
3. 本工程设计文件及有关工程变更、洽商文件。
4. 国家和省市有关工程建设监理的文件及规定。

三、施工准备阶段的监理

1. 审核施工单位提交的排水工程施工方案,签认审核结论。
2. 审核承建商项目部提交的排水工程施工进度计划,对照总体进度表进行核批。
3. 查验测量放线成果,复核定位轴线、井位。
4. 在进场前,对原材料进行实地考察,包括管材生产厂家,商品混凝土厂家或砂石料供货场,考察通过后方可同意订货。
5. 对进场后的原材料进行检验(要求承建商及时填报材料报验单)。
6. 对进场机具的规格性能及完好率进行检查,看是否满足现场施工要求(要求承建商提供进场设备报验单。
7. 审查混凝土配合比报告。
8. 监理参加承建商的技术交底和安全交底会,审查其技术安全等方面的准备情况。
9. 检查管理人员及特殊工种人员的上岗证(操作证)。
10. 在机械开沟前,人工挖探沟,查明现有管线的位置,制定保护方案。
11. 在条件许可时,经业主同意,批准开工报告。

四、排水工程各分项施工、监理工作示意图

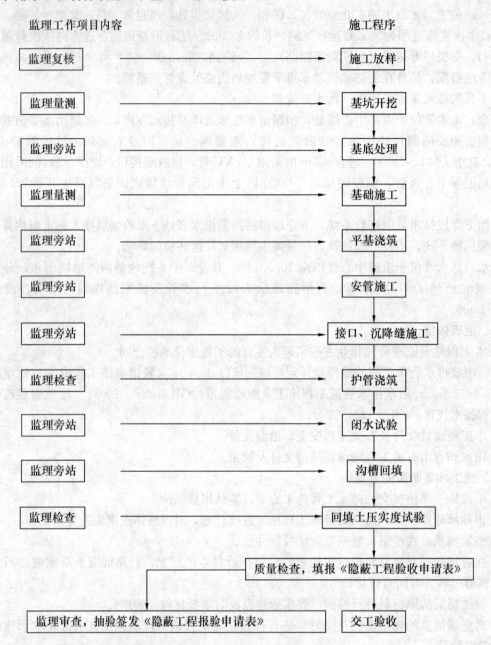

五、排水工程各分项的质量控制要求

（一）沟槽开挖与支撑

1. 沟槽开挖应先取原状土做最大干密度和最佳含水量试验。

2. 开挖前，做好沟槽中心线与边线的放样工作，经监理工程师复核认可后方可开挖。

3. 沟槽开挖必须从下游开始，由深到浅。合理的确定分层开挖的速度和深度。开挖时不得扰动槽底土壤，槽底不得受水浸泡，做好临时排水措施，及时施工垫层。如发生超挖，当超挖15cm 内时可用原土回填压实，压实度不低于天然地基。当超挖大于15cm 小于100cm 可用石灰土分层压实，其压实度不低于95%。

4. 沟槽应视开挖的深度和土质确定是否支撑，采用支撑时支撑必须牢固，安全可靠，且不

得妨碍下管。雨期施工时应加强检查。当不进行支撑时，应根据土质情况确定开挖边坡的放坡系数。

5. 在复核槽底标高、宽度按 $B=D_1+2(b_1+b_2+b_3)$ 验收无误后，方可施工垫层，其厚度必须达到设计要求，监理进行认真量测。

6. 雨期施工，应事先做好雨水排放措施，防止泡槽。

7. 沟槽开挖的允许偏差：

序号	检查项目	规定值或允许偏差		检查频率	检查方法
1	槽底高程（mm）	土方	+20	两井之间3点	水准仪
		石方	+20 -200		
2	轴线偏位（mm）	150		两井之间3点	经纬仪、尺量
3	槽底中线每侧宽（mm）	不小于规定		两井之间3点/侧	挂中心线用尺量

（二）管道基础、管座

1. 钢筋混凝土基础必须进行钢筋隐蔽工程验收。特别注意沉降缝设置是否符合设计要求。

2. 浇筑管座混凝土时，应清除模板中的沉渣、异物，平基应凿毛冲净。

3. 基础混凝土、管座混凝土抗压强度试块每台班各做一组，混凝土浇捣养护须符合施工规范要求，蜂窝麻面面积不得超过1%。

4. 管道基础与检查井基础的连接须符合设计规定。

5. 管道基础施工后，必须进行中线、高程的自检，自检合格后通知监理验收，经监理验收合格后，方能进入下道工序的施工。

6. 管道施工完毕应进行验收，内容包括肩宽、肩高、蜂窝面积等。经认可后方能进入下道工序施工。

7. 平基、管座允许偏差：

序号	项目		允许偏差	检验频率		检验方法
				范围	点数	
1	混凝土抗压强度		必须符合设计	100m	1组	必须符合规定
2	垫层	中线每侧宽度	不小于设计规定	10m	2	挂中心线用尺量每测计1点
		高程	0 -15mm	10m	1	用水准仪测量
3	平基	中线每侧宽度	+10mm 0	10m	2	挂中心线用尺量每测计1点
		高程	0 -15mm	10m	1	用水准仪测量
		厚度	不小于设计规定	10m	1	用尺量
4	管座	肩宽	+10mm -5mm	10m	2	挂中心线用尺量每测计1点
		肩高	±20mm	10m	2	用水准仪测量每测计1点
5	蜂窝面积		1%	两井之间（每侧面）	1	用尺量蜂窝总面积

（三）安管

1. 施工所用管材应有出厂合格证，使用认可证书。

2. 管节安装前应进行外观检查，发现裂缝，保护层脱落、空破、节口掉角等缺陷，应进行修补并鉴定合格后方可使用。

3. 管道应在沟槽地基，管基检查合格且平基混凝土强度大于 5MPa 后方可安装，管节安装前应将管内外清扫干净，安装自下游开始，承口朝施工前进方向。安管时必须垫稳，逐节调整管节的中心及高程，安管允许偏差应符合规范要求。经监理工程师验收合格后应及时浇筑管座混凝土。

4. 管道接口应平直，环行间隙应均匀，接口应整齐、密实、饱满，不得有间隙、裂缝、空鼓等现象。

5. 管道交叉施工时，必须按设计要求做好管道的保护工作。

6. 雨期施工时应合理缩短开挖长度，及时砌筑检查井，暂时中断安装的管道要临时封堵。

7. 桥面雨水排水管注意各连接部位牢固，且防止渗漏。钻眼安设吊管卡时应减少对桥梁混凝土表面的破坏程度，以避免结构钢筋受潮腐蚀。

8. 安管允许偏差：

序号	项目		允许偏差	检验频率		检验方法
				范围	点数	
1	中线位移		15	两井之间	2	挂中心线用尺测量
2	管内底高程	D<1000mm	±10	两井之间	2	用水准仪测量
		D>1000mm	±15	两井之间	2	用水准仪测量
		倒虹吸管	±30	两井之间	2	用水准仪测量
3	相邻管内管桩错口	D<1000mm	3	两井之间	3	用尺量
		D>1000mm	5	两井之间	3	用尺量

注：1. D<700mm 时，其相邻管内底错口在施工中自检，不计点；
2. 表中 D 为管径。

（四）检查井

1. 井壁必须互相垂直，不得有通缝，必须保证灰浆饱满，灰缝平整，抹面压光，不得有空鼓、裂缝等现象。

2. 井内流槽应平顺、应与井室一起砌筑，不得有建筑垃圾等杂物。

3. 井框、井盖必须完整无损，安装平稳，位置正确。井底基础应与管道基础同时浇筑。

4. 铸铁井盖须要有生产厂家出厂合格证及使用认可证书。

5. 雨水口位置应符合设计要求，不得歪扭。井圈及井墙吻合，允许偏差应为 ±10mm，井圈与道路边线相邻边的距离应相等，其允许偏差应为 10mm。

6. 雨水口与检查井的连管应直顺、无错口；且不能接入井筒，坡度符合设计要求；雨水口底座及连管应设在坚实土质口。

7. 雨期砌检查井或雨水口，井身应一次砌起。为防止漂管，可在检查井的井室侧墙底部预留进水孔，还土前，应封堵。

8. 检查井接入圆管的管口应与井壁平齐，当接入管径大于 300mm 时，应砌发砖圈加固。

9. 包井施工应注意井基础与原管道基础的连接，井室砌筑前冲洗原基础及管道，保证可靠粘接，确保不渗水。

10. 检查井允许偏差应符合下表规定：

序号	检查项目		规定值或允许偏差	检查频率	检查方法
1	井内尺寸（mm）		20 不小于设计	每座 2 点	用尺量，长宽各计 1 点
2	井盖高程（mm）	路面及行人道	标高应一致	每座 1 点	尺量
		非路面	±10 不低于地面		
3	井底高程（mm）	管径＜1000mm	±10	每座 1 点	水准仪
		管径＞1000mm	±15		

（五）闭水试验

1. 雨、污水管道、倒虹管必须作闭水试验。

2. 闭水试验要在管道及检查井外观质量已验收合格，管道未回填土且沟槽内无积水，全部预留孔封堵，无渗水后进行。

3. 闭水试验在管道灌水 24h 后再进行闭水试验，水位应为试验段上游管道内顶以上 2m，如上游管道内顶至检查井口的高度小于 2m 时，闭水试验水位可灌至井口为止。

4. 对渗水量的测定时间不少于 30min，闭水试验时监理应旁站。

5. 闭水试验合格判定：（1）管道的外观不得有漏水现象；（2）实测的渗水量对于混凝土管小于 GB 50268—97 中的允许渗水量，对于 UPV-C 管小于《埋地硬聚氯乙烯排水管道技术规程》中的允许渗水量。

6. 闭水试验允许偏差应符合下表的规定：

序号	检查项目		允许偏差	检查频率		检查方法
				范围	点数	
1	倒虹管		不大于允许渗水量	每个井段	1	灌水
2	其他管道	ΔD＜700mm		每 3 个井段	1	计算渗水量
3		ΔD 700～1500mm		每个井段抽验一段	1	
4		ΔD＞1500mm		每 3 个井段抽验一段	1	

（六）回填土

1. 管道沟槽回填必须在闭水试验合格后进行，且沟槽内无积水。

2. 管道沟槽回填一般情况下采用素土回填，在管道上 50cm 内不得回填大于 10cm 的石块、砖块等杂物，回填时槽内无积水，不得回填淤泥、腐植土及有机物质。回填土应按每层 25～30cm 的虚铺厚度进行回填及分层夯实。

3. 对有支撑的沟槽，填土拆撑时，要注意检查沟槽及临近建筑物、构筑物的安全。

4. 沟槽回填顺序，应按沟槽排水方向由高向低分层进行。

5. 沟槽两侧应同步回填夯实，以防管道位移。

6. 井室等附属构筑物回填土时进应四周均匀回填夯实。

7. 本工程管道的覆土厚度在 0.7～4 米之间，回填土时应分层夯实，做好密实度试验。监理做好旁站记录。

8. UPVC 管回填要满足《埋地硬聚氯乙烯排水管道技术规程》的要求。

9. 回填土偏差应满足下表的规定：

序号	项目			压实度（%）（轻型击实试验法）	检验频率		检验方法
					范围	点数	
1	胸腔部分			≥90	两井之间	每层一组3点	用环刀法检验
2	管顶以上500mm			≥85		每层一组3点	
3	管顶以上500mm至地面	当年修路（按路槽以下深度计）	0～800mm	高级路面 ≥98	两井之间	每层一组3点	用环刀法检验
				次高级路面 ≥95			
				过渡式路面 ≥92			
			800～1500mm	高级路面 ≥95			
				次高级路面 ≥90			
				过渡式路面 ≥90			
			＞1500mm	高级路面 ≥95			
				次高级路面 ≥90			
				过渡式路面 ≥85			
		当年不修路或农田		≥85			

六、施工记录表

（一）施工测量放线记录及附图

（二）隐蔽工程检查记录表

1. 沟槽隐蔽检查记录；
2. 垫层隐蔽检查记录；
3. 平基隐蔽检查记录；
4. 护管隐蔽检查记录；
5. 检查井隐蔽检查记录。

（三）工序质量评定表

1. 沟槽开挖工序质量评定表；
2. 垫层混凝土浇捣工序质量评定表；
3. 平基混凝土浇捣工序质量评定表；
4. 护管混凝土浇捣工序质量评定表；
5. 井盖板、井底板及检查井施工工序质量评定表。

（四）闭水试验记录表

（五）压实度试验记录表

七、监理记录表

（一）监理日志

（二）样品登记表

（三）验收记录表

××市××路工程

安全文明施工

监理实施细则

编制：　　　　　　　　　　审批：

××监理有限公司
××路工程项目监理部
××××年××月

目　　录

一、编制依据

二、组织机构与职责

三、施工安全控制的主要内容

四、文明施工控制的主要内容

五、安全文明施工控制的具体要求

六、安全生产的监控措施

七、文明施工的监控措施

八、监理工作制度

××路沿线经过××村、××村、××村、××村，两侧还有××小区、××北园等小区，沿线有多家大型仓库，同时现状还有78路、41路、605路、826路、618C路共五路公交车在运营。现状交通非常繁忙，且重型、大型车辆占有很大比例。所以在施工过程中的交通安全，人身安全，环境控制等都非常重要，安全文明施工必须提到很高的要求，要确保施工人员和机械的安全，又要确保道路沿线单位、行人的安全。

本次实施的跨铁路桥部分中的K1+236～K1+407.4的下穿部分和铁路密切联系，铁路运输四通八达，每天穿梭往来的列车繁多。铁路运输的另一个特点是有轨交通，要保证铁路运营必须保证轨道路基不受干扰破坏。因此，必须采取可靠、有效的防护措施，确保铁路运营安全是安全生产、文明施工的重中之重。要让参建的地方施工单位懂得铁路养护维修的特点，了解铁路限界的要求。监理首先要协同施工单位和铁路运营部门的相关单位签订施工期间保证铁路安全的协议和其他有关手续。其次根据本工程跨铁路防护的施工图设计和结合施工单位的设备与经验，编制棚架隔离防护的专项施工方案，并经总监理工程师审查之后执行，再者，为了做好日常的防护落实检查，我们将安排一名责任心强、有经验的监理负责这项工作，结合承建方的安全保证体系进行长效管理。

除了保障铁路的安全运营，作为在市区建设的市政工程，在施工过程中交通安全、人身安全、环境控制等都非常重要，安全问题、文明施工必须提到很高的要求，要确保施工人员和机械的安全，又要确保道路沿线单位、行人的安全。

一、编制依据

1. 中华人民共和国安全生产法；
2. 建设工程安全生产管理条例（国务院393号令）；
3. 国家、住房和城乡建设部等有关部门劳动保护条例、法纪、法规；
4. 《建筑施工安全检查标准》JGJ 59—99；
5. 《施工现场临时用电安全技术规范》JGJ 46—2005；
6. 《建筑施工高处作业安全技术规范》JGJ 80—91；
7. ××市市政工程安全文明施工核验细则。

二、组织机构与职责

1. 工程项目指挥部成立安全文明施工领导小组，监理部指派一人参加，具体负责对项目工程施工建设中关于安全文明施工工作的日常监督、检查并提出整改意见。
2. 项目监理部每个人员都要对日常安全文明施工负责，把本工程的安全文明施工各项具体工作的落实、监督、检查、整改和预测、预防措施纳入监理工作内容，认真做好记录。
3. 总监理工程师主持安全文明施工监理人员的分工和岗位职责，审批有关安全文明施工监理实施细则；签发有关安全文明施工的文件和指令；参与实施过程的检查和监督。

三、施工安全控制的主要内容

1. 控制施工作业人员的不安全行为；
2. 控制物的不安全状态；
3. 加强施工作业环境的保护。

四、文明施工控制的主要内容

文明施工程度，体现了一个施工单位的管理水平，督促施工单位文明施工是监理应尽的职责。本工程经过的村庄及厂房都比较多，必须严格按照省市有关施工现场标准化管理规定的内容及相关文件进行布置及管理。在施工过程中重点将做好以下几个方面的工作：

1. 整个施工活动过程中，加强现场施工人员的文明行为教育，使他们树立起建设绿色××

的主人翁思想；

2. 科学合理地组织生产，保证施工有序；

3. 协调参与建设各方之间的配合，减少不协调因素；

4. 加强管理，减少对周边环境的影响和干扰。

五、安全文明施工控制的具体要求

1. 加强总平面管理

总平面管理是针对整个施工现场而进行的管理，其最终要求是：严格按照各施工阶段的施工平面布置图的规划和管理，具体表现在：

(1) 施工平面图规划应具有科学性、方便性。施工现场按文明施工有关规定，在明显的地方设置工程概况、施工进度计划、施工总平面图、现场管理制度、防火安全保卫制度等标牌。

(2) 供电、给水、排水系统的设置严格遵循平面图的布置。

(3) 所有的材料堆场、小型机械的布设均按平面图要求布置。

2. 加强重点部位的监控

(1) 现场围护

1) 施工单位应根据施工特点编制现场围护的实施方案，对其强度、构造和稳定性进行专门设计验算，并根据交通方案绘制围护总平面图，标明道路围护大门进出口、临时进出移动口以及断头路等设置的区域，并明确围护的方式。

2) 现场围护必须按实施方案进行搭设，投入使用前应在施工企业安全职能部门自检合格的基础上报建设监理单位进行验收。

3) 必须对现场围护的搭拆方案进行审核，严格进行验收并做好验收记录。

4) 由于道路比较长，工程处于郊区，应根据现场的实际情况对道路进行必要的围护，道路围护一律采用彩钢板等硬质材料，不得使用塑料布、土工布、纺织布、脚手片作围护。彩钢板顶部应设置10cm高的压顶条，颜色为黄黑相间。移动出入口及十字路口交通区根据交通部门要求高度可低于1.2m，但不得低于0.9m，且单边长不得超过20m。

5) 现场围护采用的彩钢板应有产品合格证、质量检测报告，且彩钢板厚度不应小于3mm。

6) 围护外侧应间隔20m悬挂形式统一的宣传牌。围护顶部应安装警示红灯，且间距不大于6m（以6m为准）。照明线应设塑料套管，确保金属架体不带电。照明红灯应有敷设套管挑出围护上口15cm，套管上导线口应朝下。

7) 现场围护涉及居民区以及主要交通口的，施工单位应在宣传牌上注明现场投诉电话。

8) 主要通道口必须设置围护，围护可采用彩钢板封边下部加设移动滚轮的形式或采用活动围栏。

(2) 临时设施

1) 施工单位应在文明施工方案中明确工程平面图搭设位置，科学合理地搭设临时设施。

2) 临时设施搭设必须在施工单位自检的基础上报监理进行验收，并按相关规定统一布置，做到结构安全、整齐、清洁。

3) 钢结构彩板房、水泥复合板房、砖混结构房，其设置位置、高度、结构强度、刚度、稳定性、抗风力应符合相关设计规范、质量标准和有关的规定要求，活动房应有产品证和检验检测报告，使用前应进行安装验收，合格并通过监理签证后方能投入使用。

4) 搭设临时设施的材料应经监理审核后方能使用，严禁使用毛竹、脚手片、彩条布、塑料布、单层彩钢板、模板等材料进行搭设。

5) 临时设施内线路应高套管敷设。

6）办公室内应对安全管理制度、管理网络图、施工图表裱挂上墙。双层活动房会议室且设置在一楼。

7）宿舍应落实以下文明施工要求：

①宿舍（生活区）应设标识牌，并在宿舍门右上角张贴宿舍人员和值班名单。地坪应硬化，并设置排水沟，生活污水排放应按规定办理相关手续，无排放口的应专门设置排放池，不得任意排放。

②宿舍内应统一采用标准双层单人床，不得使用钢管扣件、竹片、模板等材料搭设，宿舍内应提供脸盆架、储物柜，不得私自垒灶，严禁煤气、煤炉同室使用。

③宿舍人均使用面积不得小于 $2.5m^2$，不得把一间宿舍分割成若干单人小间。两床之间通道宽度应保持在 1.2m 以上。

8）生活区不得堆放建材、工具和易燃易爆物品。

9）食堂应符合《食品卫生法》的各项要求，并满足以下要求：

①位置适宜，室内外环境整洁，烹调区与饮食区分隔，食品生熟分开存放，有冷冻、消毒、防蚊绳、蟑螂等措施。

②食堂工作人员须有"健康证"，且证照上墙；工作人员应统一穿戴白色工作服、帽；厨房内严禁住人及堆放建材、工具等物品。

③烹调区、炉台等应用地瓷砖贴面并有防滑保洁措施。

10）厕所、浴室：

①厕所、浴室结构符合规定要求，男、女间应分隔、标识清晰，室内应用地瓷砖贴面，便槽、水槽须设置坡度，冲洗保法措施到位，不得有积污、积水等现象。

②化粪池、污水池应封闭，并定期清理，不得有反渗、满溢及污染周边环境的情况。

（3）临时工棚

1）施工现场钢筋间、木工间、仓库等临边搭设的工棚应结构稳定、符合抗8级风力的规定要求，且搭设高度不得超过一层。

2）各工棚标识牌整齐，消防器材完备，易燃易爆物品须按有关规定存放。

3）各加工作业车间及场所卫生、消防、安全操作规程等责任人应设置醒目的标识牌上墙，作业人员不得随意吸烟和违规明火作业。

4）工地主要出入口应根据围护方案设置门楼（大门），门楼（大门）形式、尺寸、材料，应按如下规定进行设置：

①门楼（大门）。门楼、大门宜采用钢结构或砖结构形式，安装牢固。门楼、大门口设有企业标志和工程名称等图牌；其立面设计整齐、美观有特色，进出口 10m 范围内应硬化。设立门卫值班人员及门卫值班制度（包括临时进出口管理内容），制度应上墙。

②"一图五牌"：

(a)"一图五牌"应按有关规定进行设置，工程概况牌宜设置在施工区域的主要出入口等醒目位置，安装牢固、整齐、字体工整、美观，设置的高度、尺寸、背景图案等可根据工程规模、环境确定。

(b)工程概况牌应注明建设、设计、施工、监理和监督单位，工程名称、工程主要构筑物结构类型、开竣工日期和项目经理、技术负责人、施工员、质量员、安全员及监督投诉电话。

(c)安全生产活动记录牌、十项安全技术措施牌、安全生产六大纪律牌、现场防火责任牌统一采用 $0.8m \times 1.2m \times 0.05m$ 的彩钢板，背面加边框，并设置在项目部附近或放置在固定的宣传栏内。

(d) 工程平面图应标明工地方位及各类办公、生产、生活设施设置地点，以及固定设备、机具、消防设施、大门（包括临时进出口）、便道以及水电的走向。施工阶段调整后应及时变更场面图。

(e) 现场必须设置宣传栏，并及时反映现场安全情况。

(f) 施工单位应根据季节特点，做好"防汛抗台"工作，并落实好各类临时设施预防倒坍的措施。

(4) 道路工程施工

1) 施工单位必须依据经有关部门批准的交通方案，按要求设置警示标志和警灯。

2) 施工区域与非施工区域应设立分隔设施，分隔设施临时出入口的设置应不影响交通视角，确保安全。

3) 建设单位应按现场交通管理和纠察指挥与主管部门进行协调；施工作业现场，施工单位应落实人员进行指挥。

4) 施工单位应结合实际情况编制施工现场排水方案，确保雨、污水排放通畅、不破坏环境，利用原有排水设施排水的，应合理设置沉淀池，避免堵塞排水管道。

5) 车辆进出点应设冲洗设施，并设置排水沟和沉淀池，确保净车出场。

6) 材料、机具应按规定堆放，不得堆放在便道、车行道、人行道上。

7) 现场各类井口必须设盖，作业完毕应及时封盖，井下或管道内作业时，井外必须安排人员进行监护。

8) 施工涉及地下管线时，施工单位应根据有关单位的交底对地下管线进行现场标识，并安排专人进行挖掘现场的管线监护。

9) 现场便道、路基、行车道应确保平整、通畅、不得影响行车安全。

10) 倒车卸料、物料起吊应经专人指挥。起吊、打桩严禁在架空输电线路下作业。

11) 工程完工，应及时清除建筑垃圾。

(5) 管线工程施工

1) 管线（燃气、供水、排水管道等）工程施工，应在施工方案中明确安全文明施工方案并按规定制定各主要工序部位所涉及的专项实施方案。

2) 临街道路施工，必须搭设高度不低于 2.1m 的围护，以确保施工作业区与非施工区域得到有效隔离。

3) 沟槽施工方案中应合理确定挖槽断面和堆土位置。堆土高度不得超过 1.5m，距沟槽/基坑边小于 1m，且堆土靠沟槽、基坑侧不得堆放工具、石块等硬质物件。

4) 沟槽开挖深度超过 2m 的，必须及时设置支撑，开挖深度超过 3m 的，不得采用横板支撑。深度超过 5m 的沟槽施工，必须编制专项施工方案，并明确监测方式。

5) 施工涉及树木、电杆的，应及时与主管部门协商，并及时落实加固和防护措施，消防安全隐患。

6) 井点降水应实行监测，并明确记录方式，当降水影响区域内有建筑物、地下构筑物以及地下管线的，必须采取明确的保护措施。

7) 机械下管时，现场必须安排指挥人员，起重机械离沟槽边壁的安全距离应不小于 1m。

8) 拆封头或进入管道、窨井内清淤作业，必须落实安全措施并按规定办理审批手续。

9) 深度超过 2m 的沟槽，必须设置警示标志，并对涉及的主要道口进行全封闭围护。

(6) 桥涵施工

1) 桩基施工必须编制施工方案，并办理准用证。

2）泥浆池应按规定进行设置，泥浆存放不应溢出泥浆池，且需沉淀处理后排放。

3）泥浆池必须设置夜间照明设施，并设置警示标志，钻孔后必须采取围护设施或加盖。

4）使用钢管扣件式脚手架必须对采用碗扣式支架、门式支架或其他非钢管扣件式结构的各类支架，施工企业必须按以下要求进行管理：

①对搭设支架的材料进行进场验收，不具备合格证和检测报告的不得使用。

②施工企业应对搭设支架的材料建立台账。

③当用于承重支架时，必须编制专项安全技术方案，并组织验收。

5）张拉区必须设置明显警示标志，并在两端设置挡板。

6）桥梁施工涉及临边的，必须依据本规定的要求设置护栏，且先围护，后施工，护栏设置不应出现断档、缺档以及强度不够的情况。

（7）基坑支护

1）沟槽及深基坑作业必须编制实施方案，施工方案中应明确支护要求、安全防护措施、地下管线及防护。

2）开挖涉及地下管线时，施工单位应落实监护人员予以探测，并在现场立牌进行标识。

3）基坑开挖采用井点降水时，必须对可能受影响的构筑物、建筑物采取切实的防护和监测措施。

（8）施工用电

1）用电设备在5台及5台以上或设备总容量在50kW（含50kW）以上时，应编制临时用电施工组织设计。内容应包括：电源进线走向、变电所及配电的位置、负荷计算、变压器容量、导线截面、电箱的类型/规格、电气平面图、接线系统图、接零重复接地节点详图、安全用电技术措施和电气防火措施。监理单位应对施工企业的施工用电专项方案以及现场用电情况进行审核，确保其方案以及所使用的材料符合标准要求。

2）一切电器设备、架空线路等安拆工作，必须是有证且熟悉电工操作的人员进行，任何其他人员一律不得擅自安拆。严禁各电路、分电、分器设备等超标用电，以杜绝由于超负荷引起的各种安全事故。

3）施工现场临时用电应采用TN-S接零保护系统，并实行三级配电，三级保护。专用保护零线应由工作接地线、配电室的零线或第一级漏电保护器电源侧的零线引出。

4）露天的配电箱其箱底离地面应符合规范要求（60cm以上），装置牢固，配电箱应有防雨和漏电装置，金属外壳必须接地装置，经常性检查电器设备和线路，尤其是移动性电缆线，经检查无损伤后方可使用，在使用时也应注意保护，电器设备如闸刀、开关、插座、漏电装置等有损坏或失灵的必须停止使用，待修整后方可使用。

5）现场使用的漏断电保护器、熔断器、开关等必须通过《强制性产品认证管理规定》的电器产品，并具备合格证以及检测报告，施工企业应组织进场验收，并在台账中予以详细记录。

6）施工现场架空线路不得采用竹杆和钢管，严禁以树木、金属结构塔架作为立杆。架空线路与邻近线路或设施的距离必须符合JGJ 46—88所规定的安全距离，在一个档距内每一层架空线的接头数不得超过该层线数的50%，且一根导线史允许有一个接头，线路在跨越铁路、公路（含乡村道路）、河流、电力线路档距内不得有接头，且具备足够的安全高度。

7）保护零线路上不得装设开关或熔断器，总配、分配电箱、线末端等处均应按规定作重复接地，且接地体应边连成整体构成网络，重要接地点不得少于3处（间隔最长不应超过50m）。

8）配电箱应作分级设置，且在配电箱内标明责任人和接线图。

9）动力配电箱与照明配电箱宜分别设置，如合置在同一配电箱内，动力与照明线路应分路

设置,动力与照明回路应分别装设总隔离开关、总熔断器和分路隔离开关、分路熔断器。总箱不得安装插座,分配箱内应采用端子板的形式。

10)开关箱内严禁使用同一开关控制两台以上(含两台)设备及插座,必须明确做到"一机一闸一漏一箱"。

11)大容量的用电设备,动力开关箱应装设带电动机保护功能的漏电断路器或加装快速溶断器,容量大于5.5kW的动力电路应采用自动开关电器或降压启动装置控制,电焊机开关箱应装设二次空载降压保护和漏电断路器。

12)夜间施工以及隧道作业等必须有充足的安全照明设施。

13)加强用电管理,施工单位必须制定值班制度,每天24h内必须至少有一位持上岗证的熟悉电工在工地值班,随叫随到、防止事故发生,电工操作应按操作规程施工,上岗时必须随带所必须的防护用品,严禁带电操作,同时必须普及职工安全用电和触电抢救知识,清除隐患、杜绝事故。

(9)机械设备

1)设备机具进场以及安装后,施工单位均应组织进行验收,做好验收记录,经监理签证后方可投入使用。

2)桩机以及自制大型设施投入使用前必须获得生产许可证或通过省级建设行政主管部门鉴定、有法定检测单位的检验合格报告。地基基础应根据地质资料进行验算,并绘制施工图纸。

3)凡明露的电动旋转部件及传动部位应有效的隔离防护装置,防止意外伤害的发生,各类机具严禁使用倒顺开关。

4)大型设备、机具操作人员以及特种作业人员必须持证上岗;固定设备必须挂标识牌,标识牌应包括:设备型号/规格、责任人、进场时间、验收时间等。

5)挖掘机、推土机、吊装作业现场必须落实监护人员,起重机作业监护人员必须持证上岗。

6)木工作业不得使用多功能的平刨,圆盘锯、压刨、平刨设备需设置护手安全装置和单机漏电保护器,圆盘锯上方应安装防护罩。

7)钢筋冷拉使用卷扬机的,作业区必须设置警示标志和隔离防护栏杆。卷扬钢丝绳应经封闭式导向滑轮与被拉钢筋方向成直角,卷扬机两侧需设置挡板。

8)潜水泵必须做好保护接地,泵体不得陷入淤泥或露出水面,并使用单独的开关箱,所用漏电保护器动作电流应小于12MA,作业时设置警示标志,30m以内水面不得有人进入。

9)手持电动工具必须使用单独的开关箱,且做好保护接零并装设漏电保护器。手持电动工具接线及插头不得随意调整,在潮湿和金属构架等导电良好的场所严禁使用Ⅰ类手持电动工具。

10)电焊机必须使用二次空载降压保护器,并做好保护接零。使用前须进行检查,一次电源线长度不得超过3m,二次线长度不得超过30m,接线桩设防护罩。焊工作业需戴帆布手套、穿胶底鞋。

11)电焊机损伤现场应有防雨措施并使用自动开关。

12)氧气、乙炔应分开存放,气瓶符合规定,乙炔气瓶必须垂直放置,并保持少于5m的气瓶间距,且距明火距离不少于10m。乙炔气瓶严禁置于烈日下曝晒。

13)压路机制动装置应可靠,不得停放在有坡度路面。

14)沥青摊铺应安排人员进行指挥,摊铺完成应及时恢复临时拆除的围挡。

(10)降低环境污染和噪声的技术措施

1)对本工程所使用的各种机械设备,特别是大型机械设备进行定期保养,使各种机械设备运转正常,不发出各种异样的声音,以降低噪声,同时夜间9点以后不进行施工,以免影响周围

居民的休息，根据实际情况必须在夜间加班施工的，必须提前到环保部门办理有关手续，且在夜间施工时，应尽量避免产生大的噪声，噪声控制在 50dB 以下。

2）排水管道的施工过程，挖出多余不能回填的土方和建筑垃圾应同步采用自卸车运出，在本工程出口处，设置车轮冲洗设备，并垫好麻袋防止车轮将泥土带出工地，雨天要特别注意。

3）施工临时排水，严禁直接排入附近河，必须经过沉淀井沉淀后方可排入附近河道。

4）生活污水及生活垃圾严禁乱倒，生活污水在现场设置三级化粪池处理后，采用粪水车运出排放，生活垃圾每天集中运出堆埋。

5）每天施工结束后，及时清扫现场，使现场干净，并及时将材料堆放整齐。

六、安全生产的监控措施

1. 协助施工单位从组织上加强安全生产的科学管理规章和安全操作规程，实行专业管理和群众管理相结合的监督检查管理制度。
2. 安全生产要严格执行国家、××省和××市相关规定，使工作标准化、规范化、制度化。
3. 审查施工单位上报的施工组织设计，核对各项安全技术措施是否健全。
4. 审核电工、焊工、机械操作工等特殊作业人员花名册，所有这些人员须持证上岗。
5. 检查安全设施，个人防护，安全用电，发现隐患，应督促有关人员限期解决，否则立即制止。
6. 督促建立消防管理制度，作业区与生活区划分明确并配置足够的消防设施，杜绝火灾事故的发生。
7. 监督执行《建设工程现场供电安全规程》，施工用电箱必须有门、锁、防漏盖板及设置危险标志，破皮、老化的电缆不得使用，所有电器必须安装漏电开关，所有电器设备、金属外壳全部与接零线相连接。
8. 检查现场施工机械必须有安全防护装置，并且要求严格按照操作规程进行操作，且实行专人负责制。
9. 在安全控制中应重点预防和控制"人的不安全行为"和"物的不安全状态"，以人为核心时行安全控制，在安全管理中严格实行"三定一落实"的制度。
10. 在监理过程中，除了要求施工单位严格按照有关规程做好施工用电、高空作业等安全工作外，还要求施工单位必须坚持"以人为本"的理念，做好施工人员的劳保工作，督促检查施工单位劳动用品的发放，保证工人的人身安全，同时要求施工单位做好工人的冬天保暖，夏天防暑工作，改善工人的生活条件，提高劳动效率，杜绝伤亡事故苗头。

七、文明施工的监控措施

对文明施工必须严格要求，文明施工是反映施工企业综合素质的重要标志，表现在工程生活设施、生产设施、安全保卫、交通围护、环境保护等各个方面。因此，在工程施工期间，要加强文明施工，认真执行《××省文明施工安全标准化现场管理规定》的有关内容，做好环境保护及文明施工，项目经理对工程的环境保护及文明施工负全责。

1. 工程实行围护封闭施工，工地设立"五牌一图"，即施工单位及项目名称牌、安全纪律宣传牌、防火须知牌、安全天计数牌、项目主要管理人员名单牌、施工总平面图和工程效果图。
2. 按施工总平面布置和交通组织方案要求，设置文明施工护栏、临时排水系统、机动车临时便道（通行道路）及临时电力照明系统），确保沿线单位和居民的正常排水、进出及照明。
3. 管理人员和特殊工种人员实行挂牌施工，自觉接受建设单位、监理及有关部门的监督。
4. 检查和验收搭设的临时活动房。生活区、施工区应该分明，生活区整洁，施工区建材、机具设备堆放整齐，有条不紊。在施工区力求保护施工现场的平坦，有利于施工现场物资和构件

的驳运方便,施工人员安全作业。

5. 加强职业道德教育,提高职工素质,施工期间开展便民活动。

6. 控制夜间施工,督促办理夜间施工许可证。

7. 加强对全体施工人员的文明施工教育,创建文明工地。

8. 加强现场施工管理,每道工序做到现场落手清,加快施工进展,做到工完场清,不留尾巴。

9. 施工现场设文明施工员,加强文明施工管理。

10. 工地卫生是体现一个施工单位的总体精神面貌,是提高职工素养确保工程优质、快速顺利进展的必备条件。施工现场做好清除坑洼积水、消灭蚊蝇等工作。生活区做到"五小"设施齐全,浴室、厕所和公共场所每天有专人打扫。不准随地大小便。

11. 为保护河道和水资源,禁止向河中抛建筑垃圾和生活垃圾,实行垃圾集中堆放,集中外运。在外运建筑垃圾前,车厢要采取封闭,防止垃圾外洒。

八、监理工作制度

1. 监理在日常三控制的同时要检查安全文明实施情况并做好记录。

2. 每周例会上,将安全文明作为会议内容中的一项,并形成制度。

3. 周报、月报中安全文明要作为一项专项内容。

4. 参加安全文明领导小组的日常会议和检查,不得无故缺席。

××市××路工程

旁站监理实施细则

编制： 审批：

××监理有限公司
××路工程项目监理部
××××年××月

目 录

一、钻孔灌注桩

二、桥梁承台、墩身、钢筋混凝土盖梁、预应力混凝土盖梁、桥面铺装混凝土、搭板、预制空心板梁、预应力混凝土连续梁混凝土浇筑

三、预制空心板梁、预应力混凝土连续梁的预应力张拉

四、预制空心板梁工地吊装

五、雨、污水管混凝土管基浇筑

六、管槽、路基等回填土

七、旁站监理人员的职责

××路位于××市主城东北面的××区和××区交界处,西起××路,北至××路,全长约4.8km。本次实施范围为××路至××路,长约3.3km。工程沿着道路前进方向依次跨越××河、××专运线、××铁路、联络线、××河、××路、××河,共计建造5座桥梁,另外在北侧非机动车道下穿规划道路处设置一箱涵。

依据国家和省市有关法规、条例和规章及技术标准、规范、规程,结合该工程的具体内容、监理工作范围和监理工作目标,通过审查施工组织设计、施工方案,对工序质量实施事前、事中、事后的全过程、全方位跟踪监督,对施工中的关键部位、关键工序实施旁站监理,及时解决施工存在的质量问题,以确保工程质量符合设计与规范要求。根据本工程的实际情况,将对钻孔灌注桩商品混凝土灌注、桥梁台身、台帽、预制空心板梁等混凝土浇筑,雨、污水管垫层混凝土浇筑等关键工序质量检测、见证取样送检实施旁站监理。各工序旁站监理控制要点如下:

一、钻孔灌注桩

钻孔灌注桩灌注商品混凝土时,监理员全过程旁站控制,其检查控制内容如下:

1. 检查商品混凝土的配合比单;
2. 检查商品混凝土的坍落度、和易性,见证混凝土试块;
3. 灌注前严格控制导管端部悬高不超过50cm,控制首灌混凝土量,保证首灌后导管埋入混凝土中≥0.8~1m以上;
4. 混凝土灌注连续性按混凝土初凝时间控制,浇筑时间间隔确保混凝土顺利浇筑不受影响;
5. 边灌注混凝土边经常提升导管,勤测混凝土顶面上升高度,随时掌握埋管深度,避免导管埋入过深或提管太快而脱离混凝土面,防止桩身夹泥或断桩;
6. 导管在混凝土中埋深控制在2~6m,每次拔管前必须测量导管埋深,满足拔管要求方可拔管,一次拔管高度不得超过6m;
7. 当导管堵塞时,可趁混凝土尚未初凝时,可吊起一节钢轨或其他重物,将导管内的混凝土冲开,再继续灌混凝土;
8. 注意灌混凝土速度,防止钢筋笼上浮。若发生钢筋笼上浮时,应立即停灌进行加固处理后,再继续灌混凝土;
9. 当导管接头挂住钢筋笼时,如发现钢筋笼埋入混凝土中不深,则可提起钢筋笼转动导管,使导管与钢筋笼脱离,否则只能放弃导管;
10. 记载灌注过程的变化情况,当出现异常情况或不符合要求的地方及时提出口头或书面整改通知;
11. 详细作好旁站记录及监理日记。

二、桥梁承台、墩身、钢筋混凝土盖梁、预应力混凝土盖梁、桥面铺装混凝土、搭板、预制空心板梁、预应力混凝土连续梁混凝土浇筑

1. 检查商品混凝土配合比单(承台C25、墩身C30、钢筋混凝土盖梁C30、预制混凝土盖梁C50、预制空心板C30、预应力混凝土连续梁C50、桥面铺装C40防水混凝土、搭板C25)。
2. 检查商品混凝土的坍落度、和易性,按规定见证混凝土试块制作。
3. 对非泵送混凝土检查运输便道的稳固和安全,同时检查运至工作面的混凝土是否出现离析现象。
4. 浇筑竖向结构时,要控制混凝土倾落的自由高度,不应超过2m。当超过3m时,应采用串筒、溜槽或振动溜管使混凝土下落。
5. 检查、控制每一振点的振捣、延续时间。
(1) 每一振点的振捣延续时间,应使混凝土表面呈现浮浆和沉落。

(2) 采用插入式振捣器时，捣实普通混凝土的移动间距，不宜大于振捣器作用半径的1.5倍；捣实轻骨料混凝土的移动间距，不宜大于其作用半径；振捣器与模板的距离，不应大于其作用半径的0.5倍，并应避免碰撞钢筋、模板、芯管、吊环、预埋件或空心胶囊等；振捣器插入下层混凝土内的深度不小于50mm。

6. 控制先后浇筑的混凝土接头的时间。

7. 在混凝土浇筑过程中，应经常观察模板、支架、钢筋、预埋件和预留孔的情况，当发现有变形、移位时，应及时督促施工方进行处理。

8. 经常观察、检查施工机械的运行情况。

9. 分层连续浇筑，每层厚度不大于30cm，振动棒振捣时要全范围振捣，并防止漏振和过振。

10. 混凝土收浆终凝后，要用湿麻袋覆盖，并洒水养护，养护时间不少于7天。

11. 记载灌注过程的变化情况，当出现异常情况或不符合要求的地方及时提出口头或书面整改通知。

12. 详细做好旁站记录及监理日记。

三、预制空心板梁、预应力混凝土连续梁的预应力张拉

1. 预应力筋进场时，应按现行国家标准《预应力混凝土用钢绞线》等的规定抽取试件作力学检验，其质量必须符合有关标准的规定。

2. 预应力筋安装时，其品种、级别、规格及数量必须符合要求。

3. 预应力的张拉或放张时，检查混凝土强度是否达到设计要求。

4. 预应力的张拉力、张拉或放张顺序及张拉工艺必须符合设计及施工技术方案的要求，并应符合下列规定。

5. 预应力筋的张拉力、张拉或放张顺序及张拉工艺应符合设计及施工技术方案的要求，并应符合下列规定：

1) 当施工需要超张拉时，最大张拉应力不应大于国家现行标准《混凝土结构设计规范》GB 5001的规定。

2) 张拉工艺应能保证同一束中各根预应力筋的应力均匀一致。

3) 后张法施工中，当预应力筋是逐根或逐束张拉时，应保证各阶段不出现对结构不利的应力状态；同时宜考虑后批张拉预应力筋所产生的结构构件的弹性压缩对先批张拉预应力筋的影响，确定张拉力。

4) 先张法预应力筋放张时，宜缓慢放松锚固装置，使各根预应力筋同时缓慢放松。

5) 当采用应力控制方法张拉时，应校核预应力筋的伸长值。实际伸长值与设计计算理论伸长值的相对允许偏差为±6%。

6. 张拉过程避免预应力筋断裂或滑脱，当发生断裂或滑脱时，必须符合下列规定：

1) 对后张法预应力结构构件，断裂或滑脱的数量严禁超过同一截面预应力筋总根数的3%，且每束钢丝不得超过一根多跨双向连续板，其同一截面应按每跨计算。

2) 对先张法预应力构件，在浇筑混凝土前发生断裂或滑脱的预应力筋必须预以更换。

四、预制空心板梁工地吊装

1. 在现场安装、拆卸施工起重机械必须取得起重设备安装设备工程专业承包资质或《××省建设工程塔式起重机装拆许可证》，编制拆装方案、制定安全施工措施，并由专业技术人员现场监督。

2. 施工起重机械设施的使用必须达到国家规定的检验检测期限的，必须经具有专业资格的

检验检测机构检测。经检验不合格的不得继续使用。

3. 从事起重机械安装、拆卸、维修及相关管理人员必须按照有关规定取得特殊工种作业人员证书。

4. 安装前，应对桥墩帽顶面高程、中线、跨径进行复核。

五、雨、污水管混凝土管基浇筑

1. 检查（垫层C10、基础C20、方包C25）自拌混凝土的水泥、砂、石料和水是否符合质量要求。

2. 检查控制水泥、砂、石料和水的用量，严格按配合比计量。

3. 控制搅拌时间，混凝土要搅拌均匀，和易性好，坍落度符合设计要求，按规定见证混凝土试块制作。

4. 检查、控制每一振点的振捣、延续时间、插入距离，防止漏振和过振。

5. 督促施工单位及时做好养护工作。

6. 记载灌注过程的变化情况，当出现异常情况或不符合要求的地方及时提出口头或书面整改通知。

7. 详细做好旁站记录及监理日记。

六、管槽、路基等回填土

1. 土方应尽量采用同类土填筑，要控制适宜含水量。当采用不同的土回填时，应按类有规则地分层铺填，将透水性较大的土层置于透水性较小的土层之下，不得混杂使用，以利水分排除和基层稳定，并避免在填土内形成水囊和滑动现象。

2. 基坑回填时，应符合下列规定：

（1）填土前，应清除基坑内的积水和有机杂物，并验收基底标高。

（2）基础的现浇混凝土应达到一定的强度，不致因填土而受损伤时，方可回填。

（3）基坑回填顺序，应按基底排水方向由高至低分层进行。

（4）回填管沟时，为防止管道中心线位移或损坏管道，应用人工先在管子周围填土夯实，并应从管道两边同时进行，直至管顶0.5m以上，在不损坏管道的情况下，方可采用机械回填和压实。

（5）填土施工时的分层厚度及压实遍数和填土工程质量检验标准应符合设计要求和建筑地基基础工程等工质量验收规范（GB 50202—2002）。

3. 基坑回填土方时，应在相对的两侧或四侧同时进行。每层均须仔细压（夯）实，每层铺土厚度和压（夯）实遍数，视土的性质、设计所要求的密实度和所使用的压实机具的性能而定。

4. 填土应预留一定的下沉高度，以备在堆重或干湿交替等自然因素作用下，土体逐渐沉浇密实。当填土用机械分层夯实时，其预留下沉高度，一般不超过填方高度的3%。

5. 人力夯实要按一定方向进行，打夯时应一夯压一夯，夯夯相接，行行相连，每遍纵横交叉，分层夯打。夯实基槽及地坪时，行夯路线应由四边开始，然后再夯中间。

6. 冬季填方每层铺土厚度应比常温施工的减少20%~25%，预留沉陷量应比常温施工时适当增加。室内的基坑不得用已有冻土块的土回填。回填土工作应连续进行，防止基土或已填土层受冻。

七、旁站监理人员的职责

1. 检查施工企业现场质检人员到岗情况，特殊工种人员持证上岗以及施工机械、建筑材料准备情况；

2. 在现场跟班监督关键部位、关键工序的施工执行施工方案以及工程建设强制性标准情况；

3. 核查进场建筑材料、建筑构配件、设备和商品混凝土的质量检验报告等，并可在现场监督施工企业进行检验或者委托具有资格的第三方进行复验；

4. 做好旁站监理日记和监理记录，保存旁站监理原始资料。

××市××路工程

工程质量检测

见证取样实施细则

编制： 审批：

××监理有限公司
××路工程项目监理部
××××年××月

目　　录

一、工程概况
二、编制依据
三、见证取样工作的流程
四、见证人员的基本要求和职责
五、见证取样工作的控制要点及目标值

一、工程概况

××路位于××市主城东北面的××区和××区交界处，西起××路，北至××路，全长约4.8km。本次实施范围为××路至××路，长约3.3km。工程沿着道路前进方向依次跨越××河、××专运线、××铁路、联络线、××河、××路、××河，共计建造5座桥梁，另外在北侧非机动车道下穿规划道路处设置一箱涵。施工内容主要包括道路、桥梁、排水及附属工程。

二、编制依据

1. 《房屋建筑工程和市政基础设施工程实行见证取样和送检规定》。
2. 建设部关于印发《房屋建筑工程和市政基础设施工程实行见证取样和送检规定》的通知（建建［2000］211号）。
3. 《混凝土结构工程施工及验收规范》GB 50204—92；
   《普通混凝土力学性能试验方法》GBJ 81—85；
   《预拌混凝土》GB 14902—94；
   《混凝土质量控制标准》GB 50164—92；
   《混凝土强度检验评定标准》GBJ 107—87。
4. 《钢筋混凝土用热轧光圆钢筋》GB 13013—91；
   《钢筋混凝土用热轧带肋钢筋》GB 1499—91。
5. 《城镇道路工程施工与质量验收规范》CJJ 1—2008；
   《城市桥梁工程施工与质量验收规范》CJJ 2—2008；
   《给水排水管道工程施工及验收规范》GB 50268—2008。
6. 《建设工程监理规范》GB 50319—2000。
7. 本工程第一次工地例会及监理交底会议纪要。
8. 本公司工作标准、质量文件和程序文件。
9. 其他相关文件、规范。

三、见证取样工作的流程

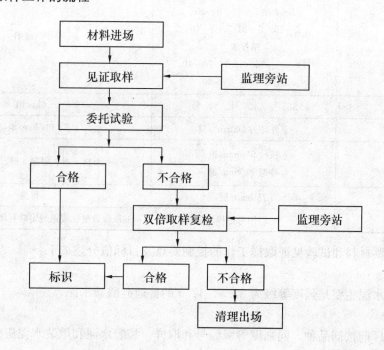

四、见证人员的基本要求和职责

（一）基本要求

1. 见证人员应是本工程项目监理部人员。
2. 必须具备本工程相关专业知识。
3. 必须获得建设单位和质监站认可。

（二）职责

1. 取样时，见证人员必须在现场进行见证。
2. 见证人员必须对试样进行监护。
3. 见证人员必须和施工人员一起将试样送至检测单位。
4. 有专用送样工具的工地，见证人员必须亲自封样。
5. 见证人员必须在检验委托单上签字。
6. 见证人员对试样的代表性和真实性负有法定责任。

五、见证取样工作的控制要点及目标值

本工程设计用的建材主要有钢筋、商品混凝土、砂、石、水泥、烧结普通砖、预应力钢绞线等，这些建材的取样规格、数量及重量如下表所示：

名　称	规　格（mm）	数量及重量
混凝土试块	150×150×150 100×100×100	3块/组×8kg/块＝24kg/组 3块/组×2.5kg/块＝7.5kg/组
抗渗试块	φ175×φ185×150	6块/组×10kg/块＝60kg/组
砂浆试块	70.7×70.7×70.7	6块/组×0.75kg/块＝4.5kg/组
烧结普通砖	240×115×53	15块/组×2.5kg/块＝37.5kg/组
砂	细砂、中砂、粗砂	20kg/组
石　子	连续粒级 5～10　5～16　5～20 5～25　5～31.5　5～40 单粒级 10～20　16～31.5　20～40 31.5～63　40～80	80kg/组
水　泥	325号、425号、525号	6kg/组
土的表观密度	室外环刀200cm³/只	0.55kg/组
钢　筋	抗拉 550mm/根 冷弯 250mm/根	原材4根、焊接3根、对焊6根
预应力钢绞线	750mm/根	每盘
备　注	因考虑检验损耗，部分材料的取样数量比规范规定略有增加	

现将各种主要材料和试验见证取样工作的控制要点及目标值分述如下：

（一）水泥

本工程所用水泥主要是强度等级为32.5、42.5的普通硅酸盐水泥。

1. 取样方法

（1）水泥出厂前按同品种、同强度等级编号和取样。袋装水泥和散装水泥应分别进行编号和取样。每一编号为一取样单位。

（2）水泥委托检验必须以每一个出厂水泥编号为一个取样单位，不得有两个以上的出厂编号混合取样。

（3）水泥试样必须在同一编号不同部位处等量采集，取样点至少在 20 点以上，经混合均匀后用防潮容器包装，重量不少于 12kg。

（4）委托单位必须逐项填写检验委托单，如水泥生产厂名、商标、水泥品种、强度等级、出厂编号或出厂日期、工程名称，全套物理检验项目等。

（5）水泥出厂日期超过 3 个月应在使用前作复验。

2. 结果判定及处理

（1）技术要求：按《硅酸盐水泥、普通硅酸盐水泥》GB 175—1999 的规定执行。

（2）凡氧化镁、三氧化硫、初凝时间、安定性中的任一项不符合 GB 175—1999 标准规定时，均为废品。

（3）凡细度、终凝时间、不溶物和烧失量中的任一项不符合 GB 175—1999 标准规定或混合材料掺加量超过最大限量和强度低于商品强度等级规定的指标时称为不合格品。水泥包装标志中水泥品种、强度等级、工厂名称和出厂编号不全的也属于不合格品。

（4）若用户对水泥安定性、初凝时间有疑问要求现场取样仲裁时，生产厂在接到用户要求后 7 天内会同用户共同取样，送水泥质量监督检验机构检验。生产厂在规定时间内不去现场，用户可单独取样送检，结果同等有效。

（二）预拌（商品）混凝土

1. 取样方法

预拌混凝土（商品混凝土），除应在预拌混凝土厂内按规定留置试块外，商品混凝土运至施工现场后，还应根据《预拌混凝土》GB 14902—94 规定：

（1）用于交货检验的混凝土试样应在交货地点采取。每 $100m^3$ 相同配合比的混凝土，取样不得少于 1 次；一个工作班拌制的相同配合比的混凝土不足 $100m^3$ 时，取样也不得少于 1 次；当在一个分项工程中连续供应相同配合比的混凝土量大于 $1000m^3$ 时，其交货检验的试样为每 $200m^3$ 混凝土取样不得少于 1 次。

（2）用于出厂检验的混凝土试样应在搅拌地点采取，每 100 盘相同配合比的混凝土取样不得少于 1 次；每一工作班相同配合比的混凝土不足 100 盘时，取样亦不得少于 1 次。

（3）对于预拌混凝土拌合物的质量，每车应目测检查；混凝土坍落度检验的试样，每 $100m^3$ 相同配合比的混凝土取样检验不得少于 1 次，当一个工作班相同配合比的混凝土不足 $100m^3$ 时，取样也不得少于 1 次。

（4）混凝土力学性能试验应以 3 个试件为一组。每组试件所用的拌合物根据不同要求应从混凝土输送车的出料口卸料流 $1/4 \sim 3/4$ 处内取样，用于检验现浇混凝土工程或预制构件质量的试件分组及取样原则，应按现行《混凝土结构工程施工及验收规范》及其他有关规定执行。

2. 混凝土质量控制及结果判定

商品混凝土厂家应备资料：

（1）原材料质保书及复试报告；

（2）水泥品种、强度等级及每立方米混凝土中的水泥用量；

（3）骨料种类、产地和最大粒径；

（4）混凝土强度等级和坍落度；

（5）混凝土配合比和标准试件强度等；

（6）轻骨料混凝土还应提供其密度等级。

(7) 混凝土质量控制

混凝土质量检验与判定的依据是《混凝土质量控制标准》GB 50164—92 和《混凝土强度检验评定标准》GBJ 107—87。

混凝土拌合物应检验的质量指标为：各种混凝土拌合物均应检验其坍落度或工作度；根据需要还应检验混凝土拌合物的水灰比、水泥含量及均匀性。

（三）钢筋及焊接件

1. 钢筋取样

（1）取样规则

钢筋应按批进行检查和验收，每批重量不大于 60t。每批应由同厂、同炉号、同级别、同规格、同生产工艺、同进场时间的钢筋组成。

（2）取样数量

钢筋的试样数量根据其供货形式的不同而不同。

直条钢筋：每批直条钢筋应做 2 个拉伸试验，2 个弯曲试验。用《碳素结构钢》GB 700—88 验收的直条钢筋每批应做 1 个拉伸试验，1 个弯曲试验。

冷拉钢筋：每批冷拉钢筋应做 2 个拉伸试验，2 个弯曲试验。

（3）取样方法

拉伸和弯曲试验的试样可在每批材料中任选两根钢筋，从每根钢筋上任一端截去不少于 500mm 后再取两个试样，共 4 根。

2. 钢筋焊接件取样

（1）闪光对焊

1）钢筋闪光对焊接头的力学性能试验包括拉抻和冷弯试验，应从每批成品中切取 6 个试件，3 个作拉抻试验，3 个作冷弯试验。

2）在同一班内，由同一焊工完成的 300 个同级别、同直径的钢筋焊接接头应作为一批。当同一台班内焊接的接头数量较少时，可在一周之内累计计算，如累计仍不足 300 个接头，也应按一批计算。

3）接头处不得有横向裂纹。

4）与电极接触处的钢筋表面，对于Ⅰ、Ⅱ、Ⅲ级钢筋，不得有明显的烧伤；Ⅳ级钢筋焊接时不得有烧伤；负温闪光对焊时，对于Ⅱ、Ⅲ、Ⅳ级钢筋，均不得有烧伤。

5）接头处的弯折角不得大于 4°。

6）接头处的钢筋轴线偏移，不得大于钢筋直径的 10%，同时不得大于 2mm。

（2）电阻点焊

1）凡钢筋级别、直径及尺寸相同的焊接制品，即为同一类型制品，每 200 件为一批。

2）热轧钢筋点焊应作抗剪试验，试件为 3 件。冷拔低碳钢丝焊点，除作抗剪试验外，还应对较小钢丝作拉抻试验，试件各为 3 件。

（3）电弧焊

1）在工厂焊接条件下，以 300 个同类型接头（同钢筋级别、同接头型式）为一批；在现场安装条件下，每一楼层中以 300 个同类型接头（同钢筋级别、同接头形式、同焊接位置）作为一批，不足 300 个时，仍作为一批。

2）从每批成品中切取 3 个接头作拉伸试验。

3. 建筑用钢筋及焊接件的检测项目

（1）原材料

1) 钢筋：屈服点、抗拉强度、延伸率、冷弯。
2) 冷拉钢筋：屈服点、抗拉强度、延伸率、冷弯。
(2) 钢筋焊接件
1) 闪光对焊：抗拉强度、冷弯。
2) 电阻点焊：抗剪力（抗拉强度、延伸率）。
3) 电弧焊：抗拉强度。

4. 结果判定
(1) 钢筋

钢筋原材料力学性能必须分别满足现行国家标准《钢筋混凝土用热轧光圆钢筋》GB 13013—91、《钢筋混凝土用热轧带肋》GB 1499—91、《钢筋混凝土用余热处理钢筋》GB 13014—91、《低碳钢热轧圆盘条》GB 701—91 的有关规定。

钢筋混凝土用热轧光圆钢筋力学性能

表面形状	钢筋级别	强度等级代号	公称直径（mm）	屈服点 σ_s（MPa）不小于	抗拉强度 σ_b（MPa）不小于	伸长率 δ_5（%）不小于	冷弯 d—弯心直径；a—钢筋直径
光圆	I	R235	8～20	235	370	25	$180°\ d=a$

钢筋混凝土用热轧带肋钢筋力学性能

表面形状	钢筋级别	强度等级代号	公称直径（mm）	屈服点 σ_s（MPa）不小于	抗拉强度 σ_b（MPa）不小于	伸长率 δ_5 %不小于	冷弯 d—弯心直径；a—钢筋直径
月牙肋	II	RL335	8～25，28～40	335	510 490	16	$180°\ d=3a$，$180°\ d=4a$

(2) 钢筋焊接件
1) 闪光对焊

拉伸试验：3个试件的抗拉强度均不得低于该级别钢筋的规定抗拉强度值；余热处理Ⅲ级钢筋接头试件的抗拉强度均不得小于热轧Ⅲ级钢筋抗拉强度570MPa；至少有两个试件断在焊缝之外，并呈延性断裂。

弯曲试验：在规定的弯心直径下弯曲至90°时，至少有两个试件不得发生破断。

2) 电阻点焊

焊点的抗剪试验结果，应符合行业标准JGJ 18—96所规定的抗剪力指标。

焊接骨架焊点抗剪力指标（N）

钢筋级别	较小钢筋直径（mm）								
	3	4	5	6	6.5	8	10	12	14
I级				6640	7800	11810	18460	26580	36170
II级						16840	26310	37890	51560

焊点的拉伸试验结果，应不低于冷拔低碳钢丝乙级的规定数值。

3) 电弧焊

钢筋电弧焊焊头的拉伸试验，3个试件的抗拉强度均不得低于该级别钢筋的规定抗拉强度

值；3个试件均应断于焊缝之外，并应至少有两个试件呈延性断裂。

5. 建筑用钢筋及焊接件不合格试件的处理

试验结果如不符合标准所规定的指标，应判定为不合格，对于不合格试件，应在24h内上报当地工程质量监督站。

（1）钢筋和型钢

根据《型钢验收、包装、标志及质量证明书的一般规定》GB 2101—89 的规定，任何检验如有一项检验结果不符合标准要求，则从同一批中再作任取双倍数量的试样进行该不合格项目的复验。复验结果（包括该项试验所要求的任一指标）即使有一个指标不合格，则整批不得交货。

（2）闪光对焊

当检验结果有一个试件的抗拉强度低于规定指标，或有两个试件在焊缝或热影响区发生脆性断裂时，应取双倍数量的试件进行复验；复验结果若仍有一个试件的抗拉强度低于规定指标，或有三个试件呈脆性断裂，则该批接头为不合格品。

弯曲试验结果如有两个试件未达到要求，应取双倍数量的试件进行复验；复验结果若有三个试件不符合要求，该批接头为不合格品。

（3）电阻点焊

试验结果如有一个试件未达到要求，应取双倍数量的试件进行复验；复验结果若仍有一个试件不符合要求，该批制品即为不合格品。

（4）电弧焊

试验结果如有1个试件的抗拉强度小于规定值，或有1个试件断于焊缝，或有2个试件发生脆性断裂时，应再取6个试件进行复验。复验结果若有1个试件抗拉强度小于规定值，或有1个试件断于焊缝，或有3个试件呈脆性断裂时，应确认该批接头为不合格品。

（四）钻孔灌注桩低应变动力测试

1. 本工程混凝土灌注桩采用低应变动力测试桩身的完整性，检测频率为桩总数的50％。

2. 施工方书面申请，监理抽样，并见证检测过程。

3. 当抽测不合格的桩数超过抽测数的30％时，应加倍重新抽测。加倍抽测后，若不合格桩数仍超过抽测数的30％，应全数检测。对于采用声波透射法时，加倍重新检抽测可采用其他检测方法。

4. 低应变根据实测波形曲线的分析和判断，根据不同的仪器设备，不同的检测步骤，分别按照《基桩低应变动力检测规范》JGJ/T 93—957 各方法的具体规定执行。

5. 通过检测结果判别桩的类别，一般情况下检测报告提交给设计人员，由设计人员根据检测报告的结果，采取相应的措施。

（五）分层回填土、道路结构层的压实度以及排水管道闭水试验（CJJ—90 标准）

1. 排水管道回填土的压实度标准

序号	项目	压实度（％）（轻型击实试验法）	检验频率		检验方法
			范围	点数	
1	胸腔部分	≤90	两井之间	每层一组（3点）	用环刀法检验
2	管顶以上 500mm	≥85	两井之间	每层一组（3点）	用环刀法检验

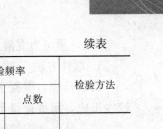

续表

序号	项目			压实度(%)（轻型击实试验法）	检验频率		检验方法
					范围	点数	
3	管顶500mm以上至地面	当年修路（按路槽以下深度计）	0～800mm	次高级路面 ≥95	两井之间	每层一组（3点）	用环刀法检验
			800～1500mm	次高级路面 ≥90			
			>1500mm	次高级路面 ≥90			
		当年不修路或农田		≥85			

2. 道路回填土及结构层的压实度
（1）路基土方压实度标准

序号	项目			压实度(%) 重型击实	检验频率		检验方法
					范围	点数	
1	路床以下深度（cm）	填方	0～80	次干路 93	1000m²	每层一组（三点）	用环刀法检验
2			80～150	次干路 90			
3			150	次干路 87			
4		挖方	0～30	次干路 93			

（2）石灰、粉煤灰类混合料基层压实度标准

序号	项目	压实度(%)	检验频率		检验方法
			范围	点数	
1	压实度	重型击实95	1000m²	1	灌砂法

（3）沥青混凝土面层压实度标准

序号	项目	压实度(%)	检验频率		检验方法
			范围	点数	
1	压实度	≥95	2000m²	1	称质量检验
2	弯沉值	小于设计规定	路宽(m) 12	4	用弯沉仪检测

（4）预制块人行道压实度标准

序号	项目		压实度(%)	检验频率		检验方法
				范围(m)	点数	
1	压实度	路床	≥90	100	2	用环刀法和灌砂法检验
		基层	≥95			

注：本表压实度数值系采用轻型击实标准。

3. 闭水试验

无压力管道严密性试验允许渗水量

管 材	管道内径(mm)	允许渗水量 [m³/(24h·km)]	管 材	管道内径(mm)	允许渗水量 [m³/(24h·km)]
混凝土、钢筋混凝土管	200	17.60	混凝土、钢筋混凝土管	600	30.60
	300	21.62		800	35.35
	400	25.00			
	500	27.95		1000	39.53

注：见《给排水管道工程施工及验收规范》GB 50268—97。

（六）预应力混凝土用钢绞线

1. 取样方法

（1）预应力混凝土钢绞线应成批验收，每批由同一牌号，同一规格、同一生产工艺制成的钢绞线组成，每批重量不大于 60t。

（2）从每批钢绞线中任取 3 盘，进行表面质量、直径偏差、捻距和力学性能试验。如每批少于 3 盘，则应逐盘进行上述检验。屈服强度和松弛试验每季度抽检一次，每次不得少于一根。

（3）从每盘所选的钢绞线端部正常部位截取 1 根 750mm 的试样进行试验。

2. 结果判定及处理

钢绞线尺寸及拉伸性能

序号	钢绞线公称直径（mm）	强度级别（MPa）	整根钢绞线的最大负荷（kN）	屈服负荷（kN）	伸长率（％）	1000h 松弛率（％）不大于			
						低松弛			
						初始负荷			
						70％公称最大负荷	80％公称最大负荷	70％公称最大负荷	80％公称最大负荷
			不小于						
1	15.20	1860	259	220	3.5	8.0	12	2.5	4.5

第三节　监理月报中的有关质量问题

归档编号：39

文件内容：监理月报中的有关质量问题

总张数：　　　张

其中：原　件　　　张
　　　复印件　　　张

××市××路拓宽工程

监 理 月 报

年　　度：××××年
月　　份：××月
总监理工程师：

市政工程监理实务和资料编制范例

××建设监理有限公司
××路工程项目监理部

目 录

- 一、工程概况
- 二、施工进度
- 三、工程质量
- 四、工程计量及工程款支付
- 五、合同其他事项的处理情况
- 六、安全文明施工情况
- 七、本月监理工作小结
- 八、下月施工进度计划
- 九、下月监理工作安排
- 十、需业主协商解决的问题

第二部分 市政工程资料编制范例

一、工程概况

××路拓宽工程西起××路，东至××路与××路相交处，呈东西向走向。包括地面道路工程，排水工程和××桥人行道拼宽桥工程。

开工至今，现已经完成××路至××路（即桩号为K0+000～K0+900）的道路工程、雨水口及其连接管工程。

××桥人行道拼宽桥已经施工完毕。

××河驳坎已施工完毕。

××路至××路段基本完成了道路三渣、人行道板和雨水连接管施工。

二、施工进度

1. 本月施工情况

本月施工的主要部位为××路至××路中间段的老路面开挖、雨水口及其连接管、塘渣和三渣基层施工，及该段南侧的化粪池改造和局部人行道三渣铺设；××路至老式双层房（已拆）之间完成了道路三渣二层铺设。

2. 本月的计划进度与实际进度对比表

项目名称	进度对比	进度偏差	总工程量	累计完成	累计完成率%	备注
土路基	2420m² 2420m²	0m²	30030m²	29430m²	98.0	
塘渣（厚20cm）	2420m² 2420m²	0m²	30030m²	29430m²	98.0	
三渣（厚35cm）	3920m² 3920m²	0m²	30030m²	29430m²	98.0	
人行道土路基	0m² 202m²	+202m²	11810m²	11410m²	96.6	
人行道三渣15cm	0m² 202m²	+202m²	11810m²	11410m²	96.6	
粗粒式沥青（7cm）	4000m² 0m²	4000m²	30030m²	25010m²	83.3	
中粒式沥青（8cm）	0m² 0m²	0m²	30030m²	19860m²	66.1	
细粒式沥青（5cm）	0m² 0m²	0m²	30030m²	19860m²	66.1	
雨水支管	50m 50m	0m	880m	880m	100	
平侧石	0m 0m	0m	2720m	2580m	94.9	
人行道板	0m² 0m²	0m²	11810m²	11204m²	94.9	
钢箱梁		0座	南桥北桥	2座	100	

注：■实际完成工程　▨计划工程量

3. 本月施工进度情况分析

按施工进度计划，本月完成了××路至××路中间段道路的老路面破除，塘渣和三渣铺设及雨水连接管的施工，但该段未能按计划铺设粗粒式沥青混凝土；超计划完成的有××市场前化粪

池改造;已拆房处的人行道、快车道三渣铺设。其中原因主要是:

(1) 由于近段时间气温偏低,三渣养护期间又下了几场雨,故三渣需较长的养护时间才可以达到设计规定强度,因此本月未能按计划进行粗粒式沥青混凝土施工;

(2) ××路至××路南侧××市场和外运公司用地征用,工作面已经具备。

4. 本月采取的措施和效果。

本月施工时间比较紧,工作量又较大,监理方要求施工方根据实际情况调整进度计划,见缝插针,灵活机动,采取有力措施保证施工按计划完成;监理方不放松现场的监督和管理,因此本月的施工基本上按计划进行,××路至××路南侧也进行了计划外施工。

三、工程质量

1. ××路至××路中间段土路基、塘渣铺设质量合格;
2. ××路至××路中间段铺设三渣由于含水量太高,局部有弹簧现象,已经采取翻晒;
3. 已拆房处人行道土路基和三渣施工质量较好;
4. 雨水支管和预留污水管施工质量符合要求,监理旁站混凝土方包及试块的制作;
5. 化粪池改造质量符合要求,监理旁站混凝土方包及试块制作;

四、工程计量及工程款支付

由于本月完成的工程量相对较多,经对完成的工程量和工程进度款进行认真的审核后,同意支付 66.9913 万元。

五、合同其他事项的处理情况

1. 签署关于额外增加工程量的工程洽商记录 24 号;
2. 签署由于设计变更造成原材料浪费的工程洽商记录 25 号。

六、安全文明施工情况

本工程对安全生产、文明施工一直比较重视,能认真贯彻执行开工前编制的总体安全文明施工方案,根据施工进度实际情况编制当月的安全文明施工方案。安全台账记录较及时,资料较齐全。各种设备、机具定期检修、保养,无出现超负荷作业;食堂、厕所、施工现场的保洁工作比较全面、及时;××路至××路之间的彩钢板围护按照标化的要求进行围护,规范、整洁;警示灯及交通警示标志、标牌醒目齐全,交通畅通无事故发生;积极协调××路至××路北侧的单向交通,对南侧临时便道进行定期修复。因此,××路拓宽工程的安全文明施工总体上是比较好的。

七、本月监理工作小结

1. 对本月进度、质量、工程款支付的综合评价

(1) 进度方面:××路至××路道路已经通过初步验收;××路至××路的施工已经全面展开,该中间段基本具备铺设粗粒式沥青混凝土的条件,南侧化粪池改造完毕,即将开始最后的道路施工。

(2) 质量方面:施工质量总体较好,存在问题的地方也在监理的口头通知下进行了整改。

(3) 工程款支付方面:认真审核了本月实际完成的工程量,据施工合同规定和实际进度情况,审批了施工单位所报的工程款数量。

2. 本月监理工作情况

(1) 对施工单位所报的进场原材料的质量证明文件等进行了审核和验收;

(2) 审批施工单位上报的十二月份施工组织方案和安全文明施工方案;审批施工单位本月的工程进度款;

(3) 监理人员全过程见证雨水连接管、污水管混凝土方包和化粪池混凝土浇筑,及混凝土试

块的制作和送检；

(4) 见证施工现场土路基、塘渣和三渣试验，对进场三渣进行抽检；

(5) 经常巡视施工现场，做好现场的各项检测验收工作，控制工程质量。对雨水支管和污水管管底标高、道路中心线标高进行了复核，对铺设宽度、厚度等进行实测检查；

(6) 在巡视、检查、验收工序施工情况的同时检查安全文明施工情况，发现问题，及时提出整改，并向总监理工程师报告；

(7) 对监理资料及时进行了整理；

(8) 检查施工单位的安全台账。

八、下月施工进度计划

1. ××路至××路南侧段施工计划：

(1) 11月27日～11月28日，配套管线施工；

(2) 11月27日～11月28日，围护施工；

(3) 11月28日～30日，土路基施工；

(4) 11月30日～12月2日，塘渣层施工；

(5) 12月2日～12月3日，雨水支管施工；

(6) 12月4日～12月18日，三渣层施工、养护；

(7) 12月6日～12月8日，平侧石施工；

(8) 12月9日～12月15日，人行道施工；

(9) 12月19日～12月20日，粗沥青混凝土施工。

2. ××路至××路中间段在12月2日进行粗粒式沥青混凝土铺设。

九、下月监理工作安排

1. 下月施工计划比较紧，监理要保持细心、认真，做好每一道工序的检查、验收工作和巡视工作，把好质量关，并做好现场计量工作。

2. 在工程进度方面，针对本月工期时间紧、任务大的情况，监理部将认真审查施工单位的进度计划，并狠抓落实，督促施工方加大投入，加快进度，完成计划任务。

3. 监理人员在现场检查施工质量之际，要注意检查安全文明施工情况，发现问题及时提出整改。

4. 督促施工方及时整理有关资料，同时认真整理监理资料和台账，把监理资料整理好。

十、需业主协商解决的问题

1. 协调各配套管线的施工，以利于施工单位能按进度计划进行施工。

2. 协调电力线等的上改下工作和电杆等的迁移事宜。

第四节　监理会议纪要中的有关质量问题

归档编号：40

文件内容：监理会议纪要中的有关质量问题

总张数：　　　张

其中：原　件　　张
　　　复印件　　张

第一次工地会议纪要

一、地点：××建设管理中心会议室

二、时间：2009.10.08 下午 14：30

三、主持人：建设单位：×××

四、参加人员及单位：

建设单位：×××建设管理中心

监理单位：××监理技术咨询有限公司

施工单位：××建设工程有限公司

（参加人员见会议签到表）

五、内容纪要：

1. 建设单位代表×××同志介绍了工程概况，拆迁工作已完成，主要道路已修建，场地有一变压器，水源正在解决，具有进场条件。建设单位、监理单位、施工单位对拟进场人员进行了相互介绍见面。

2. 监理单位进行了监理交底，对监理程序、施工单位应提交的文件、施工应注意的问题进行了详细的说明（详细内容见《监理交底》）。特别强调安全生产和文明施工，按设计图和规范施工，按程序办事，工程资料和施工同步。建议施工单位组建好施工班组，挑选好的材料供应商，认真编制好施工组织设计、专项施工方案和进度计划，按合同工期和质量要求完成施工任务。

3. 建设单位提出要求：

（1）施工用电专项方案应与工程相符、方案可行；

（2）土建和安装施工队在管理上要是一个整体；

（3）进场人员若有变更应先申请，今后要对人员进行考核，出勤率达不到合同要求的要进行处罚；

（4）施工中若出现需要处理的问题，施工单位向监理单位汇报，监理单位向业主汇报，监理单位在授权范围内处理有关事件，不能解决的向业主汇报；

（5）安全生产、文明生产。特别强调在打桩期间的安全，要求施工单位派管理人员跟班值班，及时解决施工中出现的问题。

4. 施工单位表态：按照合同保质保量按期完成施工任务，安全生产绝不放松。

5. 会议决定每周三下午 14：30 召开监理例会，参加人员有建设单位现场代表、施工单位（项目经理、技术负责人、安全员、资料员）、监理人员，地点是项目部会议室。若有变化另行通知。

×××监理有限公司
×标段项目监理部
2009.10.08

××工程

监理交底内容

编制: 　　　　　　　　　　审批:

×× 监理有限公司
×× 工程项目监理部
××××年××月

根据本工程招标文件、监理合同、施工合同、有关规范标准及本工程的特点，现就本工程中要重点注意的问题及监理要求进行简要交底，有不详尽之处监理将在施工期间以监理工程师指令和函件的形式作进一步明确。

一、施工前需申报的内容及要点：

1. 公司营业执照、资质等级证书，安全资格证
（1）提出副本的复印件；
（2）年审记录；
（3）查资质承接业务范围是否符合招标文件要求；
（4）报审表 GB 50319—2000 A4。

2. 施工企业试验室
（1）营业执照、资质证书副本（复印件）；
（2）年审记录；
（3）业务范围内所有计量设备的质量技术监督局颁发的计量合格证；
（4）在市质安总站办理的《对内业务范围备案登记表》复印件；
（5）试验室质量管理体系（含岗位责任制度）；
（6）试验室人员资格证书（上岗证）复印件；
（7）现场试验室；
（8）现场养护室（温度、湿度控制器；试块出入室记录）；
（9）报审表 GB 50319—2000 A4。

3. 30%原材见证取样外送实验室
（1）营业执照、资质证书副本（复印件）；
（2）质量技术监督局颁发的计量合格证；
（3）在市质安总站办理的《对外业务范围备案登记表》复印件；
（4）试验室质量管理体系；实验人员上岗资格；
（5）报审表 GB 50319—2000A4。

4. 管理人员进场审查
（1）管理人员（项目经理、施工员、安全员、技术负责人、资料员、质检员、材料员等）资格证书、上岗证书（复印件）。
（2）查前一年年审记录，进场人员是否与投标文件相符合，若有变更：1）一般情况下，项目经理和技术负责人不允许变更，特殊情况需写书面报告，监理批准后报业主批准，然后到招投标中心办理变更手续，质安站备案；2）其他人员变更，应书面申请，监理批准，业主备案；3）若有人员变更，先按投标人员办理进场报审，公司发调入、调出文件，办理进出场登记手续和报审手续。

5. 施工组织设计和专项方案
（1）施工组织设计由技术负责人编写，项目经理审核，公司技术科总工批准。
（2）安全技术措施必须经上级主管部门领导批准，并经专业部门会签。
（3）专项方案有：
1）模板安装与拆除；
2）脚手架的搭设与拆卸；
3）基槽的开挖与支护及围护（深基坑有专家论证）；
4）施工用电；

5）起重吊装；

6）交通组织方案；

7）临时围护、临时围挡；

8）临时设施；

9）安全文明管理方案；

10）应急预案；

11）钻孔灌注桩；

12）创标、创杯规划和方案；

13）施工测量方案；

14）大型施工设备的装卸方案等。

以上方案要符合杭建监总（2003）38号，（2004）12号的要求。

（4）报审表 GB 50319—2000 A2。

6. 特殊作业人员报审

（1）上岗证（复印件）。

（2）有效期年审记录（一般不超过两年）。

（3）特殊工种有：电工、焊工、机动车驾驶、起重机司机、架子工、机械操作工、桩机工、信号指挥等。对焊工的要求：专业应为钢结构焊接，正式施工前每名焊工应做一组焊件，并进行外观检查、超声波探伤检测、抗拉试验，合格者才能上岗操作。

（4）报审表 GB 50319—2000 A4。

7. 进场机械设备报验

（1）机械设备的出厂合格证、质保证书（复印件）；

（2）质安站颁发的准用证或注册证（复印件）；

（3）设备进场验收、检查记录；

（4）设备是租赁的要办理租赁和劳务合同；

（5）报验表 GB 50319—2000 A9。

8. 混凝土、砂浆配合比报审

（1）各强度、设计配合比，实验室报告单；

（2）报验表 GB 50319—2000 A4。

9. 临时设施搭设验收

（1）范围：围墙、宿室、活动房、食堂（地面硬化、施工便道、场地排水畅通）；

（2）搭设合格证，检测报告；

（3）平面布置图，设计计算书（括号内项目不要计算书）；

（4）报验表 GB 50319—2000 A4。

10. 委托外加工企业资质审查

（1）资质证书、营业执照、实验室资质副本（复印件）；

（2）主要厂家：预制构件厂，商品混凝土厂、沥青/三渣混凝土搅拌站等。

11. 承包人的保险和担保

（1）工程一切险；

（2）人身伤亡险。

12. 开工申请

（1）开工合验（质安站组织验收发安全生产、文明施工合格牌）；

(2) 开工报审表 GB 50319—2000 A1 表，附开工报告、具备条件的证明文件（清单）、GB 50300—2001 附录 A 施工现场质量管理检查记录；

(3) 按规定质安站发合格牌，总监签署开工令后才能正式施工。

二、原材料报验

1. 原材料出厂合格证、质保单（要求原件，无原件的，要求经销商出抄件或原件复印件，盖红章，说明原件保存地点）；

2. 抽样复验报告单；

3. 进场清单：写明进场品名、规格、数量、拟用工程部位；

4. 报验表 GB 50319—2000 A9。

取样要求及频率按有关规定实施，对外的 30％相关试验按监理见证取样计划进行。对监理，30％的委托外实验室的报告送检单位要填我公司的名称。

三、资料管理

原则：资料与工序全部同步或基本同步，相关内容严格按建筑工程施工质量验收统一标准和相关验收规范。

1. 每一道施工工序完成在自检合格后要及时填写"报验申请表"送交监理检查验收，监理工程师验收签认后，方可进行下道工序施工；

2. 对于监理用表监理将提供样本（GB 50319—2000 A 表 C 表）；

3. 竣工档案归档，按质安部门和档案馆有关规定执行，有关内容需要提供音像资料；

4. 施工周（月）报：每周（月）例会前 1 天提交；施工月报：每月　日提交。

四、监理程序

(一) 质量控制

1. 首先明确监理巡视检查与验收的区别

(1) 巡视检查是一种工作方式，主要是：发现问题、看施工中是否按规范施工、了解施工的状况。

(2) 检查验收是监理对施工工序的认可，即检查工序施工是否达到或满足设计要求，也就是工序交接检查，它是在承包商的施工员或质检员，有时是试验员，在上一道工序完工后，下一道工序开始前（如有）进行仔细检查、试验后，认为工序合格，并填妥"分项（工序）分部/单位工程质量评定表"和 A4 表，通知现场监理工程师到现场会同检验，检验合格后签字认可，然后进行下一道工序。

2. 隐蔽工程施工的检查验收

隐蔽工程施工验收，提前 24h 通知监理工程师。施工单位自检（初检）合格，填"隐蔽工程检查记录"和"工序质量评定表"及 A4 表，报现场监理工程师进行检查验收，检查合格或达到合同要求，监理工程师当场签字认可。

3. 重要部位、工序或监理工程师认为施工质量状况不能确信的部位，以及重要的材料、半成品和成品的使用等，需由监理方亲自进行见证或试验或技术复核，符合要求，方能继续施工。

4. 重要部位、关键工序需要监理旁站，按旁站细则要求实施。

5. 需见证取样的原材料、试块在取样前通知监理工程师。

6. 控制依据：合同、设计文件、施工规范、质量检验评定标准、质量验收规范和监理规范。

(二) 进度控制

施工单位根据总监理工程师审批的《施工总体进度计划》分每周、每月的工作计划，绘制形象的进度图，施工中应严格按计划执行，监理工程师跟踪检查，监督实施。

1. 编制总进度计划、绘制网络图（开工前或工期调整后报监理审批）；
2. 月进度计划（月前或工期调整后）；
3. 周进度计划（周前）；
4. 报审表；
5. 日统计、周汇报、月小结（报监理或业主）。

（三）投资控制

1. 工程变更、洽商的主要程序

（1）工程变更设计程序在承包商提出"工程洽商记录"或"工程变更"前，须通过监理方对拟变更的内容进行现场查看审核后认为确有必要，经监理工程师审核签署意见总监审批后，报业主代表。

（2）从设计院返回的联系单及其他函件，须由监理工程师传达给承包商。

（3）工程变更应由承包项目经理或技术负责人提出。

2. 工程计算与支付

（1）计量原则：严格执行业主同施工单位签订的建设施工合同中明确的合同价、单价和约定的工程款支付方法。监理严格坚持报验资料不全、与合同文件约定不符、未经质量签认合格或违约的不予签证和计量。

（2）工程量计量支付程序：根据工程实际进度及监理工程师签认的合格的分部、分项工程，按合同清单规定填写报表，报（如业主另有专用表格要求，按业主要求办理）监理工程师审核，总监理工程师签认后交业主。

五、安全文明施工

1. 严格按标化工地的要求进行临设的搭设，做好"五小"设施，安全用电、支架搭设、临边围护、基坑开挖、管线保护、标示标牌、安全台账等。

2. 建立安全生产制度，做好员工三级教育培训。

3. 现场建立应急救援预案，配备应急救援人员、器材设备，定期组织演练。

六、监理工作

1. 检查项目部

（1）现场质量管理制度及落实情况；

（2）质量责任制，工程质量检验制度；

（3）安全管理制度及落实情况；

（4）五小设施：1）办公室、会议室有门牌、空调、电话、桌椅配备齐全；2）宿舍内床、柜整洁，无电炉、灶等危险品，有编号牌；3）食堂有卫生许可证，无蚊、苍蝇，生熟分放，有餐厅，厨师有健康证；4）浴室清洁卫生；5）厕所干净，离食堂30m外。

"五小"设施要求具有抵抗10级以上台风的能力。

（5）五牌一图：1）管理人员名单牌；2）监督电话牌；3）消防保卫牌；4）安全生产牌；5）文明施工牌；6）施工现场总平面图。

（6）用电设施、用电方案：1）三级配电，三级保护电器有3C认证标志，接地符合要求，电器有检查记录；2）电杆高度符合要求；3）电线配符合专项方案，间距大于/等于30公分。

2. 督促施工单位办理安全监督手续，办理施工备案、注册等手续，签署三方协议。

3. 收集中标通知书、招标文件、投标文件、施工合同（复印件）、图纸、图纸会审记录、地质勘探资料、施工许可证等。

4. 检查项目部管理人员和特殊作业人员持证上岗、员工三级教育培训情况：1）三级教育即

公司对项目部，项目部对班组，班组对作业人员进行进场安全、文明施工教育，要有登记记录，有授课内容、时间、对象。2）签字要齐全，教育者和被教育者要本人签字，不能代签。

  5. 检查安全和技术措施落实情况，要有交底记录，交底与被交底者本人亲笔签字。安全文明十二本台账的内容要齐全、真实。

  6. 检查材料设备存放与管理：1）分类；2）挂牌；3）堆放整洁；4）防雨、锈等措施。

  7. 对施工质量每道工序进行检查，对合格的签证确定，不合格的发监理工程师通知单返工整改。

  8. 对施工进度每日进行统计，编制周报和月报。

  9. 审核计量支付。

  10. 定期召开监理例会，解决施工中存在的问题。

交底单位：××监理有限公司××标段项目监理部

被交底单位：_____项目经理部

交底时间：____年____月____日

交底地址：_____

交底单位总监（签名）　　　　　　被交底单位项目经理（签名）

专职安全监理人员（签名）　　　　专职安全生产管理人员（签名）_____

××路工程
第十七次工地例会会议纪要

会议时间：2009年8月20日下午16：00
会议地点：××路工程项目部会议室
参加单位及人员：
××市××开发总公司　　　　　　　××　　××
××建设监理有限公司　　　　　　　××　　××
××市市政工程有限公司××路项目部　××　　××

今天的工地例会由总监理工程师××主持。会议着重对××路南侧施工场地进行平整等事宜进行了讨论，现纪要如下：

1. ××路至××路南侧段平整需在8月22日前完成。其中××段至××段三渣二层上要进行三渣找平，各井要装上井盖，并与三渣路面接顺；接坡落差较大的地方要加长坡段，必要时进行水泥混凝土铺设；××路口圆弧处需进行人工找平，必要时铺设水泥混凝土；××路至未拆房处将沿人行道板进行彩钢板围护，需对人行道板内侧空地进行平整，必要时铺设水泥混凝土，以作为临时便道。场地平整完毕，报告监理及甲方进行检查，条件具备后可进行中间段施工。

2. ××路至××路北侧段开展扫尾工作，以保证道路畅通。

3. ××路至××路中间段从开始施工至粗粒式沥青混凝土铺设施工工期为25天，施工单位要及时编写该段的施工进度计划，报监理审批。

4. ××河老驳坎凿除施工方案上报监理审批，由甲方根据施工方案与河道管理所进行协调。

5. 施工单位要增加人力投入，为中间段施工做好准备。

请业主抓紧有关拆迁事宜，协调××路口路灯管线单位，为现场施工创造有利条件，以保证施工进度计划的如期完成。

会签：
××市××开发总公司
××建设监理有限公司
××市市政工程有限公司××路项目部

××建设监理有限公司
××路工程项目监理部
2009年8月20日

第五节 进 度 控 制

归档编号：41

文件内容：工程开工/复工审批表

总张数：　　　张

其中：原　件　　　张

复印件　　　张

A1

工程开工/复工报审表

工程名称：××工程　　　　　　　　　　　　　　　　　　　　编号：

致：××监理公司（监理单位）

　　我方承担的＿＿××＿＿工程，已完成了以下各项工作，具备了开工/复工条件，特此申请施工，请核查并签发开工/复工指令。

附：1. 开工报告
　　2.（证明文件）

①建设工程施工许可证；②施工组织设计；③施工测量放射线；④现场主要管理人员和特殊工种人员资格证、上岗证；⑤现场管理人员、机具、施工人员进场；⑥工程主要材料已落实；⑦施工现场道路、水、电、通信等已达到开工条件。

　　　　　　　　　　　　　　　　　　　　承包单位（章）　　××工程公司
　　　　　　　　　　　　　　　　　　　　项目经理　　　　　××
　　　　　　　　　　　　　　　　　　　　日　　期　　　　　　　　

审查意见：
1. 经查《建设工程施工许可证》已办理；
2. 施工现场主要管理人员和特殊工种人员资格证、上岗证符合要求；
3. 施工组织设计已批准；
4. 主要人员已进场，部分材料已落实；
5. 施工现场道路、水、电、通讯已达到开工要求。

综上所述，工程已符合开工条件，同意开工。

　　　　　　　　　　　　　　　　　　　　项目监理机构　　××监理公司
　　　　　　　　　　　　　　　　　　　　总监理工程师　　　××
　　　　　　　　　　　　　　　　　　　　日　　期　　　　　　　　

第二部分　市政工程资料编制范例

归档编号：**42**

文件内容：工程开工/复工暂停令

总张数： 张

其中：原 件 张
　　　复印件 张

市政工程监理实务和资料编制范例

B2

工 程 暂 停 令

工程名称：××工程　　　　　　　　　　　　　　　　　　　　　编号：

致：　__××工程公司__　（承包单位）

由于__桥梁基坑未按批准的方案组织施工，基坑土体产生坍塌，造成安全隐患__原因，现通知你方必须于__×× ×××__年__××__月__××__日__××__时起，对本工程的__桥梁基坑__部位（工序）实施暂停施工，并按下述要求做好各项工作：

1. 对该基坑进行全面的安全检查并做好记录。
2. 对基坑临边及时进行围护，确保工程安全。
3. 加强施工人员质量、安全教育及相关交底工作。
4. 完成上述内容后，填报"工程复工报审表"到项目监理部。

项目监理机构　__××监理公司__
总监理工程师　_____
日　　期　_____

第二部分　市政工程资料编制范例

第六节 质量控制

归档编号：**43**

文件内容：不合格项目通知

总张数： 张

其中：原 件 张
　　　复印件 张

B1

监理工程师通知单

工程名称：××工程　　　　　　　　　　　　　　　　　　　　编号：

致：　××工程公司

事由：

用于拌制混凝土和砂浆的水泥未按规定执行见证取样和送检。

内容：

依照有关文件和现行建筑工程施工质量验收规范及标准的要求，用于拌制混凝土和砂浆的水泥必须严格招待见证取样和送检。见证组数为总组数的30％，10组以下不少于2组，同时注意取样的连续性和均匀性，避免集中。

为此特发此通知，要求施工单位针对此项目的问题进行认真检查，并将检查结果报项目监理部。

　　　　　　　　　　　　　　　　　　　　项目监理机构　××监理公司　
　　　　　　　　　　　　　　　　　　　　总/专业监理工程师＿＿＿＿＿＿
　　　　　　　　　　　　　　　　　　　　日　　期＿＿＿＿＿＿

A6

监理工程师通知回复单

工程名称：××工程　　　　　　　　　　　　　　　　　　　　　　编号：

致：××监理公司（监理单位）

我方接到编号为___××___的监理工程师通知后，已按要求完成了<u>路基填筑过程质量问题的整改</u>工作，现报上，请予以复查。

详细内容：

我项目部收到编号为××的《监理工程师通知单》后，立即组织有关人员对现场已完成的路基填筑工程进行了全面的质量复查，共发现此类问题3处。并立即进行了整改处理：

1. 对路基填筑材料夹杂的树根、垃圾已进行清理。
2. 对填筑材料粒径超过设计要求的，已人工分解。
3. 对部分"弹簧"段已返工处理。

经自检达到了工程质量验收规范要求，同时对施工人员进行了质量意识教育，并保证在今后的施工过程中严格控制施工质量，确保工程质量目标的实现。

　　　　　　　　　　　　　　　　　　　　承包单位（章）　××工程公司
　　　　　　　　　　　　　　　　　　　　　　项目经理_____
　　　　　　　　　　　　　　　　　　　　　　日　　期_____

审查意见：

经对编号为××《监理工程师通知单》提出的问题的复查，项目部已按《监理工程师通知单》整改完毕，经检查符合要求。

（如不符合要求，应具体指明不符合要求的项目或部位，签署"不符合要求，要求承包单位继续整改"的意见）

　　　　　　　　　　　　　　　　　　　项目监理机构　　××监理公司
　　　　　　　　　　　　　　　　　　　总/专业监理工程师_____
　　　　　　　　　　　　　　　　　　　　　日　　期_____

归档编号：44

文件内容：质量事故报告及处理意见

总张数： 张

其中：原 件 张
　　　复印件 张

第七节 造 价 控 制

归档编号：45

文件内容：工程竣工决算审核意见书

总张数： 张

其中：原 件 张

复印件 张

第八节 合同与其他事项管理

归档编号：46

文件内容：工程延期报告及审批

总张数：　　　张

其中：原　件　　张
　　　复印件　　张

A7

工程临时延期申请表

工程名称：××工程　　　　　　　　　　　　　　　　　　　编号：

致：××监理公司（监理单位）

根据施工合同条款　第××　条的规定，由于　建设单位在我项目部进场施工后，未能及时拆除红线范围内住宅，导致无法施工　原因，我方申请工程延期，请予以批准。

附件：
1. 工程延期的依据及工期计算：
　（1）因房屋拆迁未到位，导致工程无法实施。
　（2）合同中的相关约定。
　（3）影响施工进度网络计划。
　（4）工期计算：（略）。

合同竣工日期：××××年××月××日
申请延长竣工日期：××××年××月××日

2. 证明材料
　（略）

承包单位　××工程公司
项目经理＿＿＿＿＿＿＿＿
日　　期＿＿＿＿＿＿＿＿

B4

工程临时延期审批表

工程名称：××工程　　　　　　　　　　　　　　　　　　　　编号：

致：__××工程公司__（承包单位）

根据施工合同条款__××__条的规定，我方对你方提出的____××工程____工程延期申请（第__××__号）要求延长工期_____日历天的要求，经过审核评估：

☐ 暂时同意工期延长_____日历天。使竣工日期（包括已指令延长的工期）从原来的___年___月___日延迟到___年___月___日。请你方执行。

☐ 不同意延长工期，请按约定竣工日期组织施工。

说明：

工程延期事件发生在已批准的网络进度计划的关键线路上，经建设单位与承包单位协商，暂同意延长工期××天。

项目监理机构　××监理公司　　　
总监理工程师_____
日　期_____

B5

工程最终延期审批表

工程名称：××工程　　　　　　　　　　　　　　　　　　　　　编号：

致：　××工程公司　（承包单位）

根据施工合同条款　××　条的规定，我方对你方提出的　××工程　工程延期申请（第　×　号）要求延长工期___日历天的要求，经过审核评估：

☐最终同意工期延长___日历天。使竣工日期（包括已指令延长的工期）从原来的___年___月___日延迟到___年___月___日。请你方执行。

☐不同意延长工期，请按约定竣工日期组织施工。

说明：

因建设单位在承包单位进场后，未能按合同要求及时拆除道路红线范围内的房屋，导致部分路段施工进度滞后，经甲乙双方协商，同意延长工期。

项目监理机构　××监理公司　
总监理工程师_____
日　期_____

归档编号：47

文件内容：合同争议、违约报告及处理意见

总张数：　　　张

其中：原　件　　张
　　　复印件　　张

归档编号：**48**

文件内容：合同变更材料

总张数： 张

其中：原 件 张
复印件 张

第九节 监理工作总结

归档编号：49

文件内容：工程竣工总结

总张数：　　　张

其中：原　件　　张
　　　复印件　　张

第二部分　市政工程资料编制范例

××扩建工程竣工验收

监 理 工 作 总 结

××建设监理公司
××工程项目监理部
××年××月××日

目 录

- 一、工程概况
- 二、监理工作概述
- 三、工程质量控制
- 四、工程进度控制
- 五、工程投资控制
- 六、合同管理
- 七、安全文明施工
- 八、质量保证资料、分部分项评定
- 九、外观评价
- 十、工程评价
- 十一、结束语

第二部分　市政工程资料编制范例

各位领导、专家：

您们好！

××扩建工程自××年××月开工，历经近1年多的建设，在××开发公司及各级主管部门的领导下，经过各个参建单位精诚配合、团结协助共同努力使本工程得以顺利竣工。在此，请允许我代表公司及监理部向莅临××扩建工程竣工验收的各位领导、专家表示衷心的感谢！

下面将监理工作情况作简要汇报。

一、工程概况

工程名称	××扩建工程
工程地点	××市
质监单位	××质量安全监督站
建设单位	××开发公司
监理单位	××监理公司
设计单位	××设计研究院
施工单位	××工程有限公司

建筑特征：本工程包括站场道路、桥涵、围墙、给排水等。

二、监理工作概述

从××年××月，施工单位逐步进场施工至××年××月份竣工验收，根据设计及相关规范要求对各分部分项工程进行结构验收，符合要求。

我公司对该项目十分重视，项目总监理工程师由我公司××同志担任，并抽调公司精干的专业技术人员组建项目监理部，编制了监理规划，组织各专业监理工程师在详细了解规范、强制性条文、招投标文件，认真熟悉施工图纸，在领悟设计意图的前提下，编制了具有指导性和可操作性的各专业实施细则，并在监理过程中严格执行。监理项目部为保障项目实施过程中高标准进行各项质量安全控制，实行了对施工单位的技术交底制度、安全交底制度、见证取样制度、工程验收等一系列监理措施，确保了工程监理工作的顺利开展。

三、工程质量控制

1. 业主、监理共同组织第一次工地例会，会议上明确了质量目标，并提出了达到该目标在质量控制方面应注意的问题。

2. 工程施工前，要求施工单位完善和健全质量保证体系，包括项目经理、技术负责人在内的质检、资料、施工等"五员"必须到位，要求施工单位对每一道工序加强自检职能，经自检合格才能通知监理工程师确认，确保了工程各工序的质量。

3. 根据实际情况，编制监理旁站计划，对应该旁站的重点和关键部位如：打桩、混凝土浇筑等进行全过程旁站，并做好相应的记录。

4. 编制见证取样计划，严格按照计划执行，本工程检测送××建设工程检测有限公司的钢筋原材、钢筋焊接、混凝土、砂浆等试件均合格。

5. 严格把好材料进场质量关，作为工程质量控制的切入口，对其认真核对产品合格证、质保单、检测报告，并对外观进行检查，按规范抽取适当数量送检，对不符合的立即要求施工单位退场，不得在工程中使用。

6. 加强对工程现场的平行检查、现场巡视力度等相关监理工作，发现问题立即以口头及书面形式通知施工单位进行整改，对相关问题跟踪检查，直到整改完毕，复查合格方同意进入下道工序施工。施工过程中，我监理部针对施工单位下发了多份监理工程师通知单，关于现场的质量问题和施工安全问题占主要部分，施工单位基本上能按设计及规范要求及时整改到位。

7. 各工序施工过程中，加强现场实测实量工作，对施工单位报送的检验批等评定资料到现场对照检查，得出实际数据，对超出规范的部位进行整改。

8. 对各工程材料及构配件安装，我监理部做了如下工作：（1）按照各项施工验收规范，对安装材料及每道安装工序进行严格监理；（2）对完成的工序，我们均按照设计及规范要求进行检测，对相关部位进行现场检测或试验，如避雷引下线接地电阻测试、等电位联结的绝缘电阻测试等，发现问题及时要求施工单位整改。

四、工程进度控制

本工程在建设单位的正确领导下，我监理部做了大量的督促、协调工作，急业主之所急，在确保安全、质量的前提下把施工进度放在关键位置，经过各单位的不懈努力终于在××年××月份竣工。

对施工进度，监理在控制工程进度方面做工作总结如下：

1. 据现场实际出现的进度问题，多次以书面或组织专题会议讨论的方式督促施工单位合理安排，调整人力、物力、资金，使施工单位更能引起高度重视。

2. 监理负责牵头，协调解决对施工进度产生影响的各种因素，并根据进度计划确定每周应该完成的工程量。

3. 在计划工期产生偏离，关键工序、节点无法按计划完成时，征得业主同意，要求各参建单位及时调整施工计划，报监理部审批后实施。在装饰阶段，限定施工单位完成相应工序所需天数，确定各工序的施工人数，进度控制取得较明显的效果。

4. 根据各施工单位上报的进度计划，监理按照现场实际情况，与业主共同商定，确定项目达到竣工预验收条件的最终截止日期。

5. 对施工单位进度及时掌握情况，以书面形式总结上报业主。

五、工程投资控制

1. 工程款计量

监理根据业主与各施工单位签订的施工合同，工程进度款严格按照合同约定节点进行签证，对涉及变更的工程量严格按现场实际情况进行实测实量。

2. 设计变更

会同建设单位、设计单位、施工单位对变更设计进行会审后，提出审查意见。对施工和设计等提出的联系单和变更，我们及时提出合理化建议，征得建设单位和设计单位最终确认后通知施工单位照此执行，并及时进行验收。

六、合同管理

本工程涉及安装工种较多，监理部对分包单位等单位的资质进行了严格审查，对施工过程中总、分包提出的问题积极协调，使工程能够顺利进行。

七、安全文明施工

在监理过程中，监理项目部一直把安全文明施工工作放在首要位置，时刻牢记其重要性，并严格督促施工单位按照安全生产法、安全条例做好安全文明施工工作，对重要部位、环节存在安全生产隐患的，立即要求施工单位整改，直到消除隐患为止。

在监理过程中主要做了以下工作：

1. 根据本工程特点，结合现场实际情况，在工地开工前编制《安全文明施工监理细则》，指导日常监理过程中对照检查、实施。

2. 坚持每天对工地安全生产、文明施工进行检查，特别是对支模架、外脚手架、井架、安全用电、"三宝四口、五临边"防护等重要部位的安全检查，并记录好监理台账，对出现的安全隐患，不符合要求的立即指出，要求施工单位整改彻底。

3. 定期检查施工单位的安全台帐，特别对职工安全教育、安全交底方面进行认真检查，对存在不足之处及时提出。

4. 通过监理例会、月报的形式对安全生产文明施工提出监理意见，针对安全生产文明施工存在的问题进行总结、分析，提出下阶段的工作重点，要求施工单位引起重视。

在建设单位的领导下，经过我监理人员的严格督促及施工单位的配合，本工程未发生重大安全事故。

八、质量保证资料、分部分项评定

原材质保、试块统计、地基验槽、沉降观测、结构实体检测、隐蔽验收及分部、分项评定资料均符合验收规定。

九、外观评价

本工程外观质量、截面尺寸、砖砌体截面尺寸经监理现场实测实量符合规范要求，但装修观感质量一般。

十、工程评价

××扩建工程符合验收评定标准，评定合格。

十一、结束语

××扩建工程历经 2 年多时间，经过参建单位的不懈努力下，用辛劳的汗水迎来了今天的竣工验收。回顾整个工程建设的每一幕，大家都有深切的感受。本工程遇到的情况较多，处理难度较大，经历了各方配合解决。但也为各参建单位提供了大显身手的舞台，积累了宝贵经验，我们全体监理工作人员也学到了很多工程管理经验，在此向××开发公司的领导表示衷心的感谢！对质监站、设计院、勘察院等相关单位给予我们工作上的热情指导和帮助表示感谢！在今后的工作中，我们将认真总结工作经验，在今后的工作中更加完善。

××监理公司
××年××月××日

归档编号：50

文件内容：质量评价意见报告

总张数： 张

其中：原 件 张
　　　复印件 张

监理单位工程质量评估报告（合格证明书）

单位工程名称	××扩建工程		
建筑面积		结构类型、层数	
监理单位名称	××监理公司		
监理单位地址	××市××街××号		
监理单位邮编	××	联系电话	××

质量评估意见：
　　对该单位工程进行了全面的检查，确认符合法律、法规和工程建设强制性标准规定；符合设计文件及合同要求；确认
　　（1）单位工程所含分部（子分部）工程的质量全部验收合格；
　　（2）质量控制资料完善；
　　（3）单位工程所含分部（子分部）工程有关安全和功能的检验资料完整；
　　（4）主要功能项目的抽查结果符合相应专业质量验收规范的规定；
　　（5）观感质量验收符合要求。
　　该单位工程质量评估意见：通过验收。

总监理工程师：×× 年　月　日	监理企业公章
企业技术负责人：×× （总工程师） 年　月　日	
企业法人代表：×× 年　月　日	

××扩建工程

工程质量监理评估报告

××监理公司
××年××月××日

一、工程概况

工程名称：××扩建工程

建设单位：××开发公司

质监单位：××建设工程质量监督站

勘察单位：××勘察院

设计单位：××设计研究院

监理单位：××监理公司

施工单位：××工程有限公司

建筑特征：本工程具体内容为站场道路、桥涵、围墙、给排水等。

二、评估依据

1. 国家及政府有关部门颁布的有关质量管理方面的法律、法规性文件；
2. 各类与工程有关的验收规范、技术规范、国家规定的强制性条文；
3. 建设工程施工合同、建设工程委托监理合同；
4. 本工程有关的施工图纸和有关的设计变更文件、地质勘察资料、设计说明和设计指定的标准图集。

三、质量保证体系评估

1. 建筑材料、半成品、成品的合格证、质保单、复试报告等各项质量保证资料基本齐全；对进场材料及时取样送检，检测结果均为合格；
2. 砂浆和混凝土试块均在监理见证下随机抽样制作，样本数符合规定，砂浆、混凝土养护符合规范要求，试块检测结果均为合格；
3. 各分项、子分部工程的施工，能严格把关，有自检、互检制度和专职质量监督员负责各项检查工作；有较完善的质量管理体系；
4. 隐蔽工程验收手续基本上与施工进度同步，隐蔽验收资料齐全。

四、质量保证资料核查情况

1. 钢筋原材料合格证 25 份，复试报告 14 份，复试结果符合要求。
2. 钢材焊接接头试验报告 113 份，焊剂合格证 2 份，试验结果符合要求。
3. 水泥质保单 2 份、复试报告 2 份，复试结果符合要求。
4. 烧结多孔砖合格证 7 份，复试报告 10 份；复试结果符合要求。
5. 砂、石试验报告各 1 份，复试结果符合要求。
6. 混凝土试块报告：混凝土为××商品混凝土厂供应。

标养试块共 41 组 16 份，其中 C35 1 组，龄期未到；C30 21 组 7 份，其中 2 组龄期未到；C25 19 组 9 份，其中 3 组龄期未到。

同条件试块共 32 组 15 份，其中 C30 12 组 4 份；C25 12 组 3 份，其中 3 组龄期未到；拆模试块 8 组 8 份。

混凝土试块试验结果均符合要求。

7. 砂浆试块报告：共 8 组 4 份，砂浆试块试验结果均符合要求。
8. 砌体拉结筋抗拉拔试验报告 3 份，试验结果符合要求。
9. 土建隐蔽工程验收记录齐全，且符合要求。
10. 沉降观测到目前为止情况为：到目前共测 6 次，最大沉降量为 10mm，最小沉降量为 6mm。
11. 实体检测。经××县建筑工程质量检测中心对本工程的钢筋保护层厚度进行了抽样检

测，检测结果符合规范要求。

12. 质量检验批资料齐全并符合要求。

13. 土建检验批资料齐全且符合要求。

14. 水、电材料合格证等质保资料齐全且符合要求。

15. 水、电隐蔽工程验收记录齐全且符合要求。

16. 水、电安装检验批资料齐全且符合要求。

17. 质量事故报告：无质量事故。

以上质量保证资料核查结果：基本齐全并符合要求

五、分项工程质量情况

1. 模板分项工程

（1）主控项目：

1）经检查验收，模板具有足够的强度、刚度、撑拉杆件固定牢固稳定；

2）模板接缝不大于 1.5mm，模板上每处粘浆和漏涂隔离剂累计面积不大于 $1000cm^2$。符合要求。

（2）一般项目：轴线位移允许偏差 5mm、标高允许偏差 5mm、截面尺寸允许偏差 10mm（基础）、＋4mm，－5mm（柱、墙、梁）等方面：实测 16 个检验批，测点合格率为 83.2%。

（3）评定：模板分项工程评定为合格。

2. 钢筋分项工程

（1）主控项目：

1）钢筋的品种规格和质量符合设计要求和有关标准的规定，钢筋表面洁净、无损伤，油污、老锈。钢筋的规格，加工形状、尺寸、数量、锚固长度和接头位置都符合设计要求和施工规范规定。钢筋焊接由持合格上岗证焊工操作，焊接接头机械性能试验合格。保证项目符合要求。

2）钢筋绑扎缺扣，松扣的数量不超过应绑扎数量的 10%。钢筋绑扎、弯钩形状和朝向、接头部位和搭接长度符合规定。箍筋数量符合设计要求，弯钩角度和平直段的长度基本符合施工规范。基本项目符合要求。

（2）一般项目：骨架的宽度、高度允许偏差 5mm、骨架长度允许偏差 10mm、受力钢筋间距允许偏差 10mm、箍筋构造筋间距允许偏差 20mm、受力钢筋保护层允许偏差 10mm（基础）、5mm（柱、梁）、3mm（墙、板）等方面：实测 32 个检验批，测点合格率为 90.2%。

（3）评定：钢筋分项工程评定为合格。

3. 混凝土分项工程

（1）主控项目

1）混凝土用水泥、水、骨料等符合设计要求和施工规范规定，混凝土按配合比单配制，原材料计量、搅拌、养护和施工缝处理符合施工规定规范。保证项目符合要求。

2）当一次连续浇筑超过 $1000m^3$ 时，同一配合比的混凝土每 $200m^3$ 取样不得少于一次、每次取样不得少于一组标准养护试件，同条件养护试件的留置组数根据实际需要确定，基本项目符合要求。

（2）一般项目：混凝土的养护符合规范、施工方案要求。

（3）评定：混凝土分项工程评定合格。

4. 现浇结构分项工程

（1）主控项目：现浇结构的外观质量无严重缺陷，基本项目符合要求。

（2）一般项目：轴线位移允许偏差 15mm、标高允许偏差 10mm、截面尺寸允许偏差

(+15mm，-10mm)、表面平整度允许偏差 8mm 等方面：实测 16 个检验批，测点合格率为 88.3%。

(3) 评定：现浇结构分项工程评定为合格。

5. 砖砌体分项工程

(1) 主控项目

1) 砌体砂浆密实饱满，抽查的水平灰缝砂浆饱满度均大于 80%，灰缝横平竖直，外墙转角处设有钢筋混凝土构造柱，砌筑方式正确。保证项目符合要求。

2) 经验收未发现皮同缝，留槎做法符合施工规范，拉结筋长度及数量基本符合设计及规范规定，留置构造柱位置基本正确。基本项目符合要求。

(2) 一般项目：轴线位置偏移允许偏差≤10mm、顶面标高允许偏差 15mm、实水平缝平直度允许偏差 10mm（混水）、表面平整度允许偏差 8mm（混水）、表面垂直度允许偏差≤5mm 等方面：实测 7 个检验批，测点合格率为 86.7%。另外构造柱插筋基本到位，无超差偏位。

(3) 评定：砖砌体分项工程评定合格。

6. 主体工程质量评定

主体结构工程质量评定共 2 个子分部、5 个分项验收记录，其中混凝土子分部含有 4 个分项验收记录，砌体结构子分部含有 1 个分项验收记录，各验收记录合格，主体结构工程评定为 合格 。

7. 监理评估结论

该工程质保资料基本齐全，工程观感质量一般，各子分部、分项工程验收合格，综上所述，××工程评定为合格。

××监理公司

××年×月××日

第八章 施工技术资料

第一节 道路工程施工技术资料

监 A4

底基层 工程报验申请表

工程名称：××道路综合整治工程Ⅰ标　　　　　　　　　　编号：

致：　××投资建设管理有限公司　（监理单位） 　　我单位已完成了 k0+020～k0+080 北侧人行道级配碎石 工程，按设计文件及有关规范进行了自检，质量合格，请予以审查和验收。 附件： 　1. 隐蔽工程检查验收记录； 　2. 检验批质量检验记录。 　　　　　　　　　　　　　　　　　　　　　承包单位（章）：_____ 　　　　　　　　　　　　　　　　　　　　　项目经理：_____ 　　　　　　　　　　　　　　　　　　　　　日　　期：_____
审查意见： 　□所报隐蔽工程的技术资料□齐全/□不齐全，且□符合/□不符合要求，经现场检测、核查□合格/□不合格，□同意/□不同意隐蔽。 　□所报检验批的技术资料□齐全/□不齐全，且□符合/□不符合要求，经现场检测、核查□合格/□不合格，□同意/□不同意进行下道工序。 　□所报检验批的技术资料基本齐全，且基本符合要求，因□砂浆/□混凝土试块强度试验报告未出具，暂同意进行下道工序施工，待□砂浆/□混凝土试块试验报告补报后，予以质量认定。 　□所报分项工程的个检验批的验收资料□完整/□不完整，且□全部/□未全部达到合格要求，现场检测、核查□合格/□不合格。 　□所报分部（子分部）工程的技术资料□齐全/□不齐全，且□符合/□不符合要求，经现场检测、核查□合格/□不合格。 　□纠正差错后再报。 　　　　　　　　　　　　　　　　　　　　　项目监理机构（章）：_____ 　　　　　　　　　　　　　　　　　　　　　总/专业监理工程师：_____ 　　　　　　　　　　　　　　　　　　　　　日　　期：_____

本表一式三份，经项目监理机构审核后，建设单位、监理单位、承包单位各存一份。

隐蔽工程检查验收记录

年　月　日　　　　　　　　　　　　　　　　　　　　　　　质检表 4

工程名称	××道路综合整治工程Ⅰ标	施工单位	××建设有限公司
隐检项目	10cm 厚级配碎石底基层	隐检范围	k0+020～k0+080 北侧人行道

隐检内容及检查情况	1. 表面平整、坚实，无推移、松散、浮石现象。 2. 中线偏位，允许偏差≤20（mm）；　　10 3. 纵断高程，允许偏差±20（mm）；　　−8　　5　　−4 4. 平整度，允许偏差≤15（mm）；　　　8　　6　　4 5. 宽度，允许偏差不小于设计值（mm）；　15　　19 6. 横坡，允许偏差±0.3%且不反坡（%）；0.1　−0.1　0.2　−0.1　0.2　0.2 7. 厚度，允许偏差+20，−10（mm）；　　9
验收意见	
处理情况	

复查人：　　　　　　　　　　　　　　　　　　　　　　年　月　日

建设单位	监理单位	施工项目技术负责人	质检员

检验批质量检验记录

表 A.0.1

工程名称	××道路综合整治工程Ⅰ标												
施工单位	××建设有限公司												
单位工程名称	道路工程					分部工程名称		底基层					
分项工程名称	10cm厚级配碎石					验收部位		k0+020～k0+080北侧人行道					
工程数量	210m²				项目经理			技术负责人					
制表人					施工负责人			质量检验员					
交方班组					接方班组			检验日期			年 月 日		

		质量验收规范的规定		评定意见
主控项目	1	压实度应符合规范表6.3.12-2规定	第7.8.4-2条	符合设计及CJJ 1—2008规范要求
	2			
	3			
	4			

	序号	检测项目	检验依据/允许偏差（规定值或±偏差值）(mm)	检查结果/实测点偏差或实测值										应测点数	合格点数	合格率(%)
				1	2	3	4	5	6	7	8	9	10			
一般项目	1	表面平整、坚实，无推移、松散、浮石现象（第7.8.4-4条）。												符合设计及CJJ 1—2008规范要求		
	2	中线偏位	≤20	10										1	1	100
	3	纵断高程	±20	−8	5	−4								3	3	100
	4	平整度	≤15	8	6	4								3	3	100
	5	宽度	不小于设计值	15	19									2	2	100
	6	横坡	±0.3%且不反坡	0.1	−0.1	0.2	−0.1	0.2	0.2					6	6	100
	7	厚度	+20，−10	9										1	1	100

平均合格率(%)	100
检验结论	优良
监理（建设）单位意见	监理工程师 （建设单位项目专业技术负责人）　　　　　　　　年 月 日

监 A4

__人行道__ 工程报验申请表

工程名称：××道路综合整治工程Ⅰ标　　　　　　　　　　　编号：

致：　__××投资建设管理有限公司__　（监理单位）

我单位已完成了__k0+020～k0+080 北侧人行道铺装__ 工程，按设计文件及有关规范进行了自检，质量合格，请予以审查和验收。

附件：
1. 检验批质量检验记录。

承包单位（章）：_____

项目经理：_____

日　　期：_____

审查意见：

□所报隐蔽工程的技术资料□齐全/□不齐全，且□符合/□不符合要求，经现场检测、核查□合格/□不合格，□同意/□不同意隐蔽。

□所报检验批的技术资料□齐全/□不齐全，且□符合/□不符合要求，经现场检测、核查□合格/□不合格，□同意/□不同意进行下道工序。

□所报检验批的技术资料基本齐全，且基本符合要求，因□砂浆/□混凝土试块强度试验报告未出具，暂同意进行下道工序施工，待□砂浆/□混凝土试块试验报告补报后，予以质量认定。

□所报分项工程的个检验批的验收资料□完整/□不完整，且□全部/□未全部达到合格要求，现场检测、核查□合格/□不合格。

□所报分部（子分部）工程的技术资料□齐全/□不齐全，且□符合/□不符合要求，经现场检测、核查□合格/□不合格。

□纠正差错后再报。

项目监理机构（章）：_____

总/专业监理工程师：_____

日　　期：_____

本表一式三份，经项目监理机构审核后，建设单位、监理单位、承包单位各存一份。

隐蔽工程检查验收记录

年 月 日 质检表4

工程名称	××道路综合整治工程I标	施工单位	××建设有限公司
隐检项目	料石铺砌	隐检范围	k0+020～k0+080北侧人行道

隐检内容及检查情况	1. 砂浆强度符合设计要求。 2. 石材强度、外观尺寸符合设计及CJJ 1—2008表11.1.1-1的要求。 3. 盲道铺砌正确。 4. 铺砌稳固、无翘动，表面平整、缝线直顺、缝宽均匀、灌缝饱满，无翘边、翘角、反坡、积水现象。 5. 平整度，允许偏差≤3（mm）；　　　1　1.5　2.1 6. 横坡，允许偏差±0.3%且不反坡（%）；　0.2　−0.1　0.3 7. 相邻块高差，允许偏差≤2（mm）；　　0.5　0.8　1.1 8. 纵缝直顺，允许偏差≤10（mm）；　　3　6 9. 横缝直顺，允许偏差≤10（mm）；　　4　5　1 10. 缝宽，允许偏差+3，−2（mm）；　　1　−1　0　3　2　4　1
验收意见	
处理情况	

复查人：　　　　　　　　　年　月　日

建设单位	监理单位	施工项目 技术负责人	质检员

检验批质量检验记录

表 A.0.1

工程名称		××道路综合整治工程I标			
施工单位		××建设有限公司			
单位工程名称		道路工程	分部工程名称	人行道	
分项工程名称		料石铺装	验收部位	k0+020～k0+080 北侧人行道	
工程数量		210m²	项目经理	技术负责人	
制表人			施工负责人	质量检验员	
交方班组			接方班组	检验日期	年 月 日

		质量验收规范的规定		评定意见
主控项目	1	砂浆强度应符合设计要求	第13.4.1-1条	详见试验报告单
	2	石材强度、外观尺寸应符合设计及规范要求。	第13.4.1-2条	符合设计及CJJ 1—2008规范要求
	3	盲道铺砌应正确	第13.4.1-3条	符合设计及CJJ 1—2008规范要求
	4			

	序号	检测项目	检验依据/允许偏差（规定值或±偏差值）(mm)	检查结果/实测点偏差或实测值										应测点数	合格点数	合格率(%)
				1	2	3	4	5	6	7	8	9	10				
一般项目	1	铺砌稳固、无翘动，表面平整、缝线直顺、缝宽均匀、灌缝饱满、无翘边、翘角、反坡、积水现象（第13.4.1-5条）。													符合设计及CJJ 1—2008规范要求		
	2	平整度	≤3	1	1.5	2.1								3	3	100
	3	横坡	±0.3%且不反坡	0.2	−0.1	0.3								3	3	100
	4	相邻块高差	≤2	0.5	0.8	1.1								3	3	100
	5	纵横直顺	≤10	3	6									2	2	100
	6	横缝直顺	≤10	4	5	1								3	3	100
	7	缝宽	+3，−2	1	−1	0	3	2	4	1				7	6	85.7

平均合格率（%）	97.6
检验结论	优良
监理（建设）单位意见	监理工程师 （建设单位项目专业技术负责人）　　　　　　年 月 日

建 A5-3

路基 工程报验申请表

工程名称：××道路综合整治工程Ⅰ标　　　　　　　　　　　编号：

致：　××投资建设管理有限公司　（监理单位）

我单位已完成了 k0+777.351～k0+863.742 土路基 工程，按设计文件及有关规范进行了自检，质量合格，请予以审查和验收。

附件：

1. 隐蔽工程检查验收记录；
2. 检验批质量检验记录。

承包单位（章）：_____

项目经理：_____

日　　期：_____

审查意见：

□所报隐蔽工程的技术资料□齐全/□不齐全，且□符合/□不符合要求，经现场检测、核查□合格/□不合格，□同意/□不同意隐蔽。

□所报检验批的技术资料□齐全/□不齐全，且□符合/□不符合要求，经现场检测、核查□合格/□不合格，□同意/□不同意进行下道工序。

□所报检验批的技术资料基本齐全，且基本符合要求，因□砂浆/□混凝土试块强度试验报告未出具，暂同意进行下道工序施工，待□砂浆/□混凝土试块试验报告补报后，予以质量认定。

□所报分项工程的个检验批的验收资料□完整/□不完整，且□全部/□未全部达到合格要求，现场检测、核查□合格/□不合格。

□所报分部（子分部）工程的技术资料□齐全/□不齐全，且□符合/□不符合要求，经现场检测、核查□合格/□不合格。

□纠正差错后再报。

项目监理机构（章）：_____

总/专业监理工程师：_____

日　　期：_____

本表一式三份，经项目监理机构审核后，建设单位、监理单位、承包单位各存一份。

隐蔽工程检查验收记录

年　月　日　　　　　　　　　　　　　　　　　　　质检表 4

工程名称	××道路综合整治工程Ⅰ标	施工单位	××建设有限公司
隐检项目	土路基	隐检范围	k0+777.351～k0+863.742

隐检内容及检查情况	1. 路床应平整、坚实，无显著轮迹、翻浆、波浪、起皮等现象。 2. 土路基压实度≥90%（重型）（详见试验报告单）。 3. 土路基弯沉值≤设计规定值 300（0.01mm）（详见试验报告单）。 4. 路床纵断高程，允许偏差－20，+10（mm）；　－5　－10　8　－5 5. 路床中线偏位，允许偏差≤30（mm）；　10　9 6. 路床平整度，允许偏差≤15（mm）；　4　7　3　6　2　10　5　8 7. 路床宽度，允许偏差不小于设计值（mm）；　16　13 8. 路床横坡，允许偏差±0.3%且不反坡（mm）；　0.2　0.1　0.2　－0.1　0.3　0.1 　　　　　　　　　　　　　　　　　　　　　　0.3　－0.4　0.1　－0.1　0.3　－0.2 　　　　　　　　　　　　　　　　　　　　　　0.1　0.2　－0.3　0.1
验收意见	
处理情况	

复查人：　　　　　　　年　月　日

建设单位	监理单位	施工项目 技术负责人	质检员

检验批质量检验记录

工程名称	××道路综合整治工程Ⅰ标		
施工单位	××建设有限公司		
单位工程名称	道路工程	分部工程名称	路基
分项工程名称	土方路基	验收部位	k0+777.351～k0+863.742
工程数量	1037m²	项目经理	技术负责人
制表人		施工负责人	质量检验员
交方班组		接方班组	检验日期　年　月　日

		质量验收规范的规定		评定意见
主控项目	1	压实度应符合规范表6.3.12-2规定	第6.8.1-1条	详见试验报告单
	2	弯沉值不应大于设计规定	第6.8.1-2条	详见试验报告单
	3			

	序号	检测项目	检验依据/允许偏差（规定值或±偏差值）(mm)	检查结果/实测点偏差或实测值										应测点数	合格点数	合格率(%)
				1	2	3	4	5	6	7	8	9	10			
一般项目	1	路床应平整、坚实，无显著轮迹、翻浆、波浪、起皮等现象。（第6.8.1-4条）												符合设计及CJJ 1—2008规范要求		
	2	路床纵断高程	−20，+10	−5	−10	−8	−5							4	4	100
	3	路床中线偏位	≤30	10	9									2	2	100
	4	路床平整度	≤15	4	7	3	6	2	10	5	8			8	8	100
	5	路床宽度	不小于设计值	16	13									2	2	100
	6	路床横坡	±0.3%且不反坡	0.2　0.3	0.1　−0.2	0.2　0.1	−0.1　0.2	0.3　−0.3	0.1　0.1	0.3	−0.4	0.1	−0.1	16	15	93.8

平均合格率（%）	98.8
检验结论	优良
监理（建设）单位意见	监理工程师 （建设单位项目专业技术负责人）　　　　　年　月　日

监建 A5-3

基层 工程报验申请表

工程名称：××道路综合整治工程Ⅰ标　　　　　　　　　　编号：

致：　××投资建设管理有限公司　（监理单位）

我单位已完成了 k0+777.351～k0+863.742 混凝土基层 工程，按设计文件及有关规范进行了自检，质量合格，请予以审查和验收。

附件：

1. 隐蔽工程检查验收记录；
2. 检验批质量检验记录；
3. 混凝土浇筑记录。

承包单位（章）：_____

项目经理：_____

日　期：_____

审查意见：

□所报隐蔽工程的技术资料□齐全/□不齐全，且□符合/□不符合要求，经现场检测、核查□合格/□不合格，□同意/□不同意隐蔽。

□所报检验批的技术资料□齐全/□不齐全，且□符合/□不符合要求，经现场检测、核查□合格/□不合格，□同意/□不同意进行下道工序。

□所报检验批的技术资料基本齐全，且基本符合要求，因□砂浆/□混凝土试块强度试验报告未出具，暂同意进行下道工序施工，待□砂浆/□混凝土试块试验报告补报后，予以质量认定。

□所报分项工程的个检验批的验收资料□完整/□不完整，且□全部/□未全部达到合格要求，现场检测、核查□合格/□不合格。

□所报分部（子分部）工程的技术资料□齐全/□不齐全，且□符合/□不符合要求，经现场检测、核查□合格/□不合格。

□纠正差错后再报。

项目监理机构（章）：_____

总/专业监理工程师：_____

日　期：_____

本表一式三份，经项目监理机构审核后，建设单位、监理单位、承包单位各存一份。

隐蔽工程检查验收记录

年　月　日　　　　　　　　　　　　　　　　　　　　　质检表 4

工程名称	××道路综合整治工程Ⅰ标	施工单位	××建设有限公司
隐检项目	混凝土基层	隐检范围	k0+777.351～k0+863.742

隐检内容及检查情况	1. 水泥混凝土基层板面平整、密实，边角整齐、无裂缝，并无石子外露和浮浆、脱皮、踏痕、积水等现象，蜂窝麻面面积不大于总面积的 0.5%； 2. 伸缩缝垂直、直顺，缝内无杂物；伸缩缝规定的深度和宽度范围内全部贯通，传力杆与缝面垂直； 3. 纵断高程，允许偏差±15（mm）；　　5　　－7　　－10　　6 4. 中线偏位，允许偏差≤20（mm）；　　11 5. 平整度，允许偏差≤2（mm）；　　0.9 6. 宽度，允许偏差0，－20（mm）；　　－10　　－5 7. 横坡，允许偏差±0.3‰且不反坡（mm）；　0.3　－0.1　0.2　0.1　0.2　－0.1 　　　　　　　　　　　　　　　　　　　　　－0.2　0.2　0.1　0.3　0.2　－0.1 　　　　　　　　　　　　　　　　　　　　　0.1　－0.2　0.3　－0.2 8. 井框与路面高差，允许偏差≤3（mm）；　　1.3　1.5　0.8　0.6　1.8 9. 相邻板高差，允许偏差≤3（mm）；　　1　　1.3　1.6　1.1 10. 纵缝直顺度，允许偏差≤10（mm）；　　3 11. 横缝直顺度，允许偏差≤10（mm）；　　4 12. 蜂窝麻面面积，允许偏差≤2（%）；　　0.6　0.7　1.2　0.3
验收意见	
处理情况	

复查人：　　　　　年　月　日

建设单位	监理单位	施工项目 技术负责人	质检员

检验批质量检验记录

表 A.0.1

工程名称		××道路综合整治工程Ⅰ标											
施工单位		××建设有限公司											
单位工程名称		道路工程			分部工程名称				基层				
分项工程名称		22cm厚C30水泥混凝土基层			验收部位				k0+777.351~k0+863.742				
工程数量		1037m²			项目经理				技术负责人				
制表人					施工负责人				质量检验员				
交方班组					接方班组				检验日期			年 月 日	

		质量验收规范的规定								评定意见			
主控项目	1	原材料质量符合规范要求					第10.8.1-1条			符合设计及CJJ 1—2008规范要求			
	2	水泥混凝土基层抗压强度符合设计及规范要求					第10.8.1-2条			详见试验报告单			
	3	水泥混凝土基层抗折强度符合设计及规范要求					第10.8.1-2条			详见试验报告单			
	4												

	序号	检测项目	检验依据/允许偏差（规定值或±偏差值）(mm)	检查结果/实测点偏差或实测值										应测点数	合格点数	合格率(%)
				1	2	3	4	5	6	7	8	9	10			
一般项目	1	水泥混凝土基层板面平整、密实、无裂缝，无石子外露和浮浆、脱皮踏痕、积水等现象，蜂窝麻面面积不大于总面积的0.5%（第10.8.1-2.4条）。												符合设计及CJJ 1—2008规范要求		
	2	伸缩缝垂直、直顺，缝内无杂物。伸缩缝规定的深度和宽度范围内全部贯通，传力杆与缝面垂直（第10.8.1-2.5条）。														
	3	纵断高程	±15	5	−7	−10	6							4	4	100
	4	中线偏位	≤20	11										1	1	100
	5	平整度	≤2	0.9										1	1	100
	6	宽度	0，−20	−10	−5									2	2	100
	7	横坡	±0.3%且不反坡	0.3 0.2	−0.1 −0.1	0.2	0.1 −0.1	0.2 0.3	−0.1 −0.2	−0.2	0.2	0.1	0.3	16	16	100
	8	井框与路面高差	≤3	1.3	1.5	0.8	0.6	1.8						5	5	100
	9	相邻板高差	≤3	1	1.3	1.6	1.1							4	4	100
	10	纵缝直顺度	≤10	3										1	1	100
	11	横缝直顺度	≤10	4										1	1	100
	12	蜂窝麻面面积	≤2	0.6	0.7	1.2	0.3							4	4	100

平均合格率（%）	100
检验结论	优良
监理（建设）单位意见	监理工程师 （建设单位项目专业技术负责人）　　　　　　　　　　年 月 日

混凝土浇筑记录

施工单位：××建设有限公司　　　　　　　　　　　　　　　　　施记表 17

工程名称			××道路综合整治工程Ⅰ标		浇注部位	k0+777.351～k0+863.742 混凝土基层	
浇注日期			年　月　日		天气情况　晴	室外气温	
设计强度等级			C30		钢筋模板验收负责人	方海明	
混凝土拌制方法	商品混凝土		供料厂名	交工商品混凝土厂		合同号	
			供料强度等级	C30		试验单编号	
	现场拌和	混凝土配合比	配合比通知单号				
			材料名称	规格产地	每立方米用量（kg）	每盘用量（kg）	材料含水质量（kg）	实际每盘用量（kg）
			水泥	—	—	—	—	—
			石子	—	—	—	—	—
			砂子	—	—	—	—	—
			水	—	—	—	—	—
			粉煤灰	—	—	—	—	—
			矿粉	—	—	—	—	—
			外加剂	—	—	—	—	—
实测坍落度（cm）			10、11、10		出盘温度（℃）	入模温度（℃）	
混凝土完成数量（m³）			228		完成时间		
试块留置			数量（组）		编　号		
标　养			2		k0+777.351～k0+863.742 混凝土基层		
有见证			2		k0+777.351～k0+863.742 混凝土基层		
同条件							
混凝土浇筑中出现的问题及处理方法							

注：本记录每浇注一次混凝土，记录一张。

施工项目技术负责人＿＿＿＿＿＿＿　　　　填表人＿＿＿＿＿＿＿

监 A4

__附属构筑物__ 工程报验申请表

工程名称：××道路综合整治工程Ⅰ标　　　　　　　　　　编号：

致：　××投资建设管理有限公司　（监理单位）

　　我单位已完成了 k0+040～k0+460雨水口加固及雨水支管 工程，按设计文件及有关规范进行了自检，质量合格，请予以审查和验收。

附件：

1. 检验批质量检验记录。

承包单位（章）：_____

项目经理：_____

日　　期：_____

审查意见：

　　□所报隐蔽工程的技术资料□齐全/□不齐全，且□符合/□不符合要求，经现场检测、核查□合格/□不合格，□同意/□不同意隐蔽。

　　□所报检验批的技术资料□齐全/□不齐全，且□符合/□不符合要求，经现场检测、核查□合格/□不合格，□同意/□不同意进行下道工序。

　　□所报检验批的技术资料基本齐全，且基本符合要求，因□砂浆/□混凝土试块强度试验报告未出具，暂同意进行下道工序施工，待□砂浆/□混凝土试块试验报告补报后，予以质量认定。

　　□所报分项工程的个检验批的验收资料□完整/□不完整，且□全部/□未全部达到合格要求，现场检测、核查□合格/□不合格。

　　□所报分部（子分部）工程的技术资料□齐全/□不齐全，且□符合/□不符合要求，经现场检测、核查□合格/□不合格。

　　□纠正差错后再报。

项目监理机构（章）：_____

总/专业监理工程师：_____

日　　期：_____

本表一式三份，经项目监理机构审核后，建设单位、监理单位、承包单位各存一份。

隐蔽工程检查验收记录

年　月　日　　　　　　　　　　　　　　　　　　　　　　　　　质检表 4

工程名称	××道路综合整治工程Ⅰ标	施工单位	××建设有限公司
隐检项目	16座雨水口加固及雨水支管	隐检范围	k0+040～k0+460

隐检内容及检查情况	1. 雨水口内壁勾缝直顺、坚实，无漏勾、脱落。井框、井箅完整、配套，安装平稳、牢固。 2. 雨水支管安装直顺，无错口、反坡、存水，管内清洁，接口处内壁无砂浆外露及破损。管端面完整。 3. 井框与井壁吻合，允许偏差≤10（mm）；　　2　4　3　7　6　1 　　　　　　　　　　　　　　　　　　　　　　3　4　5　2　11　2 　　　　　　　　　　　　　　　　　　　　　　6　5　4　9 4. 井框与周边路面吻合，允许偏差0，-10（mm）；-5　-3　-3　-5　-7　-4 　　　　　　　　　　　　　　　　　　　　　　　-1　1　-3　-6　-4　-2 　　　　　　　　　　　　　　　　　　　　　　　-8　-4　-1　-6 5. 雨水口与路边线间距，允许偏差≤20（mm）；　13　10　5　7　9　3 　　　　　　　　　　　　　　　　　　　　　　　5　15　10　3　12　8 　　　　　　　　　　　　　　　　　　　　　　　6　2　4　7 6. 井内尺寸，允许偏差+20，0（mm）；　　　　　3　8　12　16　10　7 　　　　　　　　　　　　　　　　　　　　　　　4　9　3　5　9　14 　　　　　　　　　　　　　　　　　　　　　　　10　11　8　3

验收意见	

处理情况	

复查人：　　　　　　　　　　　　　　年　月　日

建设单位	监理单位	施工项目技术负责人	质检员

检验批质量检验记录

表 A.0.1

工程名称	××道路综合整治工程Ⅰ标												
施工单位	××建设有限公司												
单位工程名称	道路工程			分部工程名称			附属构筑物						
分项工程名称	雨水口加固及雨水支管			验收部位			k0+040～k0+460						
工程数量	16座及雨水支管			项目经理				技术负责人					
制表人				施工负责人				质量检验员					
交方班组				接方班组				检验日期			年 月 日		

		质量验收规范的规定									评定意见		
主控项目	1	管材符合现行国家标准的有关规定。					第16.11.2-1条				符合设计及CJJ 1—2008规范要求		
	2	混凝土强度符合设计要求。					第16.11.2-2条						
	3												
	4												

	序号	检测项目	检验依据/允许偏差（规定值或±偏差值）（mm）	检查结果/实测点偏差或实测值										应测点数	合格点数	合格率（%）
				1	2	3	4	5	6	7	8	9	10			
一般项目	1	雨水口内壁勾缝直顺、坚实，无漏勾、脱落。井框、井箅完整、配套，安装平稳、牢固（第16.11.2-5条）。													符合设计及CJJ 1—2008规范要求		
	2	雨水支管安装直顺，无错口、反坡、存水，管内清洁，接口处内壁无砂浆外露及破损。管端面完整（第16.11.2-6条）。															
	3	井框与井壁吻合	≤10	2 11	4 2	3 6	7 5	6 4	1 9	3	4	5	2	16	15	93.8
	4	井框与周边路面吻合	0，-10	-5 -4	-3 -2	-3 -8	-5 -4	-7 -1	-4 -6	-1	1	-3	-6	16	15	93.8
	5	雨水口与路边线间距	≤20	13 12	10	5	7	3	5	15	10	3		16	16	100
	6	井内尺寸	+20，0	3 9	8 14	12 10	16 11	10 8	7	4	9	3	5	16	16	100

平均合格率（%）	96.9
检验结论	优良
监理（建设）单位意见	监理工程师 （建设单位项目专业技术负责人）　　　　　　　　年 月 日

混凝土浇注记录

施工单位：××建设有限公司　　　　　　　　　　　　　　　　　　　施记表 17

工程名称		××道路综合整治工程Ⅰ标		浇注部位		k0+040～k0+460 雨水口加固	
浇注日期		年 月 日		天气情况	晴	室外气温	
设计强度等级		C30		钢筋模板验收负责人		方海明	
混凝土拌制方法	商品混凝土	供料厂名		交工商品混凝土厂		合同号	
		供料强度等级		C30		试验单编号	
	现场拌和	配合比通知单号					
		混凝土配合比	材料名称	规格产地	每立方米用量（kg）	每盘用量（kg）	材料含水质量（kg）	实际每盘用量（kg）
			水　泥	—	—	—	—	—
			石　子	—	—	—	—	—
			砂　子	—	—	—	—	—
			水	—	—	—	—	—
			粉煤灰	—	—	—	—	—
			矿　粉	—	—	—	—	—
			外加剂	—	—	—	—	—
实测坍落度（cm）		10		出盘温度（℃）		入模温度（℃）	
混凝土完成数量（m³）		2.3		完成时间			
试块留置		数量（组）		编　号			
标　养		1		k0+040—k0+460 雨水口加固			
有见证							
同条件							
混凝土浇注中出现的问题及处理方法							

注：本记录每浇注一次混凝土，记录一张。

施工项目技术负责人_____　　　填表人_____

沥青混合料面层工程报验申请表

监建 A5-3

工程名称：××道路综合整治工程Ⅰ标　　　　　　　　　　　　编号：

致：××建设管理有限公司（监理单位）

我单位已完成了 k0+033～k0+300 中粒式沥青混凝土 工程，按设计文件及有关规范进行了自检，质量合格，请予以审查和验收。

附件：1. 隐蔽工程检查验收记录；
　　　2. 检验批质量检验记录。

　　　　　　　　　　　　　　　　　　　承包单位（章）：_____
　　　　　　　　　　　　　　　　　　　项目经理：_____
　　　　　　　　　　　　　　　　　　　日　期：_____

审查意见：

□所报隐蔽工程的技术资料□齐全/□不齐全，且□符合/□不符合要求，经现场检测、核查□合格/□不合格，□同意/□不同意隐蔽。

□所报检验批的技术资料□齐全/□不齐全，且□符合/□不符合要求，经现场检测、核查□合格/□不合格，□同意/□不同意进行下道工序。

□所报检验批的技术资料基本齐全，且基本符合要求，因□砂浆/□混凝土试块强度试验报告未出具，暂同意进行下道工序施工，待□砂浆/□混凝土试块试验报告补报后，予以质量认定。

□所报分项工程的个检验批的验收资料□完整/□不完整，且□全部/□未全部达到合格要求，现场检测、核查□合格/□不合格。

□所报分部（子分部）工程的技术资料□齐全/□不齐全，且□符合/□不符合要求，经现场检测、核查□合格/□不合格。

□纠正差错后再报。

　　　　　　　　　　　　　　　　　　　项目监理机构（章）：_____
　　　　　　　　　　　　　　　　　　　总/专业监理工程师：_____
　　　　　　　　　　　　　　　　　　　日　期：_____

本表一式三份，经项目监理机构审核后，建设单位、监理单位、承包单位各存一份。

隐蔽工程检查验收记录

年　月　日　　　　　　　　　　　　　　　　　　　　　　质检表 4

工程名称	××道路综合整治工程 I 标	施工单位	××建设有限公司
隐检项目	中粒式沥青混凝土	隐检范围	k0+033～k0+300 面层

隐检内容及检查情况	1. 沥青的品种、标号应符合 CJJ 1—2008 的规定。 2. 沥青混合料所用的粗集料、细集料、矿粉、纤维稳定剂等的质量及规格应符合规范的规定。 3. 热拌沥青混合料，查出厂合格证、检验报告并进场复验，拌合温度、出厂温度应符合 CJJ 1—2008 第 8.2.5 条的规定。 4. 沥青混合料品质应符合马歇尔试验配合比技术要求。 5. 表面应平整、坚实，接缝紧密，无枯焦；不应有明显轮迹、推挤裂缝、脱落、烂边、油斑、掉渣等现象，不得污染其他构筑物。面层与路缘石、平石及其他构筑物应接顺，不得有积水现象。 6. 纵断高程，允许偏差±15（mm）；　　－2　6　－1　－8　10　3　7　4　－5　9 　　　　　　　　　　　　　　　　　　　　　8　－3　5 7. 中线偏位，允许偏差≤20（mm）；　　13　9　4 8. 平整度，允许偏差≤2.4（mm）；　　1.1　0.8　1.3　0.7　1.5　0.9 9. 宽度，允许偏差不小于设计值（mm）；10　18　13　16　9　22　16 10. 横坡，允许偏差±0.3%且不反坡（%）；－0.1　0.1　0.2　－0.1　0.3　0.1　0.1 　　　　　　　　　　　　　　　　　　　　－0.1　－0.2　0.1　－0.2　0.3　0.3　0.2 　　　　　　　　　　　　　　　　　　　　－0.1　0.2　－0.2　0.1　0.2　0.1　－0.3 　　　　　　　　　　　　　　　　　　　　0.1　0.4　0.2　－0.1　0.2　0.1　0.3 　　　　　　　　　　　　　　　　　　　　0.4　0.1　0.3　－0.2　－0.1　0.2　0.1 　　　　　　　　　　　　　　　　　　　　－0.4　0.3　0.2　0.1　0.3　0.2　0.1 　　　　　　　　　　　　　　　　　　　　－0.2　0.1　－0.3　－0.1　0.2　0.3　0.3 　　　　　　　　　　　　　　　　　　　　－0.1　0.3　－0.2　－0.1

验收意见	

处理情况	

复查人：　　　　年　月　日

建设单位	监理单位	施工项目技术负责人	质检员

检验批质量检验记录

表 A.0.1

工程名称		××道路综合整治工程Ⅰ标		
施工单位		××建设有限公司		
单位工程名称	道路工程		分部工程名称	沥青混合料面层
分项工程名称	中粒式沥青混凝土		验收部位	k0+033～k0+300
工程数量	3204m²	项目经理		技术负责人
制表人		施工负责人		质量检验员
交方班组		接方班组		检验日期　年　月　日

		质量验收规范的规定		评定意见
主控项目	1	沥青的品种、标号应符合国家现行有关标准和规范8.1节的规定。	第8.5.1-1条	符合设计及CJJ 1—2008规范要求
	2	沥青混合料所用的粗集料、细集料、矿粉、纤维稳定剂等的质量及规格应符合规范的规定。	第8.5.1-2条	符合设计及CJJ 1—2008规范要求
	3	热拌沥青混合料,查出厂合格证、检验报告并进场复验,拌合温度、出厂温度应符合规范第8.2.5条的规定。	第8.5.1-3条	符合设计及CJJ 1—2008规范要求
	4	沥青混合料品质应符合马歇尔试验配合比技术要求。	第8.5.1-4条	符合设计及CJJ 1—2008规范要求

	序号	检测项目	检验依据/允许偏差（规定值或±偏差值）(mm)	检查结果/实测点偏差或实测值										应测点数	合格点数	合格率(%)
				1	2	3	4	5	6	7	8	9	10			
一般项目	1	表面应平整、坚实,接缝紧密,无枯焦;不应有明显轮迹、推挤裂缝、脱落、烂边、油斑、掉渣等现象,不得污染其他构筑物。面层与路缘石、平石及其他构筑物应接顺,不得有积水现象（第8.5.3条）。												符合设计及CJJ 1—2008规范要求		
	2	纵断高程	±15	-2 8	6 -3	-1 5	-8	10	3	7	4	-5	9	13	13	100
	3	中线偏位	≤20	13	9	4								3	3	100
	4	平整度	≤2.4	1.1	0.8	1.3	0.7	1.5	0.9					6	6	100
	5	宽度	不小于设计值	10	18	13	16	9	22	16				7	7	100
	6	横坡	±0.3%且不反坡	-0.1　0.1　0.2　-0.1　0.3　0.1　0.1　-0.1　-0.2　0.1 -0.2　0.3　0.3　0.2　-0.1　-0.2　0.1　0.2　0.3 -0.3　0.1　0.4　0.3　0.1　0.3　0.3　0.4　0.1 0.3　-0.2　0.1　0.2　0.1　-0.4　0.3　0.2　0.3 0.1　0.2　-0.2　0.1　-0.3　-0.1　0.2　0.3　-0.1 0.3　-0.2　-0.1										53	50	94.3

平均合格率（%）	98.9
检验结论	优良
监理（建设）单位意见	监理工程师 （建设单位项目专业技术负责人）　　　　年　月　日

施工测量放样报验申请表

监 A4

工程名称：××道路综合整治工程Ⅰ标

致：××投资建设管理有限公司（监理单位）

我单位已完成了 K1+536～K1+570 快车道透水沥青混凝土高程（工程或部位）工作。经自检合格，清单如下，请予查验。

附件：

1. 测量复核记录。

工程或部位名称	放线内容	备 注
K1+536～K1+570 快车道	透水沥青混凝土高程	测量数据见测试报告

承包单位（章）：_____

项目经理：_____

日期：_____

审查意见：

项目监理机构（章）：_____

专业监理工程师：_____

日期：_____

本表一式三份，经项目监理机构审核后，建设单位、监理单位、承包单位各存一份。

测 量 复 核 记 录

施记表3

工程名称	××道路综合整治工程I标	施工单位	××建设有限公司
复核部位	K1+536～K1+570快车道透水沥青混凝土高程	日　期	年　月　日
原施测人		测量复核人	

测量复核情况（示意图）

临时水准点2＝6.401m

左　1.5%　中　1.5%　右

测　点		后　视 (m)	视线高 (m)	前　视 (m)	实测高程 (m)	设计高程 (m)	偏差 (mm)
临时水准点2		0.875	7.276				
K1+536	左			1.302	5.974	5.973	1
	中			1.217	6.059	6.063	－4
	右			1.305	5.971	5.973	－2
K1+540	左			1.302	5.974	5.971	3
	中			1.210	6.066	6.061	5
	右			1.300	5.976	5.971	5
K1+560	左			1.359	5.917	5.916	1
	中			1.275	6.001	6.006	－5
	右			1.362	5.914	5.916	－2
K1+570	左			1.392	5.884	5.886	－2
	中			1.300	5.976	5.976	0
	右			1.386	5.890	5.886	4

复核结论	符合设计及规范要求
备　注	

观测：　　复测：　　计算：　　施工项目技术负责人：

第二节 排水工程施工技术资料

监 A4

沟槽开挖工程报验申请表

工程名称：××市××路道路整治工程　　　　　　　　　　　　　编号：

致：××监理公司（监理单位）

我单位已完成了W1~W2管道及检查井沟槽开挖工程，按设计文件及有关规范进行了自检，质量合格，请予以审查和验收。

附件：1. 工程质量控制资料　　　　　　　　□
　　　2. 安全和功能检验（检测）报告　　　□
　　　3. 观感质量验收记录　　　　　　　　□
　　　4. 隐蔽工程验收记录　　　　　　　　□
　　　5. W1~W2管道及检查井沟槽开挖质量验收记录　□

　　　　　　　　　　　　　　　承包单位（章）：_____
　　　　　　　　　　　　　　　项目经理：_____
　　　　　　　　　　　　　　　日　　期：_____

审查意见：
所报隐蔽工程的技术资料齐全，且符合要求，经现场检测、核查合格，同意隐蔽。

　　　　　　　　　　　　　　　项目监理机构（章）：_____
　　　　　　　　　　　　　　　总/专业监理工程师：_____
　　　　　　　　　　　　　　　日　　期：_____

本表一式三份，经项目监理机构审核后，建设单位、监理单位、承包单位各存一份。

隐蔽工程检查验收记录

年　月　日

工程名称	××市××工程		施工单位	××市××工程建设有限公司
隐检项目	沟槽开挖		隐检范围	W1～W2
隐检项目及检查情况	主控项目： 1. 原状地基土无扰动、受水浸泡或受冻。 2. 地基承载力满足设计要求。 3. 进行地基处理时，压实度、厚度满足设计要求。 一般项目： 沟槽开挖的允许偏差及实测值或偏差值如下　　单位：mm 1. 槽底高程　　　　　　　允许偏差　　　±20mm 　　设计：　4510　　5150　　4390 　　实测：　4513　　5145　　4383 2. 槽底中线每侧宽度　　　允许偏差　　　不小于规定 　　设计：　475 　　实测：　778　　780　　775　　770　　779　　783 3. 沟槽边坡　　　　　　　允许偏差　　　不陡于规定 　　设计：　1∶0.33 　　实测：　1∶0.35　　1∶0.32　　1∶0.33　　1∶0.37　　1∶0.35　　1∶0.37			
验收意见				
处理情况				
			复查人：　　年　月　日	
建设单位	监理单位	施工项目技术负责人	质检员	

检验批质量检验记录

表 B.0.1

编号：_____

工程名称	××市××工程	分部工程名称	土方工程	分项工程名称	沟槽开挖
施工单位	××市工程建设有限公司	专业工长		项目经理	
验收批名称、部位	W1～W2 沟槽开挖				
分包单位		分包项目经理		施工班组长	

		质量验收规范规定的检查项目及验收标准	施工单位检查评定记录					监理（建设）单位验收记录
主控项目	1	原状地基土无扰动、受水浸泡或受冻。						
	2	地基承载力满足设计要求。						
	3	进行地基处理时，压实度、厚度满足设计要求。						
一般项目	1	沟槽开挖的允许偏差及实测值或偏差值如下 单位：mm						
	2	槽底高程：±20	+3	−5	−7			合格率（%）：100.0
	3	槽底中线每侧宽度（不小于规定）：	778	780	775	770	779 783	合格率（%）：100.0
	4	沟槽边坡（不小于规定）：	1：0.35		1：0.32		1：0.33	
			1：0.37		1：0.35		1：0.37	合格率（%）：83.3
	平均合格率（%）		94.4					

施工单位检查评定结果	项目专业质量检查员： 年 月 日
监理（建设）单位验收结论	监理工程师： （建设单位项目专业技术负责人）： 年 月 日

测 量 复 核 记 录

工程名称	××市××工程	施工单位	××市××工程建设有限公司
复核部位	W1～W2	日　期	
原施测人		测量复核人	

测量复核情况（示意图）	检查井及管道沟槽底的高程情况如下：			
	测点桩号	实测高程（m）	设计高程（m）	偏差（mm）	备　注
	W1	4.513	4.510	+3	
	W1～W2 中	5.145	5.150	－5	
	W2	4.383	4.390	－7	
	沟槽示意图				

复核结论	
备　注	

观测：　　　复核：　　　计算：　　　施工项目技术负责人：

监 A4

碎石垫层工程报验申请表

工程名称：××市××路道路整治工程　　　　　　　　　　　　编号：

致：××监理公司（监理单位）

我单位已完成了 W1～W2 碎石垫层工程，按设计文件及有关规范进行了自检，质量合格，请予以审查和验收。

附件：1. 工程质量控制资料　　□
　　　2. 安全和功能检验（检测）报告　　□
　　　3. 观感质量验收记录　　□
　　　4. 隐蔽工程验收记录　　□
　　　5. W1～W2 碎石垫层质量验收记录　　□

承包单位（章）：_____
项目经理：_____
日　　期：_____

审查意见：
　　所报隐蔽工程的技术资料齐全，且符合要求，经现场检测、核查合格，同意隐蔽。

项目监理机构（章）：_____
总/专业监理工程师：_____
日　　期：_____

本表一式三份，经项目监理机构审核后，建设单位、监理单位、承包单位各存一份。

隐蔽工程检查验收记录

年 月 日

工程名称	××市××工程	施工单位	××市××工程建设有限公司
隐检项目	碎石垫层	隐检范围	W1～W2
隐检项目及检查情况	主控项目： 1. 原状地基的承载力符合要求。 2. 垫层的压实度符合设计及规范要求。 一般项目： 碎石垫层的允许偏差及实测值或偏差值如下　　单位：mm 1. 中线每侧宽度　　　　　　　允许偏差　不小于设计要求 　设计：　475 　实测：　480　　486　　482 2. 高程　　　　　　　　　　　允许偏差　0　－15 　设计：　5360　　5330　　5300 　实测：　5357　　5322　　5298 3. 厚度　　　　　　　　　　　允许偏差　不小于设计要求 　设计：　150 　实测：　156　　157　　153 　　　　　　　　　　　　　　634		
验收意见			
处理情况			
			复查人：　年　月　日
建设单位	监理单位	施工项目技术负责人	质检员

市政工程监理实务和资料编制范例

检验批质量检验记录

表 B.0.1

编号：_____

工程名称	××市××工程	分部工程名称	管道主体工程	分项工程名称	管道垫层
施工单位	××市工程建设有限公司	专业工长		项目经理	
验收批名称、部位		W1～W2碎石垫层			
分包单位		分包项目经理		施工班组长	

		质量验收规范规定的检查项目及验收标准	施工单位检查评定记录			监理（建设）单位验收记录
主控项目	1	原状地基的承载力符合要求。				
	2	碎石垫层的压实度符合设计及规范要求。				
一般项目	1	碎石垫层的允许偏差及实测值或偏差值如下				
		单位：mm				
	2	中线每侧宽度：不小于设计要求	480	486	482	合格率（%）：100.0
	3	高程：0，−15	−3	−8	−2	合格率（%）：100.0
	4	厚度：不小于设计要求	156	157	153	合格率（%）：100.0
平均合格率（%）			100.0			
施工单位检查评定结果		项目专业质量检查员：			年 月 日	
监理（建设）单位验收结论		监理工程师： （建设单位项目专业技术负责人）：			年 月 日	

测量复核记录

工程名称	××市××工程	施工单位	××市××工程建设有限公司
复核部位	W1～W2	日　期	
原施测人		测量复核人	

	测点桩号	实测高程（m）	设计高程（m）	偏差（mm）	备　注
	检查井及管道碎石垫层顶的高程情况如下：				
	W1	4.603	4.610	－7	
	W1～W2　10m	5.357	5.360	－3	
	W1～W2　20m	5.322	5.330	－8	
	W1～W2　30m	5.298	5.300	－2	
	W2	4.488	4.490	－2	
测量复核情况（示意图）					
	150mm碎石垫层　垫层顶高程　碎石垫层				

复核结论	
备　注	

观测：　　　　复核：　　　　计算：　　　施工项目技术负责人：

监 A4

砂垫层工程报验申请表

工程名称：××市××路道路整治工程　　　　　　　　　　　编号：

致：××监理公司（监理单位）

我单位已完成了 W1～W2 砂垫层工程，按设计文件及有关规范进行了自检，质量合格，请予以审查和验收。

附件：1. 工程质量控制资料　　　　　　　□
　　　2. 安全和功能检验（检测）报告　　□
　　　3. 观感质量验收记录　　　　　　　□
　　　4. 隐蔽工程验收记录　　　　　　　□
　　　5. W1～W2 砂垫层质量验收记录　　 □

承包单位（章）：_____
项目经理：_____
日　　期：_____

审查意见：
所报隐蔽工程的技术资料齐全，且符合要求，经现场检测、核查合格，同意隐蔽。

项目监理机构（章）：_____
总/专业监理工程师：_____
日　　期：_____

本表一式三份，经项目监理机构审核后，建设单位、监理单位、承包单位各存一份。

隐蔽工程检查验收记录

年　月　日

工程名称	××市××工程	施工单位	××市××工程建设有限公司
隐检项目	砂垫层	隐检范围	W1～W2
隐检项目及检查情况	主控项目： 1. 原状地基的承载力符合要求。 2. 垫层的压实度符合设计及规范要求。 一般项目： 1. 砂垫层的允许偏差及实测值或偏差值如下　　单位：mm 2. 中线每侧宽度　　　允许偏差　　不小于设计要求 　设计：　475 　实测：　476　　478　　480 3. 高程　　　　　　　允许偏差　　0　　－15 　设计：　5410　5380　5350 　实测：　5407　5380　5340 4. 厚度　　　　　　　允许偏差　　不小于设计要求 　设计：　50 　实测：　57　　55　　58		
验收意见			
处理情况			
		复查人：　　年　月　日	
建设单位	监理单位	施工项目 技术负责人	质检员

检验批质量检验记录

表 B.0.1

编号：_____

工程名称	××市××工程	分部工程名称	管道主体工程	分项工程名称	管道垫层
施工单位	××市工程建设有限公司	专业工长		项目经理	
验收批名称、部位		W1～W2 砂垫层			
分包单位		分包项目经理		施工班组长	

		质量验收规范规定的检查项目及验收标准	施工单位检查评定记录					监理（建设）单位验收记录
主控项目	1	原状地基的承载力符合要求。						
	2	砂垫层的压实度符合设计及规范要求。						
一般项目	1	砂垫层的允许偏差及实测值或偏差值如下						
		单位：mm						
	2	中线每侧宽度：不小于设计要求	476	478	480			合格率（%）：100.0
	3	高程：0，－15	－3	0	－10			合格率（%）：100.0
	4	厚度：不小于设计要求	57	55	58			合格率（%）：100.0
	平均合格率（%）		100.0					

施工单位检查评定结果	项目专业质量检查员： 年 月 日
监理（建设）单位验收结论	监理工程师： （建设单位项目专业技术负责人）： 年 月 日

测 量 复 核 记 录

工程名称	××市××工程		施工单位	××市××工程建设有限公司	
复核部位	W1～W2		日　期		
原施测人			测量复核人		
测量复核情况（示意图）	检查井底板混凝土垫层及管道砂垫层顶的高程情况如下：				
	测点桩号	实测高程（m）	设计高程（m）	偏差（mm）	备　注
	W1	4.705	4.710	−5	
	W1～W2　10m	5.407	5.410	−3	
	W1～W2　20m	5.380	5.380	0	
	W1～W2　30m	5.340	5.350	−10	
	W2	4.579	4.590	−11	
	50mm砂垫层　150mm碎石垫层　垫层顶高程　砂垫层				
复核结论					
备　注					

观测：　　　复核：　　　计算：　　　施工项目技术负责人：

监 A4

安管工程报验申请表

工程名称：××市××路道路整治工程　　　　　　　　　　　　编号：

致：××监理公司（监理单位）
我单位已完成了W1~W2安管工程，按设计文件及有关规范进行了自检，质量合格，请予以审查和验收。
附件：1. 工程质量控制资料　　　　　　　　□
　　　2. 安全和功能检验（检测）报告　　　□
　　　3. 观感质量验收记录　　　　　　　　□
　　　4. 隐蔽工程验收记录　　　　　　　　□
　　　5. W1~W2安管质量验收记录　　　　□

　　　　　　　　　　　　　　　　　承包单位（章）：_____
　　　　　　　　　　　　　　　　　项目经理：_____
　　　　　　　　　　　　　　　　　日　　期：_____

审查意见：
　所报隐蔽工程的技术资料齐全，且□符合/□不符合要求，经现场检测、核查合格，同意隐蔽。

　　　　　　　　　　　　　　　　　项目监理机构（章）：_____
　　　　　　　　　　　　　　　　　总/专业监理工程师：_____
　　　　　　　　　　　　　　　　　日　　期：_____

本表一式三份，经项目监理机构审核后，建设单位、监理单位、承包单位各存一份。

第二部分　市政工程资料编制范例

隐蔽工程检查验收记录

年　　月　　日

工程名称	××市××工程	施工单位	××市××工程建设有限公司
隐检项目	管道铺设	隐检范围	W1～W2
隐检项目及检查情况	主控项目： 1. 管节及管件、橡胶圈等产品质量符合规范要求。 2. 承插连接时，承口、插口部位及套筒连接紧密，无破损、变形、开裂等现象，插入后胶圈位置正确，无扭曲等现象。 3. 管道埋设深度、轴线位置符合设计要求，无倒坡现象。 4. 管道管壁未出现纵向隆起、环向扁平和其他变形情况。 5. 管道敷设安装稳固，安装后线形平直。 一般项目： 1. 管道内光洁平整，无杂物、油污；管道无明显渗水及水珠现象。 2. 管道与井室洞口之间无渗漏水。 3. 管道铺设的允许偏差及实测值或偏差值如下：（单位：mm） （1）水平轴线　　　　　无压管道：15 偏差值：　6　　8　　9　　<u>16</u>　　12　　4 （2）管底高程　　　　$D \leqslant 1000$　　±10 设计：5392　　5374　　5356　　5338　　5320　　5302 实测：5385　　5365　　5358　　5336　　5324　　5298		
验收意见			
处理情况			

复查人：　　　年　　月　　日

建设单位	监理单位	施工项目 技术负责人	质检员		

检验批质量检验记录

表 B.0.1

编号：_____

工程名称	××市××工程	分部工程名称	管道主体工程	分项工程名称	管道铺设
施工单位	××市工程建设有限公司	专业工长		项目经理	
验收批名称、部位		W1～W2 管道铺设			
分包单位		分包项目经理		施工班组长	

	质量验收规范规定的检查项目及验收标准	施工单位检查评定记录	监理（建设）单位验收记录
主控项目	1 管节及管件、橡胶圈等产品质量符合规范要求。		
	2 承插连接时，承口、插口部位及套筒连接紧密，无破损、变形、开裂等现象，插入后胶圈位置正确，无扭曲等现象。		
	3 管道埋设深度、轴线位置符合设计要求，无倒坡现象。		
	4 管道管壁未出现纵向隆起、环向扁平和其他变形情况。		
	5 管道敷设安装稳固，安装后线形平直。		
一般项目	1 管道内光洁平整，无杂物、油污；管道无明显渗水及水珠现象。		
	2 管道与井室洞口之间无渗漏水。		
		单位：mm	
	3 水平轴线：15	6 8 9 <u>16</u> 12 4	合格率（%）：83.3
	4 管底高程：±10	−7 −9 +2 −2 +4 −4	合格率（%）：100.0
	平均合格率（%）	91.7	

施工单位检查评定结果	项目专业质量检查员： 年　月　日
监理（建设）单位验收结论	监理工程师： （建设单位项目专业技术负责人）： 年　月　日

测 量 复 核 记 录

工程名称	××市××工程		施工单位	××市××工程建设有限公司	
复核部位	W1～W2		日　　期		
原施测人			测量复核人		
测量复核情况（示意图）	检查井底板顶及管道内底的高程情况如下：				
	测点桩号	实测高程（m）	设计高程（m）	偏差（mm）	备　注
	W1	5.305	5.310	－5	
	W1～W2　6m	5.795	5.792	＋3	
	W1～W2　12m	5.770	5.774	－4	
	W1～W2　18m	5.761	5.756	＋5	
	W1～W2　24m	5.732	5.738	－6	
	W1～W2　30m	5.718	5.720	－2	
	W2	5.187	5.190	－3	
	安管示意图				
复核结论					
备　注					

观测：　　　　复核：　　　　计算：　　　施工项目技术负责人：

监 A4

碎石垫层工程报验申请表

工程名称：××市××路道路整治工程　　　　　　　　　　编号：

致：××监理公司（监理单位）

我单位已完成了 W1～W2 检查井碎石垫层工程，按设计文件及有关规范进行了自检，质量合格，请予以审查和验收。

附件：1. 工程质量控制资料　　　　　　　□
　　　2. 安全和功能检验（检测）报告　　□
　　　3. 观感质量验收记录　　　　　　　□
　　　4. 隐蔽工程验收记录　　　　　　　□
　　　5. W1～W2 检查井碎石垫层质量验收记录　□

承包单位（章）：＿＿＿＿＿＿
项目经理：＿＿＿＿＿＿
日　　期：＿＿＿＿＿＿

审查意见：

所报隐蔽工程的技术资料齐全，且符合要求，经现场检测、核查合格，□同意隐蔽。

项目监理机构（章）：＿＿＿＿＿＿
总/专业监理工程师：＿＿＿＿＿＿
日　　期：＿＿＿＿＿＿

本表一式三份，经项目监理机构审核后，建设单位、监理单位、承包单位各存一份。

隐蔽工程检查验收记录

年　月　日

工程名称	××市××路工程	施工单位	××市××工程建设有限公司
隐检项目	碎石垫层	隐检范围	W1～W2检查井
隐检项目及检查情况	主控项目： 1. 原状地基的承载力符合要求。 2. 垫层的压实度符合设计及规范要求。 一般项目 碎石垫层的允许偏差及实测值或偏差值如下：（单位：mm） 1. 中线每侧宽度　　　　　　　　　允许偏差：不小于设计要求 设计：1120 实测：1129　1132　1125　1133　1126　1128 2. 高程　　　　　　　　　　　　　允许偏差：0　－15 设计：5030　　　　　　　　4955 实测：5025　5023　<u>5014</u>　4949　4951　4953 3. 厚度　　　　　　　　　　　　　允许偏差：不小于设计要求 设计：100 实测：103　108　104　105　106　102		
验收意见			
处理情况			

复查人：　　年　月　日

建设单位	监理单位	施工项目技术负责人	质检员		

检验批质量检验记录

表 B.0.1

编号：_____

工程名称	××市××路工程	分部工程名称	附属构筑物工程	分项工程名称	检查井碎石垫层
施工单位	××市××工程建设有限公司	专业工长		项目经理	
验收批名称、部位		W1～W2 检查井碎石垫层			
分包单位		分包项目经理		施工班组长	

		质量验收规范规定的检查项目及验收标准	施工单位检查评定记录						监理（建设）单位验收记录
主控项目	1	原状地基的承载力符合要求。							
	2	垫层的压实度符合设计及规范要求。							
一般项目	1	碎石垫层的允许偏差及实测值或偏差值如下							
			单位：mm						
	2	中线每侧宽度：不小于设计要求	1129	1132	1125	1133	1126	1128	合格率（%）：100.0
	3	高程：0，-15	-5	-7	-16	-6	-4	-2	合格率（%）：83.3
	4	厚度：不小于设计要求	103	108	104	105	106	102	合格率（%）：100.0
平均合格率（%）			94.4						

施工单位检查评定结果	项目专业质量检查员： 年 月 日
监理（建设）单位验收结论	监理工程师： （建设单位项目专业技术负责人）： 年 月 日

测 量 复 核 记 录

工程名称	××市××工程	施工单位	××市××工程建设有限公司
复核部位	W1～W2	日　　期	
原施测人		测量复核人	

测量复核情况（示意图）

检查井碎石垫层顶及管道混凝土垫层顶的高程情况如下：

测点桩号	实测高程（m）	设计高程（m）	偏差（mm）	备　　注
W1	5.013	5.010	+3	
W1～W2　10m	5.575	5.580	−5	
W1～W2　20m	5.556	5.550	+6	
W1～W2　30m	5.515	5.520	−5	
W2	4.893	4.890	+3	

100mm厚素混凝土垫层

垫层示意图

复核结论：

备　　注：

观测：　　　　复核：　　　　计算：　　　　施工项目技术负责人：

监 A4

素混凝土垫层工程报验申请表

工程名称：××市××路道路整治工程　　　　　　　　　　　　　编号：

致：××监理公司（监理单位）

我单位已完成了 W1～W2 检查井素混凝土垫层工程，按设计文件及有关规范进行了自检，质量合格，请予以审查和验收。

附件：
1. 工程质量控制资料　　　　　　　　　　□
2. 安全和功能检验（检测）报告　　　　　□
3. 观感质量验收记录　　　　　　　　　　□
4. 隐蔽工程验收记录　　　　　　　　　　□
5. W1～W2 检查井素混凝土垫层质量验收记录　□

承包单位（章）：_____

项目经理：_____

日　　期：_____

审查意见：

所报隐蔽工程的技术资料齐全，且符合要求，经现场检测、核查合格，同意隐蔽。

项目监理机构（章）：_____

总/专业监理工程师：_____

日　　期：_____

本表一式三份，经项目监理机构审核后，建设单位、监理单位、承包单位各存一份。

隐蔽工程检查验收记录

年　月　日

工程名称	××市××路工程		施工单位	××市××工程建设有限公司
隐检项目	素混凝土垫层		隐检范围	W1～W2检查井
隐检项目及检查情况	主控项目： 1. 原状地基的承载力符合要求。 2. 垫层的强度符合设计及规范要求。 3. 混凝土强度：详见试验报告。 一般项目： 素混凝土垫层的允许偏差及实测值或偏差值如下（单位：mm）： 1. 中线每侧宽度　　　　　　　　　　　允许偏差：不小于设计要求 　设计：1120 　实测：1126　　1128　　1123　　1125　　1126　　1122 2. 高程　　　　　　　　　　　　　　　允许偏差：0　－15 　设计：5130　　　　　　　　5055 　实测：5126　5124　5128　5050　5052　5050 3. 厚度　　　　　　　　　　　　　　　允许偏差：不小于设计要求 　设计：100 　实测：103　102　106　103　102　105			
验收意见				
处理情况				
			复查人：	年　月　日
建设单位	监理单位	施工项目技术负责人	质检员	

检验批质量检验记录

表 B.0.1

编号：_____

工程名称	××市××路工程	分部工程名称	附属构筑物工程	分项工程名称	检查井素混凝土垫层
施工单位	××市××工程建设有限公司	专业工长		项目经理	
验收批名称、部位		W1～W2检查井素混凝土垫层			
分包单位		分包项目经理		施工班组长	

		质量验收规范规定的检查项目及验收标准	施工单位检查评定记录					监理（建设）单位验收记录
主控项目	1	原状地基的承载力符合要求。						
	2	垫层的强度符合设计及规范要求。						
	3	混凝土强度	详	见 试	验	报	告	合格率（%）：100.0
一般项目	1	素混凝土垫层的允许偏差及实测值或偏差值如下						
			单位：mm					
	2	中线每侧宽度：不小于设计要求	1126	1128	1123	1125	1126	1122	合格率（%）：100.0
	3	高程：0，-15	-4	-6	-2	-5	-3	-5	合格率（%）：100.0
	4	厚度：不小于设计要求	103	102	106	103	102	105	合格率（%）：100.0
平均合格率（%）			100.0					
施工单位检查评定结果		项目专业质量检查员：					年 月 日	
监理（建设）单位验收结论		监理工程师：（建设单位项目专业技术负责人）：					年 月 日	

第二部分 市政工程资料编制范例

测 量 复 核 记 录

工程名称	××市××工程		施工单位	××市××工程建设有限公司	
复核部位	W1~W2		日　　期		
原施测人			测量复核人		
测量复核情况（示意图）	检查井及管道沟槽底的高程情况如下：				
	测点桩号	实测高程（m）	设计高程（m）	偏差（mm）	备　注
	W1	4.913	4.910	+3	
	W1~W2 中	5.753	5.750	+3	
	W2	4.785	4.790	−5	
	沟槽示意图				
复核结论					
备　注					
观测：	复核：	计算：	施工项目技术负责人：		

市政工程监理实务和资料编制范例

监 A4

井底板混凝土工程报验申请表

工程名称：××市××路道路整治工程　　　　　　　　　　编号：

致：××监理公司（监理单位）

我单位已完成了 <u>W1～W2 检查井井底板浇筑</u> 工程，按设计文件及有关规范进行了自检，质量合格，请予以审查和验收。

附件：1. 工程质量控制资料　　　　　　　　□
　　　2. 安全和功能检验（检测）报告　　　□
　　　3. 观感质量验收记录　　　　　　　　□
　　　4. 隐蔽工程验收记录　　　　　　　　□
　　　5. W1～W2 检查井井底板浇筑质量验收记录　□

　　　　　　　　　　　　　　　承包单位（章）：_____
　　　　　　　　　　　　　　　项目经理：_____
　　　　　　　　　　　　　　　日　　期：_____

审查意见：
所报隐蔽工程的技术资料齐全，且符合要求，经现场检测、核查合格，同意隐蔽。

　　　　　　　　　　　　　　　项目监理机构（章）：_____
　　　　　　　　　　　　　　　总/专业监理工程师：_____
　　　　　　　　　　　　　　　日　　期：_____

本表一式三份，经项目监理机构审核后，建设单位、监理单位、承包单位各存一份。

隐蔽工程检查验收记录

年　月　日

工程名称	××市××路工程		施工单位	××市××工程建设有限公司
隐检项目	井底板		隐检范围	W1～W2 检查井
隐检项目及检查情况	主控项目： 1. 原状地基的承载力符合要求。 2. 混凝土基础的强度符合要求。 3. 混凝土抗压强度：详见试验报告。 一般项目： 1. 混凝土基础外光内实，无严重缺陷；混凝土基础的钢筋数量、位置正确。 2. 井底板的允许偏差及实测值或偏差值如下（单位：mm）： (1) 中线每侧宽度　　　　　　　　　　　　允许偏差 +10　0 设计：1020 实测：1023　1025　1022　1027　1022　1024 (2) 高程　　　　　　　　　　　　　　　　允许偏差：0　-15 设计：5330　　　　　　　5255 实测：5326　5327　5328　5250　5248　5252 (3) 厚度　　　　　　　　　　　　　　　　允许偏差：不小于设计要求 设计：200 实测：205　202　206　208　202　205			
验收意见				
处理情况				

复查人：　　年　月　日

建设单位	监理单位	施工项目技术负责人	质检员	

检验批质量检验记录

表 B.0.1

编号：_____

工程名称	××市××路工程	分部工程名称	附属构筑物工程	分项工程名称	检查井井底板混凝土
施工单位	××市××工程建设有限公司	专业工长		项目经理	
验收批名称、部位		W1～W2检查井井底板混凝土			
分包单位		分包项目经理		施工班组长	

		质量验收规范规定的检查项目及验收标准	施工单位检查评定记录					监理（建设）单位验收记录
主控项目	1	原状地基的承载力符合要求。						
	2	混凝土基础的强度符合要求。						
	3	混凝土抗压强度：必须符合规定	详	见 试	验	报	告	合格率（%）：100
一般项目	1	混凝土基础外光内实，无严重缺陷；混凝土基础的钢筋数量、位置正确。						
	2	井底板的允许偏差及实测值或偏差值如下						
		单位：mm						
	3	中线每侧宽度：+10 0	+3	+5	+2	+7	+2	+4	合格率（%）：100.0
	4	高程：0，-15	-4	-3	-2	-5	-7	-3	合格率（%）：100.0
	5	厚度：不小于设计要求	205	202	206	208	202	205	合格率（%）：100.0
平均合格率（%）			100.0					

施工单位检查评定结果	项目专业质量检查员： 年 月 日
监理（建设）单位验收结论	监理工程师： (建设单位项目专业技术负责人)： 年 月 日

测 量 复 核 记 录

工程名称	××市××工程		施工单位	××市××工程建设有限公司	
复核部位	W1～W2		日　期		
原施测人			测量复核人		
测量复核情况（示意图）	检查井底板顶及管道内底的高程情况如下：				
	测点桩号	实测高程（m）	设计高程（m）	偏差（mm）	备　注
	W1	4.916	4.910	＋6	
	W1～W2　6m	5.385	5.392	－7	
	W1～W2　12m	5.365	5.374	－9	
	W1～W2　18m	5.358	5.356	＋2	
	W1～W2　24m	5.336	5.338	－2	
	W1～W2　30m	5.324	5.320	＋4	
	W1～W2　36m	5.298	5.302	－4	
	W2	4.790	4.790	0	
	安管示意图　　管内底高程　　50mm砂垫层　　150mm碎石垫层				
复核结论					
备　注					

观测：　　　　复核：　　　　计算：　　　　施工项目技术负责人：

监 A4

钢筋工程报验申请表

工程名称：××市××路道路整治工程　　　　　　　　　　　　　　　编号：

致：××监理公司（监理单位）

我单位已完成了<u>W1～W2检查井井底板钢筋加工及安装</u>工程，按设计文件及有关规范进行了自检，质量合格，请予以审查和验收。

附件：
1. 工程质量控制资料　　　　　　　　　　　　　□
2. 安全和功能检验（检测）报告　　　　　　　　□
3. 观感质量验收记录　　　　　　　　　　　　　□
4. 隐蔽工程验收记录　　　　　　　　　　　　　□
5. <u>W1～W2检查井井底板钢筋加工及安装</u>质量验收记录　□

承包单位（章）：_____
项目经理：_____
日　　期：_____

审查意见：

所报隐蔽工程的技术资料齐全，且符合要求，经现场检测、核查合格，□同意隐蔽。

项目监理机构（章）：_____
总/专业监理工程师：_____
日　　期：_____

本表一式三份，经项目监理机构审核后，建设单位、监理单位、承包单位各存一份。

隐蔽工程检查验收记录

年　月　日

工程名称	××市××路工程	施工单位	××市××工程建设有限公司
隐检项目	钢筋网加工、安装	隐检范围	W1～W2检查井井底板
隐检项目及检查情况	主控项目： 1. 每批钢筋材料规格、尺寸符合设计及规范要求。 2. 钢筋网加工、制作尺寸符合设计及规范要求，且不变形。 一般项目： 1. 钢筋表面无裂纹、锈蚀和油污。 2. 钢筋网的允许偏差及实测值或偏差值如下（单位：mm）： （1）网的长宽：　　　　长：　　　　允许偏差　±10mm 设计：2040 实测：2045　2032　2042　2029　2043　2035 　　　　　　　　　　宽：　　　　允许偏差　±10mm 设计：2040 实测：2036　2037　2042　2033　2043　2036 （2）网眼尺寸：　　　　　　　　　　允许偏差　±10mm 设计：200×200 实测：205×202　197×202　204×195　202×201　198×200　206×196 （3）网眼对角线差　　　　　　　　　允许偏差　15mm 偏差值：6　11　8　3　8　4		
验收意见			
处理情况			

复查人：　　年　月　日

建设单位	监理单位	施工项目 技术负责人	质检员		

检验批质量检验记录

表 B.0.1

编号：_____

工程名称	××市××路工程		分部工程名称	附属构筑物工程		分项工程名称	检查井井底板钢筋	
施工单位	××市××工程建设有限公司		专业工长			项目经理		
验收批名称、部位			W1~W2检查井井底板钢筋					
分包单位			分包项目经理			施工班组长		

		质量验收规范规定的检查项目及验收标准	施工单位检查评定记录					监理（建设）单位验收记录
主控项目	1	每批钢筋材料规格、尺寸符合设计及规范要求						
	2	钢筋网加工、制作尺寸符合设计及规范要求，且不变形						
一般项目	1	钢筋网连接牢固						
	2	钢筋网加工、安装的允许偏差及实测值或偏差值如下 单位：mm						
	3	网的长宽 长：允许偏差±10	+5	-8	+2	-11	+3	-5
		宽：允许偏差±10	-4	-3	+2	-7	+3	-4
								合格率（%）91.7
	4	网眼尺寸：允许偏差±10	+5×+2	-3×+2	+4×-5	-2×+1	-2×0	+6×-4
								合格率（%）100.0
	5	网眼对角线差：允许偏差15	6	11	8	3	8	4
								合格率（%）100.0
平均合格率（%）			95.9					
施工单位检查评定结果		项目专业质量检查员：					年 月 日	
监理（建设）单位验收结论		监理工程师： （建设单位项目专业技术负责人）：					年 月 日	

监 A4

检查井砌筑工程报验申请表

工程名称：××市××路道路整治工程　　　　　　　　　　　　编号：

致：××监理公司（监理单位）

我单位已完成了 W1～W2 检查井砌筑工程，按设计文件及有关规范进行了自检，质量合格，请予以审查和验收。

附件：1. 工程质量控制资料　　　　　　　□
　　　2. 安全和功能检验（检测）报告　　□
　　　3. 观感质量验收记录　　　　　　　□
　　　4. 隐蔽工程验收记录　　　　　　　□
　　　5. W1～W2 检查井砌筑质量验收记录　□

　　　　　　　　　　　　　　　　　承包单位（章）：_____
　　　　　　　　　　　　　　　　　项目经理：_____
　　　　　　　　　　　　　　　　　日　　期：_____

审查意见：
　　所报隐蔽工程的技术资料齐全，且符合要求，经现场检测、核查合格，□同意隐蔽。

　　　　　　　　　　　　　　　　　项目监理机构（章）：_____
　　　　　　　　　　　　　　　　　总/专业监理工程师：_____
　　　　　　　　　　　　　　　　　日　　期：_____

本表一式三份，经项目监理机构审核后，建设单位、监理单位、承包单位各存一份。

隐蔽工程检查验收记录

年　月　日

工程名称	××市××路××工程	施工单位	××市××工程建设有限公司
隐检项目	井　室	隐检范围	W1～W2检查井
隐检项目及检查情况	*主控项目：* 1. 所用的原材料质量符合国家有关标准的规定和设计要求。 2. 砌筑水泥砂浆强度符合设计要求。 3. 砌筑结构灰浆饱满、灰缝平直，无通缝、瞎缝；井室无渗水、水珠现象。 一般项目： 1. 井壁抹面密实平整，无空鼓、裂缝现象；井室无明显湿渍现象。 2. 井内部构造符合设计和水力工艺要求，部位位置及尺寸正确，无建筑垃圾等杂物；检查井流槽平顺、圆滑、光洁。 3. 井盖、井座规格符合设计要求，安装牢固。 4. 井室的允许偏差及实测值或偏差值如下（单位：mm）： （1）平面轴线位置　　　　　　　　允许偏差：15 实测：8　　10　　3　　6 （2）结构断面尺寸　　　　　　　　允许偏差：+10　0 设计：宽：1100　　　　　　　　高：464 实测：1103　　1105　　466　　471 （3）井室尺寸　　　　　　　　　　允许偏差：±20 设计：长：1100　　　　　　　　宽：1100 实测：1095　　1102　　1108　　1105 （4）井口高程：　　　　　　　　　允许偏差：±15 设计：5791　　　　　　5712 实测：5788　　5797　　5704　　5703 （5）井底高程：　　　　　　　　　允许偏差：±10 设计：5330　　　　　　5255 实测：5327　　5336　　5247　　5246 （6）流槽宽度　　　　　　　　　　允许偏差：+10 偏差值：+3　　+7		
验收意见			
处理情况			

复查人：　　　　年　月　日

建设单位	监理单位	施工项目技术负责人	质检员		

检验批质量检验记录

表 B.0.1

编号：_____

工程名称	××市××路工程	分部工程名称	附属构筑物工程	分项工程名称	井室
施工单位	××市××工程建设有限公司	专业工长		项目经理	
验收批名称、部位		W1～W2检查井井室			
分包单位		分包项目经理		施工班组长	

	质量验收规范规定的检查项目及验收标准		施工单位检查评定记录				监理（建设）单位验收记录
主控项目	1	原用的原材料质量符合国家有关规定及设计要求。					
	2	砌筑水泥砂浆强度符合设计要求。					
	3	砌筑结构灰浆饱满、灰缝平直，无通缝、瞎缝；井室无渗水、水珠现象。					
	4	砂浆强度：必须符合规定	详	见 试 验	报	告	合格率（%）：
一般项目	1	井壁抹面密实平整，无空鼓、裂缝现象；井室无明显湿渍现象。					
	2	井内部构造符合设计和水力工艺要求，部位位置及尺寸正确，无建筑垃圾等杂物；检查井流槽平顺、圆滑、光洁。					
	3	井盖、井座规格符合设计要求，安装牢固。					
	4	井室的允许偏差及实测值或偏差值如下					
		单位：mm					
	5	平面轴线位置：15	8	10	3	6	合格率（%）：100.0
	6	结构断面尺寸：+10, 0	+3	+5	+2	+7	合格率（%）：100.0
	7	井室尺寸：±20	-5	+2	+8	+5	合格率（%）：100.0
	8	井口高程：±15	-3	+6	-8	-9	合格率（%）：100.0
	9	井度高程：$D{\leqslant}1000$ ±10	+3	-5	+2	-7	合格率（%）：100.0
	10	流槽宽度：+10	+3	+7			合格率（%）：100.0
平均合格率（%）			100.0				
施工单位检查评定结果		项目专业质量检查员：					年 月 日
监理（建设）单位验收结论		监理工程师：（建设单位项目专业技术负责人）：					年 月 日

测 量 复 核 记 录

工程名称	××市××工程		施工单位	××市××工程建设有限公司	
复核部位	W1~W2		日　　期		
原施测人			测量复核人		
测量复核情况（示意图）	检查井砖砌体顶的高程情况如下：				
	测点桩号	实测高程（m）	设计高程（m）	偏差（mm）	备　　注
	W1	7.314	7.310	+4	
	W2	7.185	7.190	−5	
	井室砌筑（示意图：井室顶高程）				
复核结论					
备　　注					

观测：　　　　复核：　　　　计算：　　　　施工项目技术负责人：

测 量 复 核 记 录

工程名称	××市××工程			施工单位	××市××工程建设有限公司	
复核部位	W1～W2			日　　期		
原施测人				测量复核人		
测量复核情况（示意图）	检查井盖的高程情况如下：					
	测点桩号	实测高程（m）	设计高程（m）	偏差（mm）	备　注	
	W1	8.241	8.236	+5		
	W2	8.207	8.204	+3		
	井盖板示意图					
复核结论						
备　注						
观测：	复核：		计算：		施工项目技术负责人：	

测 量 复 核 记 录

工程名称	××市××工程		施工单位	××市××工程建设有限公司	
复核部位	W1～W2		日 期		
原施测人			测量复核人		
测量复核情况（示意图）	检查井盖的高程情况如下：				
	测点桩号	实测高程（m）	设计高程（m）	偏差（mm）	备 注
	W1	7.713	7.710	+3	
	W2	7.696	7.698	-2	
	井盖板示意图				
复核结论					
备 注					

观测：　　　　复核：　　　　计算：　　　　施工项目技术负责人：

测 量 复 核 记 录

工程名称	××市××工程		施工单位	××市××工程建设有限公司
复核部位	W1～W2		日　期	
原施测人			测量复核人	

测量复核情况（示意图）	检查井砖砌体顶的高程情况如下：				
	测点桩号	实测高程（m）	设计高程（m）	偏差（mm）	备　注
	W1	6.913	6.910	＋3	
	W2	6.784	6.790	－6	
	井室砌筑示意图（井室顶高程）				

复核结论	
备　注	

观测：　　　　复核：　　　　计算：　　　　施工项目技术负责人：

市政工程监理实务和资料编制范例

测 量 复 核 记 录

工程名称	××市××工程		施工单位	××市××工程建设有限公司	
复核部位	W1～W2		日　　期		
原施测人			测量复核人		
测量复核情况（示意图）	检查井底板混凝土垫层及管道钢筋混凝土基础顶的高程情况如下：				
	测点桩号	实测高程（m）	设计高程（m）	偏差（mm）	备　注
	W1	5.107	5.110	－3	
	W1～W2　10m	5.785	5.780	＋5	
	W1～W2　20m	5.746	5.750	－4	
	W1～W2　30m	5.717	5.720	－3	
	W2	4.992	4.990	＋2	
	200mm厚钢筋混凝土基础　100mm厚素混凝土垫层　垫层及基础示意图				
复核结论					
备　注					

观测：　　复核：　　计算：　　施工项目技术负责人：

参考文献

[1] 住房和城乡建设部. 城镇道路工程施工与质量验收规范. CJJ1—2008. 北京：中国建筑工业出版社，2008.

[2] 住房和城乡建设部. 城市桥梁工程施工与质量验收规范. CJJ2—2008. 北京：中国建筑工业出版社，2009.

[3] 住房和城乡建设部. 给水排水管道工程施工及验收规范. GB 50268—2008. 北京：中国建筑工业出版社，2009.

[4] 住房和城乡建设部. 给水排水构筑物工程施工及验收规范. GB 50141—2008. 北京：中国建筑工业出版社，2009.

[5] 建设部. 建设工程监理规范. GB 50319—2000. 北京：中国建筑工业出版社，2000.

[6] 建设部. 建设工程文件归档整理规范. GB 50328—2001. 北京：中国建筑工业出版社，2002.

[7] 浙江省建设监理协会 编. 建设监理基础知识与监理实务. 杭州：浙江大学出版社，2008.